普通高等教育"十二五"规划教材

水利工程地质学原理

（第三版）

左建　郭成久　等 主编

U0237968

中国水利水电出版社
www.waterpub.com.cn

内 容 提 要

  本教材共 13 章，分别为：地球的宇宙环境，岩石及其工程地质性质，地质构造，自然地质作用系统，岩体的工程地质性质分析，坝基岩体稳定性的工程地质分析，岩质边坡稳定性的工程地质分析，地下工程围岩稳定性的工程地质分析，地基稳定性问题的工程地质分析，水库的工程地质分析，环境地质系统，"数字地球"产生的时代背景及应用示范，工程地质勘察。

  本教材注重吸收最新的前沿科学成果——新理论、新观念、新方法、新措施，内容丰富，通俗易懂，图文并茂，应用广泛。可作为农业水利工程、水利水电工程、水文与水资源工程、土木建筑工程的专业教材，也可供相关工程技术人员、管理人员使用。

图书在版编目（CIP）数据

  水利工程地质学原理/左建等主编 . —3 版 . —北京：中国水利水电出版社，2013.11（2017.5 重印）
  普通高等教育"十二五"规划教材
  ISBN 978 - 7 - 5170 - 1536 - 9

  Ⅰ.①水… Ⅱ.①左… Ⅲ.①水利工程-工程地质-高等学校-教材 Ⅳ.①P642

  中国版本图书馆 CIP 数据核字（2013）第 305258 号

审图号：GS（2013）2611 号

书　　名	普通高等教育"十二五"规划教材 **水利工程地质学原理**（第三版）
作　　者	左建　郭成久　等 主编
出版发行	中国水利水电出版社 （北京市海淀区玉渊潭南路 1 号 D 座　100038） 网址：www. waterpub. com. cn E - mail：sales@waterpub. com. cn 电话：（010）68367658（营销中心）
经　　售	北京科水图书销售中心（零售） 电话：（010）88383994、63202643、68545874 全国各地新华书店和相关出版物销售网点
排　　版	中国水利水电出版社微机排版中心
印　　刷	北京嘉恒彩色印刷有限责任公司
规　　格	184mm×260mm　16 开本　17.5 印张　415 千字
版　　次	2004 年 8 月第 1 版　2004 年 8 月第 1 版印刷 2013 年 11 月第 3 版　2017 年 5 月第 2 次印刷
印　　数	3001—5000 册
定　　价	**39. 00 元**

编 写 人 员 名 单

主　编　左　建（沈阳农业大学）

　　　　　郭成久（沈阳农业大学）

　　　　　温庆博（清华大学）

　　　　　靳轶群（沈阳农业大学）

　　　　　孔庆瑞（沈阳农业大学）

　　　　　高贵全（云南农业大学）

副主编　张　勇（河北建筑大学）

　　　　　张索昊（济南第一建筑工程公司）

　　　　　王忠霞（沈阳农业大学）

　　　　　左　青（沈阳职业技术学院）

　　　　　张慰然（辽宁大学）

　　　　　张婉慧（沈阳大学）

　　　　　龙　巍（渤海大学）

　　　　　张瑞琳（辽宁商贸职业技术学院）

参　编　左　莎（沈阳石油化工厂）

　　　　　左金阳（西北农林科技大学）

　　　　　张剑波（辽宁省农业技术学校）

　　　　　何　妍（辽宁农业博物馆）

　　　　　徐　悦（辽宁农业技术学校）

　　　　　董　宁（辽宁省农业技术学校）

　　　　　（参编人员按姓氏笔画顺序排列）

第三版前言

　　根据教育部 1998 年颁布的普通高等学校专业目录，"水利工程地质学原理"是水利水电、农业水利工程、水文与水资源工程、土木建筑工程等专业的主要课程。

　　经过 40 多年的实践与总结，研究的深入与成果的积累，教材《水利工程地质学原理》已形成了自己的理论体系，可概括为以工程地质条件研究为基础，以工程地质问题分析为核心，以工程地质评价为目的，以工程地质勘察为手段，本书就是按照这一理论体系编写的。此次第三版是在前两版的基础上修订而成的。

　　1949 年新中国成立以来，我国在各方面开展了史无前例的大规模工程建设，包括能源、交通、工业、矿山、水利以及国防工程和城市建设等。1978年冬改革开放以来将工程建设推向了新的高潮。20 世纪 80 年代以来建成和正在兴建的若干举世瞩目的巨型工程，如长江三峡水利枢纽工程、黄河小浪底水利枢纽工程、大亚湾核电站、京九铁路、内昆铁路、金川镍矿、山西煤化工基地、长江大桥工程，等等，不胜枚举。这些工程对地质条件要求高，技术难度大，遇到严重的地质灾害和工程地质问题，工程地质学家为它们的勘测、论证和设计、施工提供了重要的技术保障。同时，通过这些重大工程的实践，也使工程地质工作发展到新的水平，从工程地质条件的勘测、评价走向定量预测和地质工程的实施。

　　在解决工程建设关键地质问题的同时，工程地质的科研、教学和技术都得到了快速的发展。针对我国地质构造复杂性、活动性及地质环境的特殊性，中国工程地质研究取得了若干举世瞩目的成就，丰富了国际工程地质学的宝库。我国区域地壳稳定性研究取得丰硕的成果；我国工程地质力学的理论，密切了地质和力学及工程的结合；对黄土及岩溶地区工程地质，做出了富有我国特色的研究；在地质环境和灾害领域的研究，正在开拓和突破；现代科学的系统论、非线性理论、不确定性，广泛地受到工程地质学家的重视和应用，出现了若干新的生长点和理论进展。

我国工程地质学的理论研究、技术发展和生产实践正在蓬勃地发展，年轻一代工程地质学家正在迅速成长起来，他们已经成为我国工程地质学科研、教学和工程实践中的骨干，逐渐起到主导作用。预期在本世纪的初叶，我国工程地质学理论和工作将会有新的重大发展，我国工程地质学工作者将会进一步在国际工程地质学学术舞台上大显身手。

地球科学自 20 世纪 50～60 年代以来发生了重大变化；

"水利工程地质学原理"的任务也从较简单地保障社会生存和发展对各种资源的需求，转变为社会可持续发展的更多方面服务的轨道上来。地球科学本身及其任务的变化，决定了"水利工程地质学原理"的教学内容必须更新和调整。

为满足面向 21 世纪人才培养的需要，对本教材的内容上作了较大的改动。第三版新教材有以下一些特点。

（1）以往在地壳运动的普遍性教学中一般遵循三段式，即：现象—机理—实例的模式，侧重在知识本身的传授。本教材加强了资源与环境、地质灾害与防护等与人类可持续发展密切相关的内容。

（2）地球系统的未来，很大程度上取决于人类活动，将之作为一种地质因素，对地球系统会产生叠加效应的。所以在教材中从地球的变迁、人类与地球系统的关系、人类在地球系统中的作用等，系统介绍了人—地的关系，使读者认识到人类只有一个地球，从而树立环境意识，并肩负起保护地球、保护环境的任务。

（3）本教材大量介绍了国内外典型的地质现象和工程实例，为读者阅读国内外教材提供方便。更重要的是，用四维空间思维研究地质特征以及工程特征，这样便于学生对理论的理解，利于提高实际应用的能力。

（4）本教材注重吸收最新的前沿科学成果，如变质岩的转化、区域地壳稳定研究等新方向。另外，书中也涉及地球的能量系统、海底的淡水开发、截雾取水等内容。

（5）增添了一些典型地质照片，便于读者领略秀美和雄伟的地质景观。

此外，本书在某些小节和段落、标题、文字、插图等方面，也作了一些增减或调整。

本教材在编写过程中，曾广泛征求兄弟院校有关专家、教授的意见，许多单位，如北京大学、清华大学、中国地质大学、吉林大学、石家庄经济学院、郑州大学、河海大学、中国矿业大学等都提出了许多宝贵意见和建议。

全书由左建统稿，又经多次反复修改后才定稿出版。在此，谨向有关的老师表示衷心的感谢！

　　鉴于编写者水平有限，时间仓促，书中不当之处，恳请读者批评指正。

编　者

2013 年 9 月

第二版前言

根据教育部 1998 年颁布的普通高等学校专业目录,《水利工程地质学原理》是为水利水电、农业水利工程、水文与水资源工程、土木建筑工程等专业的主要课程而编写的。同时,它反映了本学科新的成就和发展方向。

地球科学自 20 世纪 50～60 年代以来发生了重大变化;水利工程地质的任务也从较简单地保障社会生存和发展对各种资源的需求,转变到为社会可持续发展的更多方面服务的轨道上来。地球科学本身和任务的变化,决定工程地质教学内容必须更新和调整。

为了满足 21 世纪人才培养的需要,本教材在内容上也作了较大的改动。

(1)以往在内外动力地质作用教学中一般遵循三段式:即现象—机理—实例的模式,侧重于知识本身的传授。本教材在此基础上加强了资源与环境、地质灾害与防护等与人类可持续发展密切相关的内容。

(2)地球系统的未来,很大程度上取决于人类活动作为一种地质因素对地球系统的叠加效应。所以本教材从地球的变迁,人类与地球系统的关系,人类在地球系统中的作用等方面介绍人—地关系,使读者认识到人类只有一个地球,从而树立环境意识,并肩负起保护地球、保护环境的任务。

(3)本教材另一个特点即大量使用国内外典型地质现象和工程实例,为读者阅读国内外教材提供方便;更重要的是用四维空间思维研究地质特征和工程特征,便于学生对理论的理解,提高实际应用能力。

本教材在编写过程中,曾广泛征求兄弟院校有关专家、教授的意见,许多单位,如北京大学、清华大学、中国地质大学、吉林大学、石家庄经济学院、郑州大学、河海大学、中国矿业大学等都提出了许多宝贵意见和建议。全书由左建统稿,又经多次反复修改后定稿出版。在此,谨向有关的老师表示衷心的感谢!

鉴于编写者水平有限,时间仓促,书中不当之处,恳请读者批评指正。

编 者

2009 年 2 月

第一版前言

　　《水利工程地质》是根据教育部1998年颁布的普通高等学校专业目录中"水利工程地质"为水利水电工程专业、农业水利工程专业、土木建筑工程专业的主要课程而编写的。

　　本教材可作农水、水电、水工、施工、土木、水资源的必修教材，也可供工程地质、水利水电等专业师生、工程技术人员及管理干部使用和参考。

　　参加本教材编写的单位有：沈阳农业大学、清华大学、北京工业大学、云南农业大学、东北农业大学、华北水利水电学院、辽宁省水电科学研究院、沈阳石油化工厂、辽宁省义县农业技术推广中心、辽宁省农业技术学校。

　　参加编写的人员有：左建、郭成久、温庆博、王鹿、高贵全、张忠学、张勇、周林飞、韩春兰、白义奎、李玉清、孔庆瑞、李秀玉、杨丽萍、左莎、龙云程、赵秀玲、徐悦、靳轶群。

　　本教材编写过程中，曾广泛征求兄弟院校有关专家、教授的意见，许多单位，如北京大学、清华大学、中国地质大学、吉林大学、石家庄经济学院、郑州大学、河海大学、中国矿业大学等都提出了许多宝贵意见和建议。全书由左建统稿，又经多次反复修改后定稿出版。在此，谨向有关的老师表示衷心的感谢！

　　鉴于编写者水平有限，时间仓促，书中不当之处，恳请读者批评指正。

编　者

2004 年 4 月

目录

第三版前言

第二版前言

第一版前言

绪论 …………………………………………………………………………………… 1

第一章　地球的宇宙环境 ……………………………………………………… 4

第一节　地球在宇宙中的位置 ……………………………………………… 4

第二节　地球的主要特征 …………………………………………………… 7

第三节　地球的结构 ………………………………………………………… 10

第四节　地壳及地质作用 …………………………………………………… 14

第五节　21 世纪我国地球科学发展的方向 ……………………………… 21

第二章　岩石及其工程地质性质 ……………………………………………… 23

第一节　造岩矿物 …………………………………………………………… 23

第二节　岩浆岩 ……………………………………………………………… 33

第三节　沉积岩 ……………………………………………………………… 39

第四节　变质岩 ……………………………………………………………… 44

第五节　岩石的物理力学性质指标 ………………………………………… 49

第三章　地质构造 ………………………………………………………………… 52

第一节　地壳运动 …………………………………………………………… 52

第二节　板块构造学说简介 ………………………………………………… 54

第三节　地层年代 …………………………………………………………… 57

第四节　水平构造、倾斜构造、褶皱构造和断裂构造 ………………… 60

第五节　区域地壳稳定性研究的发展方向 ………………………………… 65

第六节　全球构造及新构造观 ……………………………………………… 66

第四章　自然地质作用系统 …………………………………………………… 69

第一节　风化作用 …………………………………………………………… 69

第二节　地面流水的概念 …………………………………………………… 74

第三节　片状流水的地质作用 ……………………………………………… 76

第四节　河流的地质作用与河谷地貌 ……………………………………… 77

第五节　自然界的水循环 ································· 83

第六节　地下水的主要类型与特征 ·················· 85

第七节　岩溶及岩溶水 ······························ 93

第八节　地下水水质评价 ···························· 98

第九节　地震 ···································· 108

第十节　数字地震观测系统 ························· 116

第五章　岩体的工程地质性质分析 ·················· 119

第一节　岩体的结构特征 ···························· 119

第二节　岩体的力学特性 ···························· 130

第三节　岩体的质量评价 ···························· 134

第六章　坝基岩体稳定性的工程地质分析 ·············· 138

第一节　坝基岩体的压缩变形与承载力 ·············· 139

第二节　坝基（肩）岩体的抗滑稳定分析 ············ 140

第三节　坝基渗漏与渗透变形 ······················ 145

第四节　工程实例分析 ···························· 147

第七章　岩质边坡稳定性的工程地质分析 ·············· 151

第一节　边坡岩体应力分布的特征 ·················· 152

第二节　边坡变形破坏的类型 ······················ 153

第三节　影响边坡稳定性的因素 ···················· 158

第四节　边坡稳定性的评价方法 ···················· 160

第五节　不稳定边坡的防治措施 ···················· 167

第八章　地下工程围岩稳定性的工程地质分析 ·········· 173

第一节　洞室围岩应力的重分布及变形特征 ·········· 173

第二节　地下洞室规划和设计中的有关问题 ·········· 180

第三节　围岩工程地质分类 ························· 188

第四节　保障洞室围岩稳定的措施 ·················· 191

第九章　地基稳定性问题的工程地质分析 ·············· 194

第一节　地基的压缩与沉降量计算 ·················· 194

第二节　地基的临塑荷载和极限荷载 ················ 203

第三节　各种工程地质因素对地基承载力的影响 ······ 208

第十章　水库的工程地质分析 ······················ 212

第一节　水库渗漏 ································· 213

第二节　水库地震 ································· 217

第三节　水库浸没 ································· 219

第四节　水库淤积 ································· 221

第十一章　环境地质系统 ·· 222

第一节　自然环境与地质灾害 ·· 222

第二节　地面沉降 ··· 224

第三节　地面裂缝 ··· 227

第四节　地面塌陷 ··· 229

第五节　海水入侵 ··· 230

第六节　地下水污染 ·· 231

第七节　固体垃圾 ··· 231

第八节　人类活动导致重金属元素的富集 ································· 232

第九节　人类活动对土壤环境的影响 ······································ 234

第十节　人类活动对大气环境的影响 ······································ 235

第十一节　地球化学场与人类健康 ··· 239

第十二节　依法保护地质环境和国际合作防灾减灾 ···················· 240

第十二章　"数字地球"产生的时代背景及应用示范 ················· 242

第一节　信息时代与数字地球 ·· 242

第二节　数字地球的基本概念 ·· 244

第三节　高空间分辨率的遥感卫星数据 ···································· 244

第四节　遥感小卫星 ·· 245

第五节　全球定位系统（GPS） ·· 247

第六节　数字地球应用 ··· 247

第十三章　工程地质勘察 ·· 257

第一节　地质勘察工作的目的及任务 ······································ 257

第二节　勘察的基本手段和方法 ··· 258

第三节　工程地质勘察成果报告 ··· 262

参考文献 ··· 265

绪　　论

太阳系是由太阳、行星及其卫星、矮行星、小行星、彗星和行星际物质组成的一个天体系统。21世纪将是全面探测太阳系并为人类社会长期可持续发展服务的新时代。

一、工程地质学原理研究目的和主要内容

工程地质学是调查、研究、解决与各种工程活动有关的地质问题的科学。它是地质学的一个分支。研究工程地质学的目的是为了查明各类工程建筑场区的地质条件；分析、预测在工程建筑物作用下，地质条件可能出现的变化；对工程建筑地区的各种地质问题进行综合评价，并提出解决不良地质问题的措施，以保证对工程建筑物进行正确合理的选址、设计、施工和运营。水利工程地质则主要是研究水利水电工程建设中的工程地质问题。

所谓工程地质问题，即与工程活动有关的地质问题，包括以下两个方面。

（1）自然环境地质因素对工程活动的制约和影响而产生的问题。这种环境地质因素通常称为工程地质条件，它们是自然历史发展演变的产物，主要有：地形地貌、地层岩性、地质构造、水文地质条件和物理地质现象（滑坡、崩塌、泥石流、风化、侵蚀、岩溶、地震等），以及天然建筑材料等六个方面。

（2）由工程活动而引起环境地质条件的变化，从而形成不利于工程建设的新的地质作用，通常称为工程地质作用。主要有：建筑物荷载引起地基岩土体的沉陷变形和剪切滑动，人工开挖造成边坡或地下洞室岩土体的变形和失稳破坏，水库诱发地震、渗漏、坍岸和浸没，砂土振动液化，以及潜蚀、流砂等。

这些工程地质问题都可关系到建筑物的安全稳定和经济效益，所以都是工程地质学的主要研究内容。除此以外，工程地质勘察、试验及计算方法等，也都是工程地质学的主要研究内容。

二、工程地质学原理的任务和在工程建设中的意义

水利水电工程建设是人类利用自然、改造自然为经济建设服务的活动，为此，必须首先了解自然。环境地质条件是与水利水电工程关系最密切、最重要的自然条件。任何工程都必须首先详细查明建筑地区的工程地质条件和可能出现的工程地质作用，然后结合其特征才能作出正确的规划、设计和施工，才能保证工程的安全可靠和经济合理。许多事例说明：凡是重视工程地质工作，事先了解和掌握了环境地质条件的规律性，则修建的工程将会是成功的；反之，忽视工程地质工作，则必然要出现这样或那样的问题，甚至导致整个工程发生灾难性的毁坏。

在我国大中型水利水电工程建设中，十分重视工程地质勘察工作，所以尚未发生过因地质问题而引起重大的溃坝事故。但也有多起因忽视地质工作或限于某种原因未查明不良地质条件而造成各种隐患和事故的情况，个别小型水库因忽视地质工作也有垮坝事故发生。例如，四川陈食水库，因坝基岩体受到渗透水流的潜蚀冲刷，形成空洞，造成15.9m

高的砌石连拱坝坍塌毁坏。浙江黄坛口水电站在大坝施工开挖后，才发现左岸坝肩是个大滑坡体，岩石松碎，坝头不能与坚硬完整的岩石相接，不得不停工进行补充勘探，修改设计，才保证了大坝的安全。安徽佛子岭水库，为一混凝土连拱坝，坝高 75.9m，长 510m，1954 年建成，是治理淮河水患的第一座大型工程。由于清基不彻底，坝基下有缓倾角软弱岩层，断层节理及风化严重的岩石（全、强风化）未被清除，致使坝基发生不均匀沉陷变形，坝体发生多条裂缝。后虽经两次大规模加固补强处理，但 1996 年仍被定为"病坝"，仍需彻底处理。梅山水库是治淮工程中的第二座大型水利工程，与佛子岭工程相似，也是由于对右岸坝肩风化严重的花岗岩清除得不彻底，防渗工作做得不严格，结果发生渗漏，右坝肩岩体发生轻微滑动，导致连拱坝拱垛发生位移、拱圈发生裂缝。广东新丰江水电站因发生 6.1 级水库诱发地震，致使大坝发生裂缝。此外，尚有江西上犹江、四川狮子滩及长江葛洲坝水电站坝基泥化夹层问题，湖南柘溪水电站及云南漫湾水电站坝址区滑坡问题等，都延误了工期，造成了较大的经济损失。

工程地质学原理在水利水电工程建设中的主要任务如下。

（1）选择工程地质条件最优良的建筑地址。在规划设计阶段，大型工程的选址、选线，工程地质条件是一个重要因素，工程地质条件良好的地址，可以节省投资，缩短工期，并保证安全施工和运营。

（2）查明建筑地区的工程地质条件和可能发生的不良工程地质作用。工程建筑地址的选定不完全决定于地质条件，而首先考虑的是整体经济建设的发展和需要。即便是根据地质条件选择的地址，也不会是完美无缺的，总会有这样那样的工程地质问题。不良的工程地质条件并不可怕，可怕的是没有查明或认识不足、不够重视。早在 20 世纪 50 年代，我国在总结水利水电工程建设经验教训的基础上，就曾提出过"没有足够的工程地质勘察资料，就不能进行设计；没有设计，就不能施工"的规定。只要查明并给以足够的重视，绝大多数工程地质问题都是可以通过工程措施得到妥善解决的。

（3）据选定地址的工程地质条件，提出枢纽布置、建筑物结构类型、施工方法及运营使用中应注意的事项。

（4）提出改善和防治不良地质条件的方案措施。

三、本课程的特点和学习要求

本课程是一门实践性很强的课程，所以除课堂教学外，室内试验、野外教学实习及电化教学（幻灯、录像）等，都是本课程的重要教学环节。尤其是野外教学实习，在本课程中占有特殊重要的地位，与其说是野外教学实习，不如称其为"现场教学"更为恰当。因为它不只是印证、巩固、加深课堂教学内容的问题，而是还有相当多的内容是课堂无法讲授或学生在课堂上无法掌握的知识和内容，而这些知识又是必须由教师在野外现场讲解，引导学生亲自观察、分析和实际操作才能学到手的。野外教学实习是培养学生独立观察、思考、分析和实际操作能力的一个重要环节。如果缺少和削弱了这个重要的实践性教学环节，那么工程地质教学是不完整的。所以在教与学的过程中，以及在制订教学计划、教学大纲时，对野外教学实习均应给予足够的重视。

现在地质学研究中常用的仪器有等离子质谱仪（图 0-1）、X 射线衍射仪、电子探针（图 0-2）等。室内研究工作通常还会使用大量的辅助工具，用来扩大人类的观察能力，如偏光显微镜、电子显微镜以及被广泛使用的电子计算机。

图 0-1　ICP-MS 多通道高分辨率等离子质谱仪

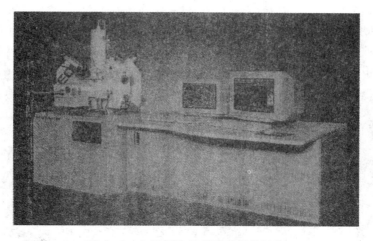

图 0-2　电子探针 X 射线显微分析仪

第一章　地球的宇宙环境

地球科学是认识行星地球的形成、演化以及与人类自身生存和发展休戚相关的气候、环境、资源、灾害、可居住性、可持续发展等的一门自然科学，是人类社会发展的支柱性、基础性科学，与人类社会的发展进步息息相关。

第一节　地球在宇宙中的位置

在广阔无限的宇宙中，地球属于太阳系的一颗行星，而太阳又是银河系中无数恒星之一，宇宙则由很多个像银河系甚至更庞大的恒星集团所组成。

一、太阳系

太阳系以太阳为中心，周围有 8 个大行星携带着绕行自己旋转的卫星环绕着太阳旋转，此外还有许多小行星、彗星、流星等小天体环绕太阳转动，由这些天体组成太阳系（图1-1）。太阳系的范围很大，直径约 120 亿 km，光从这一端到达另一端需 11h。

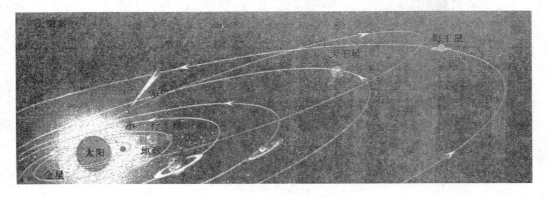

图1-1　太阳系（行星轨道位置按比例表示）

8 大行星体积大小相差很大。最大的木星比最小的水星大 73500 倍（图1-2）。按特征把 8 大行星分两类：离太阳较近的 4 个行星（水星、金星、地球、火星），物理特征近似地球，叫类地行星，它们的体积较小，密度较大，卫星少，为固体表面，重元素较多；离太阳较远的 4 个行星（木星、土星、天王星、海王星），物理特征近似木星，叫类木行星，它们体积较大，密度较小，卫星多，没有固体表面，轻元素特别是气体多。太阳系各星体的运行数据和物理要素见表1-1。

太阳系的中心是太阳，一颗炽热的恒星。太阳的内部温度达到 10×10^6 K $\sim$ 15×10^6 K，其能源来自内部的热核反应。组成太阳的物质主要是氢（70%）和氦（27%），其他元素只占 2.5% 左右。太阳的最外部是由日冕组成的太阳大气，从日冕中升起的粒子流

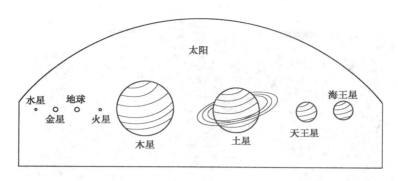

图 1-2　太阳系行星大小的比较

表 1-1　　　　　　　　太阳系的运行数据和物理要素

| 星体 | 距日平均距离 | | 轨道面与黄道面交角 | 运转周期 | | 运转速度（km/s） | | 逃逸速度（km/s） | 平均半径 | | 扁率 $\dfrac{a-c}{a}$ |
	10^6 km	天文单位		公转	自转	公转	自转（赤道）		km	与地球比	
太阳	—	—	—	2亿年	25d（赤道）	250.0	2.06	617.23	695990	109.23	0.002
水星	57.9	0.39	7°0′17″	88d	59d	47.9	0.003	4.17	2433	0.38	0.029
金星	108.2	0.72	3°24′0″	224.7d	224d 8h（逆转）	35.0	0.002	10.36	6053	0.95	0.000
地球	149.6	1.00	—	365.25d	23h56min	29.8	0.465	11.18	6371	1.00	0.0034
月球	距地球0.384	距地球0.0026	5°9′0″	27.32d	27.32d	1.0	0.005	2.37	1738	0.27	0.006
火星	227.9	1.52	1°51′0″	1.88年	24h37min	24.1	0.240	5.03	3380	0.53	0.005
木星	778.3	5.20	1°18′54″	11.86年	9h50min	13.1	12.66	60.24	69758	10.95	0.066
土星	1427.0	9.54	2°29′58″	29.46年	10h14min	9.6	10.30	36.06	58219	9.14	0.103
天王星	2869.6	19.18	0°46′38″	84.0年	10h49min	6.8	3.89	22.19	23470	3.68	0.070
海王星	4496.6	30.06	1°47′14″	164.8年	15h48min	5.4	2.52	24.54	22716	3.57	0.079

构成了太阳风向宇宙空间辐射，并带走了太阳热核反应的大部分能量（图1-3）。太阳风暴于2010年8月4日抵达地球，见图1-4。太阳质量大约是太阳系全部质量的99.866%，行星的质量在太阳系中可以说是微不足道的。不可思议的是，太阳的转动惯量和它所具有的质量却很不相称，只占太阳系总转动惯量的2%。

地球稍大于金星，与其他类地行星所不同的是地球拥有液态外核和较

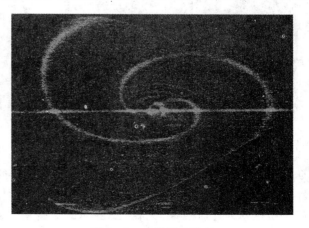

图 1-3　太阳风的形态

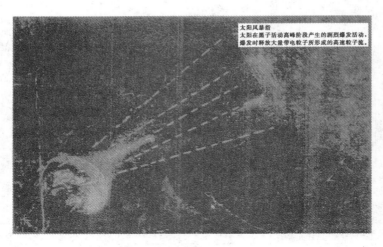

图 1-4 太阳风暴

快的自转速度，形成了很强的磁场。地球活动的外圈使外动力地质作用强烈地改造地壳的面貌，使地球的表面形态变得丰富多彩。地球是一切生命的源泉，地球是人类美丽的家园。我们要爱护地球，我们要保护地球。

土星橘黄色的表面，漂浮着明暗相间的彩云，配以赤道面上那发出柔和光辉的光环，显得非常妩媚（图 1-5）。土星自转一周为 10 小时 14 分。土星长期被当作太阳系的边界，直到 1781 年发现天王星以后，太阳系才得以扩大。土星大小仅次于木星，与木星有许多相似之处。其直径约 1.2×10^5 km，是地球的 9.5 倍，体积是地球的 730 倍。但它的平均密度却比水还要小，仅有 0.7 g/cm³。假如将土星放入水中，它会浮在水面上。土星最引人注目的是它的光环，其厚度只有 15～20km，宽度却达 2.0×10^5 km，主要物质是石块和冰块。

图 1-5 土星美丽的光环最为耀眼

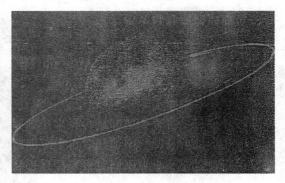

图 1-6 天王星有 9 条光环

天王星在太阳系中的位置排行第七，距太阳约 2.9×10^9 km。它的体积也很大，是地球的 65 倍，仅次于木星和土星，在太阳系中位居第三；直径约为 5×10^4 km，是地球的 4 陪，质量约为地球的 14.5 倍，其特点是自转轴与公转轨道平面平行，被称为"躺着的行星"。天王星表面温度在 -200℃以下，有 9 条光环（图 1-6）。

二、银河系

银河系是一个庞大的恒星集团，估计有 1300 亿颗以上的恒星，其中包括太阳，此外还有许多由气体、星际物质组成的星云。银河系里的恒星都绕银河系中心转动，但各部分运动速度是不同的，太阳及其附近的恒星绕银河系中心运动的速度约为 230km/s，太阳绕银河系中心运行一周约需 2 亿年。银河系里的恒星绕银河系中心转动就相当于银河系的自转。银河系不但自转，而且还携带着成员以 200km/s 以上的速度朝着麟麟星座的方向运行着。

三、总星系

就目前天文工具能观测到的范围半径约达 100 亿光年，可以观测到 10 亿个星系。全部观测到的星系的分布范围叫总星系。这是我们今天观测到的宇宙。总星系以外还有其他总星系没有？肯定有的。因为在总星系范围内的星体密度没有减小的迹象，"天外有天"，宇宙是没有边的，只是今天的科学技术还观测不到罢了。银河系以外的星体对动力地质作用已经没有什么影响了。

第二节　地球的主要特征

一、地球的形状和大小

地球是一个绕着地轴高速旋转的球体，它的表面形态并不是理想的球形，而是椭球形，即为赤道部分略为膨大，两极略为收缩的扁球形。它的数据如下：

赤道半径（a）：6378.137km；

极半径（b）：6356.752km；

平均半径 $\left[\dfrac{(2a+b)}{3}\right]$：6371km；

地球偏度 $\left(\dfrac{a-b}{a}\right)$：$\dfrac{1}{298.3}$；

赤道圆周长：40076.6km；

表面积：5.1 亿 km²；

质量：5.98×10^{19} t；

平均密度：5.517g/cm³；

体积：108×10^{10} km³。

二、地球的物理性质

地球的主要物理性质包括：地球的密度、压力、重力、地热、磁性、电性、放射性和弹性等。现将地球的主要物理性质简述如下。

（一）地球的密度和压力

据计算，地球的平均密度为 5.517g/cm³，而实际测得地壳物质的平均密度为 2.7～2.9 g/cm³。因此，可以推测地球内部深处物质的密度是随深度递增的。根据地震资料可知，地球内部物质的密度确实是随着深度的增加而逐渐增加的，并且分别在深度 984km、2898km 和 5125km 的地方作跳跃式增加。这表明地球内部物质是不均匀的，而地核的物质可能处于高密度状态。

地球内部的压力受上覆物质质量的影响，随着深度的增加而递增。它的变化情况为：自地表到地深处约 33km 处是随深度增加而均匀增加的；从 33km 到 984km 深度范围内压力从 9000×10^5Pa 很快增加到 38.2×10^9Pa；然后随着深度的增加又缓慢地增加，在 2898km 深度可增加到 136×10^9Pa；最后向着地心缓慢地递增，地心压力可达 360×10^9Pa。

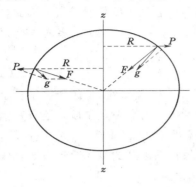

图 1-7　重力与地心引力
和离心力关系（示意图）
zz—地球自转轴；g—重力；F—地心
引力；P—离心力；R—纬度圆半径

（二）地球的重力

地球表面的重力是指地面处所受的地心引力和该处的地球自转离心力的合力（图 1-7）。地心引力与物体质量成正比，与距地心距离的平方成反比。地球赤道半径大于两极半径，引力在两极比赤道大，离心力在两极接近于零，而赤道最大。但离心力值在重力值中所占的比例极小（仅为 1/300），因此，地球的重力随纬度增加而增大。根据重力与纬度关系所计算出的各地重力值，叫做正常重力值。由于各地岩石种类与构造不一样，用重力仪测定的重力值与正常重力值常不符合，这种偏差称为重力异常。重力异常表明：地下有密度较大的金属矿物或者有密度较小的石油、岩盐等物质分布，通过重力异常调查，可以研究地壳构造与寻找地下矿产。

（三）地球的磁性和电性

地球具有磁性，好像是一个巨大的磁体，也有两极（图 1-8），但地磁场的南北极与地理的南北极的位置不重合。同时地磁极的位置也在不断改变，1970 年测出磁北极在北纬 76°、西经 101°，磁南极在南纬 66°、东经 140°。而地磁子午线与地理指午线间有一夹角，叫做磁偏角。磁针只有在地磁赤道附近才是水平的，磁针越移向磁两极，倾斜程度越大。在磁极区，磁针直立，磁针与水平面的夹角称磁倾角，地球某一点所受的磁力大小称为该点磁场强度。磁偏角、磁倾角、磁场强度叫地磁三要素。根据地磁在地球上的分布规律，可以计算出某地地磁三要素的正常值，实测数值与正常值不一致的现象叫地磁异常。地磁异常是地下有磁性矿床或地质构造发生变化的标志。因此，可以利用地磁异常勘测磁性矿床和地质构造情况。

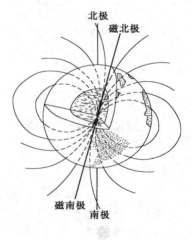

图 1-8　地磁场及其成因

地球既然存在磁场，则必然存在电场。大面积的地磁场感应，就可以形成大地电流，大地电流的平均密度约为 $2A/km^2$。大地电流的强度是不稳定的，其变化和磁场的变化有密切的关系，也可能和岩石所受的应力变化有关。利用大地电流的异常特征也可用于各种地质、地球物理的研究。

地球的电磁场构成了地球的第一个保护层，可以有效地保护地球生命免受太阳风和外太空的各种电磁辐射的威胁（图1-9）。极光的形成就是太阳风沿地球两极磁场的薄弱处进入地球所引起的现象（图1-10）。

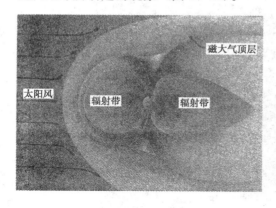

图1-9　电磁层保护了地球生命免受电磁辐射的威胁

图1-10　神秘的北极光

地球磁场会对居里面之上的地壳上层岩石产生影响，使岩石获得磁性，并使岩石的磁化方向与岩石形成时的地磁场方向一致。通过对岩石剩余磁场及岩石形成历史的研究发现，地球的磁场曾经不止一次地发生重大的改变，甚至是南极变成了北极，北极变成了南极，也就是发生了地磁场的磁极反转。

（四）地热

地球表面受太阳辐射热的影响而温度变化很大，在-70~70℃之间。温度随季节、纬度高低和海陆分布情况而有所差异。这种温度变化只影响地表不深的地方，平均约为15m。再往深处20~25m的地段，由于太阳辐射热影响不到，且保持当地常年平均温度，因此叫常温层。

钻探资料表明：常温层以下地层温度随深度的增加而有规律地增加，增加情况各地不同。地温每升高1℃而往下增加的深度叫地温增加级。地温增加级一般平均为33m，例如在亚洲大致为40m（我国大庆为20m，房山为50m）。但地温也并非每加深33m就升高1℃，因为地内深处的物质密度、压力和状态各不相同，故温度增加到一定深度时，越深升温越慢，推测地心温度不会超过2000~5000℃。

地热的来源，除地表来自太阳辐射外，主要来自地球内部。地球内部热源，主要是由放射性元素蜕变释放出来的，其次是重力能、化学反应能、结晶能和地球转动能等。

地球是一个庞大的热库，地热能是最廉价的能源之一，对它的开发利用已成为地质科学和综合科学技术之间的一个新领域，见图1-11。

（五）地球的弹性

据对地震及人工地震的研究，得知地球能够传播地震波（弹性波），说明地球具有弹性。根据地震波的传播方式可分为纵波和横波。

纵波（P）：又称疏密波，它的传播方向与介质质点摆动方向相同，在固体、液体和气体介质中均能传播。传播速度较快，约为横波的1.7倍。

图 1-11　位于喜马拉雅造山带的西藏羊八井地热喷泉

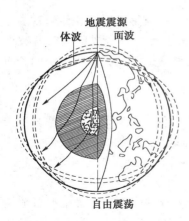

图 1-12　地震波在地内
传播情况（示意图）

横波（S）：又称扭动波，它的传播方向与介质质点摆动方向互相垂直，它不能在液体和气体介质中传播而只能穿过固体介质。传播速度较慢。

地震波在地下任一点的传播速度和该点介质的性质（密度、弹性、状态等）有关，公式为

$$V_\rho^2 = \frac{k + \frac{4}{3}\mu}{\rho} ; V_s^2 = \frac{\mu}{\rho}$$

式中：V_ρ、V_s 分别为纵波、横波的传播速度；k 为介质的容积弹性模量；μ 为刚性系数（或切变模量）；ρ 为介质的密度。

从关系式中可知，V_ρ 总是大于 V_s，由于流体介质的刚性系数为零，故横波在液体、气体介质中不能传播（图 1-12）。

由于地震波在地下传播的特点，故可利用人工地震来了解地下的地质情况。物探中的**地震法**就是利用这个原理来进行工作的。

第三节　地球的结构

地球的结构是指地球的组成物质在空间分布和彼此间的关系。地球物质的成分和分布是不均匀的，具有层圈结构。地球固体表面以上的各层圈为外部结构，地球固体表面以下的各层圈为内部结构。

一、地球的外部结构
地球的外部结构包括自地表以上的大气圈、水圈、生物圈和土壤岩石圈（图 1-13）。

现将各圈的特征简述如下。

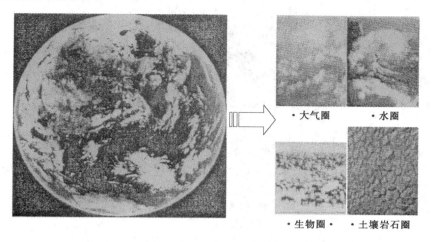

图 1-13 地球圈层示意图

（一）大气圈

大气圈是由包围在地球最外面的气态物质所组成的层圈。这一层圈的分布在地面以上至少高达 $2000 \sim 3000km$ 的范围。此圈自下向上又分为对流层、平流层、电离层和扩散层，大气圈中的主要成分为氮、氧、氩、碳、氦和氢等元素。大气的总质量约为 $513 \times 10^3 t$，虽然约为地球的百万分之一，但对地面的物理情况和生活环境却有决定性的影响。大气的结构、成分和性质主要随着高度而变化。起初不同的分子渐渐地分解成原子，以后这些原子又受到太阳辐射粒子的作用而发生电离，变成离子和电子，所以大气可分为中性大气和电离大气。在约 $500km$ 以上的高空，中性大气已经很少，主要是离子和电子，它们的运动由地球空间的磁场和太阳风决定。大气分布极不均匀，受地球引力作用，约有 79% 的质量集中在平均厚度 $11km$ 范围内的对流层中。在对流层中，温度、湿度和压力等分布很不均匀，故气体常发生强烈的对流，产生风、云、雨、雪等，从而调节和促进水圈的循环（图 $1-14$）。

（二）水圈

水圈由地球表层分布于海洋和陆地上的水和冰所构成。水的总体积约为 14 亿 km^3，其中海洋水占总体积的 98.1%，陆地水只占 1.9%。可见，水在地表分布是很不均匀的，主要集中在海洋。水圈中各部分水的成分和物理性质有所不同，其成分除作为主体的水外，尚含有各种盐类。例如：海水含盐度高，平均为 3.5%，以氯化物（如 $NaCl$、$MgCl_2$ 等）为主；陆地水含盐度低，平均小于 0.1%，以碳酸盐 $[$如 $Ca(HCO_3)_2]$ 为主。水受太阳热的影响，可不停地循环。由于水的循环，形成了外力地质作用的动力，它们在运动过程中可不断产生动能，对地球表面进行改造（图 $1-15$）。

（三）生物圈

生物圈是由地表各种生物构成的。它们在生活活动、新陈代谢及死后遗体分解出各种气体和有机酸等过程中，可与地表的物质直接或间接地发生各种物理、化学的作用，从而改造地表物质（图 $1-16$）。

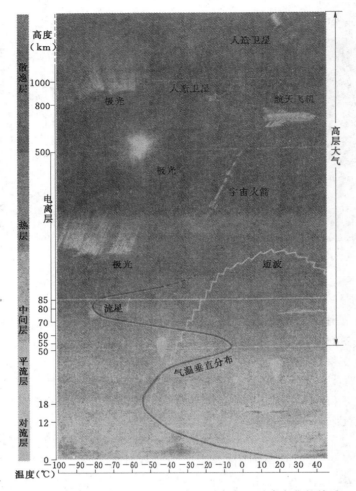

图1-14 对流层、平流层的大气运动与气温垂直变化的关系

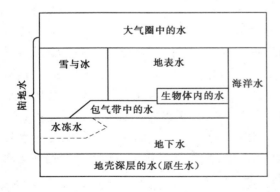

图1-15 地球水圈的结构图

（四）土壤岩石圈

土壤岩石圈是地质表层的岩土，它与大气圈、水圈、生物圈各自形成连续的圈层。

这四者之间是相互关联的，它们与人类的活动特别是建设活动密切相关，更是各种地质作用的场所。

二、地球的内部结构

地球内部也具有层圈结构，包括地壳、地幔和地核三个主要层圈（图1-17）。

对于地球内部，目前人们能够直接获得资料进行观察的深度是很小的，最深的钻孔也没超过15km。分圈的依据主要是地震法。地震法是利用地震波（纵波与横波）在地内传播速度的变化，从而间接地分析了解地内物质分布情况（图1-18）。地震波在地内的

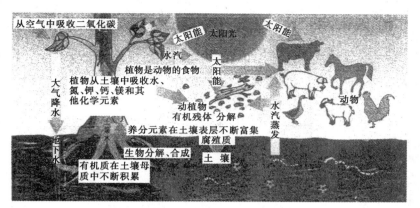

图 1-16 自然界的生物循环

传播速度是随深度而增加的，并在数处作跳跃式的变化；此外，横波不能通过地心。根据地震波在地内传播速度的变化，发现有两处极明显的分界面，叫地震分界面。第一地震分界面（又叫莫霍面），是在平均深度 33km 处；第二地震分界面（又叫古登堡面），是在地深 2898km 处，见表 1-2。

现将地壳、地幔和地核（依据地震波在地内的传播速度区分）三个主要层圈（图 1-18）的特征简述如下。

（一）地壳

地壳是地球上部的一个层圈，厚度很不均匀，主要是由硅、铝、氧化物组成，呈结晶质固体岩石，密度 2.7～

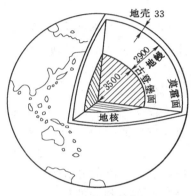

图 1-17 地球的内部结构
（单位:km）

表 1-2   地球内部层圈结构及有关数据

分 层		深度（半径）（km）	纵波（P）速度（km/s）	横波（S）速度（km/s）	密度（g/cm³）	压 力（Pa）
地壳（大陆）		海平面（6371）	5.5 6.8	3.2 3.6	2.7 2.8 2.9	
莫霍分界面		33（6338）				9.11925×10⁸
地幔	上地幔	70 250 低速度带	7.9～8.1	4.4	3.32	
		413（5958）	8.97		3.64	1.41855×10¹⁰
		720（最深地震）				2.735775×10¹⁰
		984（5387）	11.42		4.64	3.85035×10¹⁰
	下地幔		13.64	7.3	5.56	
	古登堡面	2898（3473）				1.386126×10¹¹
地核	外部地核		8.10 速度降低 9.7	通不过	9.71	
		4703（1668）			11.76	3.222135×10¹¹
	过渡层		10.31			
		5125（1246）		?	约14	约3.343725×10¹¹
	内部地核	6371（中心）	11.23		约16	约3.6477×10¹¹

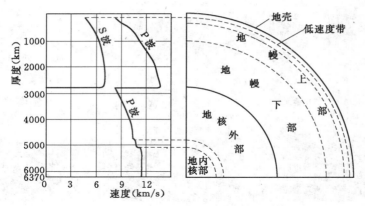

图 1-18 地球各层地震波传播速度

2.9g/cm³。各种地质作用（如构造运动、岩浆作用、变质作用等）就发生在这里。但是地质作用和矿产的形成，在一定程度上还要受地壳以下物质的影响，特别是上地幔的影响。地壳占地球总质量的 1.5%。

（二）地幔

自地壳下限 33～2898km 的层圈称为地幔，它占地球总质量的 66%。根据地震波传播速度的特征，又分为上地幔和下地幔两部分。

上地幔内地震波传播速度是不均匀的，从莫霍面到 50km 深处，地震波传播速度较快，这一地段是由结晶质固体岩石组成的，与地壳连接在一起构成地球的岩石圈。自70～250km 深处地震波传播速度较慢，为低速带，这一带的物质可能呈熔融状，称为软流层。玄武岩质岩浆可能来源此带。250～984km 深处地震波传播速度较快，但变化很不均匀。上地幔的物质成分主要为镁铁硅酸盐，物质呈结晶质固体，塑性增大。物质的平均密度为3.8g/cm³，温度为 1200～1500℃，压力达到 3.8×10^{10} Pa。

下地幔中地震波传播速度平缓地增加。物质成分除硅酸盐外，金属氧化物、硫化物等，特别是铁、镍成分明显增加。物质的平均密度为 5.6kg/cm³，温度 1500～2000℃，压力可达 1.4×10^{11} Pa，物质呈非结晶质固体，塑性很大。

（三）地核

地核是自第二地震面分界面到地心的部分，占地球总质量的 32.5%。根据地震波的传播速度特征又分为外部地核、过渡层和内部地核三层。外部地核是液态，从 2898km 以下，纵波速度突然下降，横波消失，其深达 4703km 深处；此带往下到 5125km 深处，为过渡层；由此层到地心为内部地核，是固态。物质密度可达 13g/cm³，温度为2000～5000℃，压力可达 3.6×10^{11} Pa。关于地核的物质成分目前说法不一，一般认为主要是由铁、镍组成，还含有少量的硅、硫等元素。

第四节 地壳及地质作用

地壳是地球最上面的一个固态层圈，以莫霍面为下限，地壳厚度很不均匀，最厚的大陆地壳（我国的青藏高原）厚度在 65km 以上，最薄的海洋地壳厚度仅有 5km。

一、地壳的表面形态

地壳表面高低起伏变化很大（图1-19），基本上分为陆地和海洋两大部分。陆地面积为1.49亿km²，占地壳表面积的29.2%；海洋面积约为3.61亿km²，占地壳表面积的70.8%。海陆分布是不均匀的，陆地主要集中在北半球，占北半球总面积的39%，而南半球陆地面积只占19%。陆地最高点是在我国西藏的珠穆朗玛峰，海拔高度为8848.13m；海洋最深处是在太平洋西部的马里亚纳群岛附近的海沟，深达11033m。

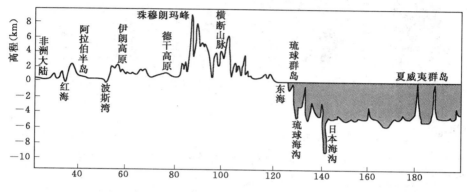

图1-19 横切喜马拉雅山的东半球剖面

陆地地形按其起伏高度又分为山地、丘陵、高原、平原和盆地。

海底并不是平坦的，地形也有起伏变化，而且有的地方地形相当复杂。按海水深度和地形特点，海底地形可分为海岸带（滨海带）、浅海带（陆棚或大陆架）、半深海带（大陆坡）、深海带（洋床或洋盆）和深海沟、海岭等（图1-20）。

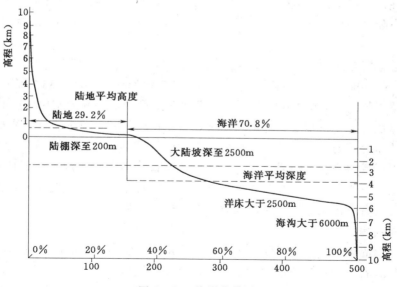

图1-20 海洋分带图

二、地壳的结构

根据地壳组成物质的差异，将地壳分为两层，见图 1－21。

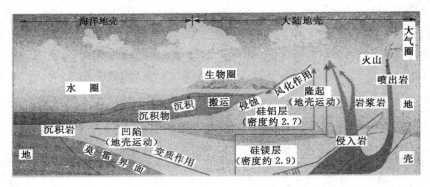

图 1－21　地壳的结构及其物质循环

（一）花岗岩质层

花岗岩质层在地壳上部呈不连续分布，厚度为 0～22km。其在陆地上较厚，在海洋较薄或缺失。化学成分以硅、铝为主，故又称硅铝层。密度较小，平均为 2.7g/cm³，压力小，放射性高。

（二）玄武岩质层

玄武岩质层是花岗岩质层下面连续分布的一层，以莫霍面为下限，深达 20～80km，各地不等，平均深 33km。化学成分除硅、铝外，铁、镁相对增多，故称为硅镁层。密度较大，约为 2.9g/cm³，压力可达 9.11925×10⁸Pa，温度在 1000℃以上。

地壳的物质，不仅在垂直方向上有显著差异，而且在水平方向上，陆地和海洋地区也有很大的差异，即陆地上层有很厚的花岗岩质层，而海洋区则主要是玄武岩质层，在太平洋底和某些内陆海底只有硅镁层而没有硅铝层。因此，地壳又可分为大陆地壳和海洋地壳两种类型。

地壳的总厚度在高山和高原区最大可达 50～60km，天山南部甚至厚达 80 多 km；平原地区多为 35～40km，大洋地区最薄，一般只有 4～7km。其总的规律是：地表越高的地区地壳越厚，特别是其中的硅铝层越厚。其高出的部分多出来的质量通过增加地壳厚度和减少地幔厚度抵消。在地表低部地区则正好与此相反。因此，在某一定深度以上，上覆岩石对地幔的压力处处相等，处于一种均衡状态，地质学家称之为"地壳均衡原理"。对高原及褶皱山区重力测量的结果发现，这些地区不仅未因高出一般地区而使重力值增高，反而普遍较低，证明山是有"根"的，而且"根"的密度不大，主要是硅铝层，所以才出现这种情况，当重力尚未完全均衡代偿时，就出现重力负异常。

三、地壳的物质成分

组成地壳的固体物质在地质学中称为岩石，地壳是由岩石组成的。例如：花岗岩是组成地壳的一种岩石，岩石又是由矿物组成的，花岗岩就是由石英、长石等矿物组成的。矿物是由各种化学元素组成的化合物，例如石英是由硅和氧这两种元素组成的；长石是由硅、铝、氧、钾、钙元素组成的。可见，组成地壳最基本的物质是化学元素。因此，研究地壳的物质就要研究它的化学元素、矿物和岩石以及它们之间的联系。

表 1-3   地壳中主要化学元素克拉克值

元素	克拉克值（%）	元素	克拉克值（%）	元素	克拉克值（%）
O	49.13	Fe	4.20	Mg	2.35
Si	26.00	Ca	3.25	K	2.35
Al	7.45	Na	2.40	H	1.00

地壳中含有周期表中所有的元素。元素在地壳中的分布情况可用它在地壳中的平均质量百分比（克拉克值）来表示。地壳中主要化学元素的克拉克值，见表 1-3。

从表 1-3 中可知，组成地壳最主要的 9 种化学元素占了地壳总质量的 98.13%，其余 90 多种元素只占 1.87%。可见，元素在地壳中分布是很不均匀的。工业上重要的金属元素除铁、铝外，其他如铜、铅、锌、锡、钼等在地壳中含量很低，但它们在自然界各种地质作用条件下，可以相对富集，当元素在局部地区富集，其含量达到工业要求时，就成为矿产。但有的元素，如铟、铪、锗、镓等，不易富集，呈分散状态存在于岩石和矿物中，称为分散元素。

地壳中的化学元素除少数呈单质出现外，绝大部分以各种化合物形成出现，其中以含氧的化合物最常见。地壳上部（深约 16km）按氧化物折算的平均化学成分质量百分比，见表 1-4。

表 1-4 表明，地壳中分布最多的是硅和铝的氧化物，它们共占总量的约 75%，其他只占 25%。

表 1-4   地壳上部平均化学成分含量

化学成分	质量百分比（%）	化学成分	质量百分比（%）
SiO_2	59.87	Na_2O	2.39
Al_2O_3	15.02	H_2O	1.86
Fe_2O_3 FeO	5.98	TiO_2	0.72
CaO	4.79	CO_2	0.52
MgO	4.06	P_2O_5	0.26
K_2O	2.93		

矿物在地壳中又形成有规律的集合体，称为岩石。组成地壳的岩石有三大类：岩浆岩（火成岩）、沉积岩和变质岩。

四、地球的能量系统

地球并不是一个封闭的体系，她每时每刻都在宇宙中运动着，同时也在宇宙中进行着能量与物质的交换。而且能量和物质总是紧密地联系在一起的，伴随着物质的获得或丧失，地球系统也同时获得或丧失能量。

一切地质作用都以能量为基础，地球的能量系统由以下几个方面构成：太阳能、放射能、物理能和其他能源。

太阳能是地球从太阳辐射中获得的能量，虽然地球从太阳辐射中所获得的太阳能只是太阳辐射能的 22 亿分之一，但地球平均每秒钟仍可获得 1.8×10^{17} 焦耳的太阳能（图 1-22）。

太阳的辐射使植物和依靠光合作用繁殖的藻类生物大量繁殖，构成生物链的基础。在一定条件下，太阳能通过有机界的参与可以转化成煤和石油储存起来。太阳能还可以使大气发生环流形成风能，使水蒸气上升构成水的势能。因此可以说太阳能是地球生物活动（包括人类在内）的主要能源。

放射能是地球中的放射性物质在裂变过程中所产生的能量（图 1-23）。在地球形成的早期，短半衰期的放射性元素很多，这些放射性同位素大部分已经裂变成稳定元素。因此可以认为地球形成早期，应比现在具有更高温度，很有可能在整个地球的表层都是岩

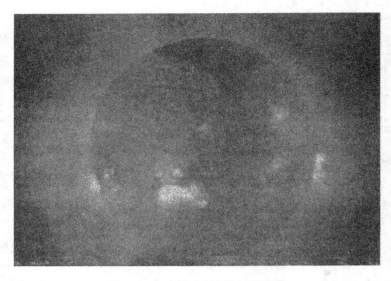

图 1-22 太阳时刻向外辐射能量

浆的世界。由于地球仍然含有很多长半衰期的放射性元素，而且放射性物质的总量也很大，现今地球由放射性物质所产生的能量依然高达 1.2×10^{14} J/s。

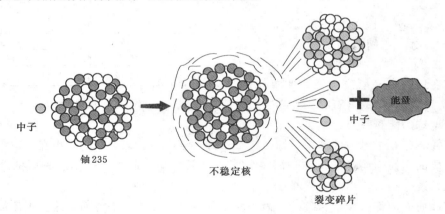

图 1-23 放射性元素裂变释放能量示意图

物理能主要是地球的旋转动能（包括自转和公转）和引力能。地球的旋转能在一定的时间尺度中基本保持在一定的总量范围里。地球公转所具有的能量在太阳系中处于平衡的状态，只有在与其他天体相互作用时才发生改变，因此对地球本身的物质运动和平衡的影响要么是一种长周期的作用，要么是一种灾难性的作用。

据地球的自转速度计算，现今地球自转的总能量约为 2.14×10^{29} J，这样巨大的能量哪怕有亿分之一的变化，其能量变化就相当于 34000 次 8 级地震的能量变化，势必引起地球的剧烈变动。

地球的重力是地球物质产生的万有引力和自转离心力合力，构成了地球的重力场。重力能是一种势能，只有物质在重力场中发生位移时才产生能量的变化。地球获得的重力能主要在圈层分异的早期，而现今地球基本上已经是按物质的密度分层。因此，重力能的变化在现今地质作用中已经不起主导作用。

引潮力是太阳和月亮的引力对地球共同构成的作用力，由于地球的自转和太阳、月亮与地球的相对位置会发生周期性的变化，引潮力也发生周期性的变化。引潮力在地球上最明显的结果是引起海水的潮汐变化，其功率大约为 $1.4×10^{12}J/s$。

除此以外，地球的能量系统中还有化学能、结晶能、生物能等其他的能量形式（图1-24），并在地球的演化中起到一定的作用。

图1-24 矿物在结晶过程中也会释放能量

由于岩石圈主要由刚性岩石组成，热导率很低，根据地壳的平均热流值计算，地壳的平均散热量为 $1.8×10^{13}J/s$，因此仍有大量热能在地球内部积聚，构成了地球内动力地质作用的能量基础。地球内部的能量在积累到一定程度之后就会转化成物质运动的形式释放出来，这就导致火山、地震、变质作用和构造运动等内动力地质作用的发生。

五、地质作用的形式

没有能量地质作用就不可能发生，但并不是所有地球的能量都会转化成地质作用的形式。由能量转化而成的，能够导致地质作用发生的力称为营力。

像放射性能、动能、重力能、化学能、结晶能等来源于地球内部的能量称为地球的内能，以内能作为营力的地质作用称为内动力地质作用，内动力地质作用主要作用于地球的内圈并最终反映到地壳。来源于地球外部的能量称为外能，其相应的地质作用称为外动力地质作用，外动力作用则主要作用于地球的外圈和地球的表层系统。地质作用有不同的表现形式，内动力地质作用的形式主要有：构造运动、地震作用、岩浆作用和变质作用等方式（图1-25）；外动力地质作用的主要形式是地球外圈对地壳的风化、侵蚀、搬运、沉积过程，并对地球的表层系统进行改造。

图1-25 珠穆朗玛峰是因为强烈的构造运动所形成的

地质作用的主要形式见图 1-26。

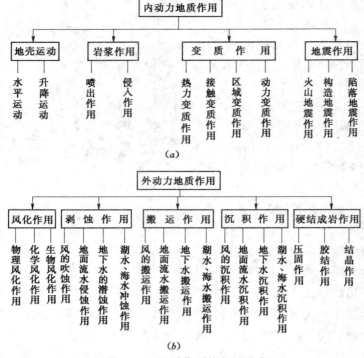

（a）

（b）

图 1-26　地质作用的主要形式

六、太阳系探测的历程

近半个世纪以来，人类共进行了 253 次太阳系探测（表 1-5）。

表 1-5　　　　　　　　太阳系探测概况（至 2007 年 12 月，共 253 次）

开始探测年份	探测对象	探测次数	新增探测领域
1958	月球	116	
1961	火星	41	
1961	金星	40	月球与临近地球的行星，太阳与太阳活动
1962	太阳	15	
1966	太阳风	6	
1972	木星与土星	11	
1973	水星	2	
1977	天王星与海王星	1	太阳系其他行星，太阳系观测
1978	全太阳系观测	4	
1984	彗星	9	
1988	火卫一	2	
1996	小行星	4	太阳系小天体
1997	土卫六	1	
2006	冥王星	1	

资料来源：McFadden et al. 2007；欧阳自远，1989，欧阳自远 2005。

20

人类对于太阳系的探测：起始于20世纪50年代末，从探测地球的天然卫星——月球开始，逐渐开展邻近的行星——火星与金星的探测，太阳和行星际空间太阳风的探测。

70年代，逐步开展了太阳系其他行星——木星与土星、水星、天王星与海王星的探测以及全太阳系的空间观测。

80年代开始探测太阳系的各类小天体——彗星、火卫一、小行星、土卫六和冥王星等。人类的空间探测，由近至远，由易到难，经历了近半个世纪，实现了对太阳系的初步探测。因此，21世纪将是人类全面与精细探测太阳系各层次天体与行星际空间的新时代，是为人类社会的可持续发展提供支撑与服务的新世纪。

第五节　21世纪我国地球科学发展的方向

21世纪头20年，我国面临着优化经济结构、合理利用资源、保护生态环境、促进地区协调发展等一系列重大任务。这些重大的国家战略需求，促进了地球科学的发展。

当前，我国地球科学的发展，应当立足本国．面向全球，重新考虑我国地球科学的国际定位。从区域和全球的尺度考虑我国地球科学的发展，紧紧围绕着资源、生态、环境、灾害、社会发展等重大问题和深化对地球和行星的科学认知进行相应的调整，规划地球科学发展的未来方向和重点，为人类社会的可持续发展服务。

一、战略定位与目标

21世纪我国地球科学的发展，应当为保护人类生存和发展的地球环境、为解决社会可持续发展面临的资源、环境、生态、灾害问题提供科学支撑，以解决国家重大战略需求和社会需求为己任，促进地球科学向着资源导向、生态导向、环境导向、减灾导向、社会目标导向的学科发展，使地球科学真正成为人类社会可持续发展的支柱性科学体系，迎接地球科学的大发展。因此，我国地球科学发展的目标与战略定位是：在2020年前达到国际先进水平乃至一流水平，引领国际地球科学一些领域的发展，使中国从地学大国走向地学强国。

当前和今后，我国社会可持续发展面临以下紧迫的重大地球科学问题：水资源安全、土地资源与土地利用、生态系统变化与生物多样性、生态安全、气候变化、碳循环、生物地球化学循环、海洋环境变化与海洋资源开发、全球环境变化与人类健康、全球环境变化与食物生产和食物安全、紧缺矿产资源勘探、传统能源勘查与开发、新能源研发与能源安全、环境污染防治与环境安全、减灾科学等领域。必须在这些领域部署科技资源大力开展持续研究。

针对我国资源相对不足、生态环境承载力弱等基本国情，应以统筹人与自然和谐发展、实践科学发展观为宗旨，探索人口增长、经济发展与资源利用、生态环境保护之间的相互作用关系，加强对资源环境过程的观测、探测和监测能力，全面系统认识自然过程和人的活动对生态环境及人类自身发展影响的客观规律，为我国不同类型经济发展区域的资源高效利用、生态环境整治提供坚实的知识基础。

二、重大科学问题

在21世纪促进我国地球科学发展，应当围绕我国地球科学的发展目标与战略定位，站在国际地球科学发展前沿，瞄准我国重大资源与环境问题，从大科学、全球化、跨学科、跨部门、国际化和日益重视在高层次上综合集成的研究特点出发，突出地球系统科学，关注全球变化与地球各圈层相互作用及其变化的研究以及人类活动引发的重大环境变化研究；突出地球变化的动力过程研究，关注气候系统动力学与气候预测、地球深部与大陆动力学、生态系统动力学与管理、海洋生态动力学与海岸问题等；突出地球信息科学，关注数字地球、3S一体化、国内外数据资源共建共享和地球科学定量化的研究趋势；突出地球管理科学，关注减灾防灾、环境保护与治理、资源合理开发利用以及碳循环、水资源、食物与纤维、能源战略等问题；突出地球科学跨学科研究进展，关注经济社会发展对地球科学的影响与需求，地球科学在自然科学内部与其他学科的交叉融合以及高新技术在地球科学中的应用。

因此，综观国际地球科学发展态势及我国国情，21世纪我国地球科学面临的重大科学问题主要归结为以下8个方面：

（1）行星地球的物理、化学、生物过程及其协同演化。

（2）海洋的物理和生物地球化学过程及其资源环境效应。

（3）陆面地表过程、资源环境、人类活动与可持续发展。

（4）天气、气候系统和空间天气的变化与趋势预测。

（5）全球变化与地球系统科学。

（6）矿产资源和能源的形成机制、勘查新技术与可利用性。

（7）水资源与可持续发展。

（8）自然灾害与防治。

第二章　岩石及其工程地质性质

　　岩石是组成地壳的主要物质成分，也是构成地壳的基本物质单位，它是地壳发展过程中各种地质作用的自然产物。

　　自然界岩石的种类很多，根据成因可分为三大类，即：岩浆岩（火成岩）、沉积岩（水成岩）和变质岩。

第一节　造　岩　矿　物

一、矿物的概念及类型

　　矿物是指地壳中的化学元素在地质作用下形成的、具有一定化学成分和物理性质的单质或化合物。自然界中只有少数矿物是以自然元素形式出现的，如金刚石（C）、自然金（Au）、硫黄（S）等。而绝大多数矿物是由两种或两种以上元素组成的化合物，如石英（SiO_2）、方解石（$CaCO_3$）、石膏（$CaSO_4 \cdot 2H_2O$）等。矿物绝大多数呈固态。固体矿物按其内部构造的不同，分为晶质体和非晶质体两种。晶质体的内部质点（原子、离子、分子）呈有规律的排列，往往具有规则的几何外形，如图 2-1 所示的岩盐构造（但是矿物在岩石中受到许多条件和因素的控制，晶体常呈不规则几何形状）。非晶质体的内部质点的排列则是没有规律的，杂乱无章，因此不具有规则的几何外形，如蛋白石（$SiO_2 \cdot nH_2O$）、褐铁矿（$Fe_2O_3 \cdot nH_2O$），非晶质又可分为玻璃质和胶体质两种。地壳中的矿物绝大部分是晶质体。

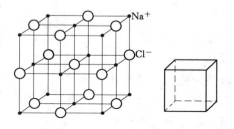

图 2-1　岩盐的内部构造和晶体

　　自然界的矿物按其成因可分为三大类型：

　　（1）原生矿物。

　　指在成岩或成矿的时期内，从岩浆熔融体中经冷凝结晶过程中所形成的矿物，如石英、正长石等。

　　（2）次生矿物。

　　指原生矿物遭受化学风化而形成的新矿物，如正长石经过水解作用后形成的高岭石。

　　（3）变质矿物。

　　指在变质作用过程中形成的矿物，如区域变质的结晶片岩中的蓝晶石和十字石等。

　　对矿物的全面和详细的研究，是矿物学的内容。我们只介绍其中最主要的造岩矿物。目前已发现的矿物在 3000 种以上，但构成岩石的主要成分并对岩石性质起决定性影响的矿物不过 30 多种，它们占岩石成分的 90%。一般把这些矿物称为造岩矿物。

二、矿物的物理性质及其肉眼鉴定

正确识别和鉴定矿物，对于岩石命名，研究岩石的性质是非常重要的。鉴定矿物的方法很多。需要精确地鉴定矿物时，可以采用光学和化学的分析方法，如吹管分析、差热分析、光谱分析、偏光显微镜分析、电子显微镜扫描等。但这些方法需要较复杂的设备，不适宜野外工作。野外工作中一般是采用肉眼鉴定法。

矿物的物理性质，决定于矿物的化学成分和内部构造。由于不同矿物的化学成分或内部构造不同，因而反映出不同的物理性质。所以矿物的物理性质是鉴别矿物的重要依据。

（一）矿物的单体形态

矿物的单体形态是指矿物单个晶体的外形。主要包括晶面聚合形态、晶体习性和晶面条纹三个方面。

1. 晶面聚合形态

理想晶体的晶面聚合体形态很多，可归纳为两类，一类是由形状相同、大小相等的晶面聚合而形成的形体，称为单形。晶体共有 47 种不同的单形，常见的有 14 种，例如六面体、八面体等。另一类是由两个或两个以上的单形聚合而成的形体，称为聚形。聚形的特点是在一个晶体上具有大小不等、形状不同的晶面。聚形的种类没有一定的数目，常见的聚形有六面体、八面体聚、六方柱与六方双锥聚形等（图 2-2）。

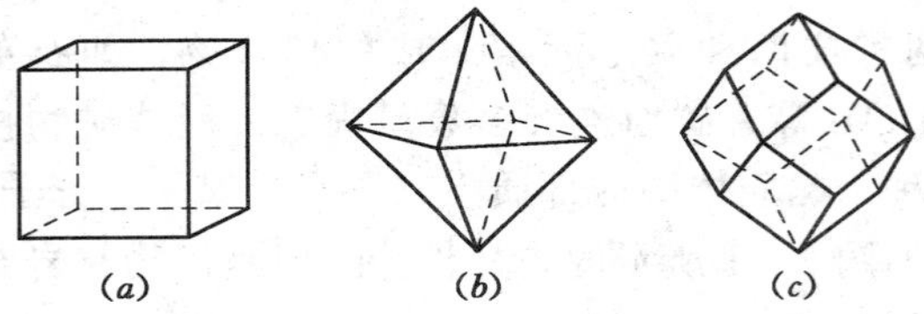

实际上，在内部结构和外部环境因素的相互制约下，晶体不一定都能发育成十分理想的形态，而往往形成不十分规则，不完全的，甚至扭曲的晶体。

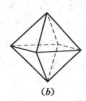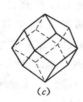

（a）　　　　　（b）　　　　　（c）

图 2-2　矿物的几何外形

（a）立方体；（b）八面体；（c）菱形十二面体

2. 晶体习性

在相同良好生长条件下，同种矿物晶体往往具有常见的形态，称为晶体习性。根据各种晶体在三维空间上发育的相对程度，可分为三种基本类型：

（1）一向延伸型。晶体沿一个方向发育，包括柱状、针状和纤维状，例如普通角闪石、石棉和辉锑矿等。

（2）二向延伸型。晶体沿两个方向发育，即沿平面方向发育，包括板状、片状和鳞片状，如黑钨矿、云母和石墨等。

（3）三向延伸型。晶体沿三个方向大致相等发育，包括粒状和等轴状，如石榴子石和黄铁矿等。

3. 晶面条纹

矿物晶体的晶面有时不是理想的平面，而且常常出现某些细微的，具有规则形状的凹凸条纹，称为晶面条纹。晶面条纹是在晶体生长过程中，由两种单形晶面交替发育长出的若干狭小晶面合成的。晶面条纹在某些矿物中是极为固定的，因此可作为某些矿物的鉴定特征。例如黄铁矿六面体晶面上有彼此垂直的三组条纹，石英柱面上的横纹，电气石柱面上的纵纹等。

（二）矿物的集合体形态

矿物集合体是指同种矿物的多个单体聚集在一起所形成的整体。大多数矿物是以集合体的形式出现。矿物集合体形态很多，根据矿物颗粒结晶程度，可分为显晶集合体、隐晶质和胶态集合体两类。

1. 显晶集合体

用肉眼或放大镜可以辨别出矿物颗粒界限的集合体，称为显晶集合体。显晶集合体的形态取决于单体形态和集合方式。一般有以下几种类型：

（1）双晶。两个或两个以上的同种晶体有规律地连在一起的称为双晶，如长石双晶（图2-3）。最常见的双晶有：

1）接触双晶：由两个相同的晶体以一个简单平面接触而成。

2）穿插双晶：由两个相同的晶体按一定角度互相穿插而成。

3）聚片双晶：由两个以上的晶体按同一规律彼此平行重复连在一起而成。

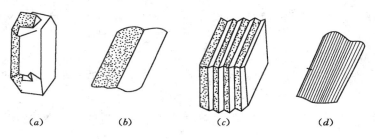

(a)　　　　(b)　　　　(c)　　　　(d)

图2-3　长石双晶

(a) 正长石卡氏双晶的外形；(b) 正长石卡氏双晶在解理面上的表现；(c) 斜长石聚片双晶的外形；
(d) 斜长石聚片双晶在解理面上的表现

（2）粒状集合体。由各方向发育大致相等的矿物颗粒所组成的矿物集合体称为粒状集合体，如橄榄石、石榴子石等。

（3）板状、片状、鳞片状集合体。由具有两向延长型习性的矿物单体集合而成，如云母、石膏、绿泥石等。

（4）柱状、针状、纤维状、放射状集合体。由具有一向延伸型习性的矿物单体聚合而成的，如石英、角闪石、绿帘石、红柱石等。

（5）致密块状体。指极细粒矿物晶体所组成的集合体，表面致密均匀，肉眼不能辨别颗粒彼此界限。矿物大部分属于此种类型。

（6）晶簇。是一群发育良好的晶体，以洞壁或裂隙为共同基底，另一端向空间自由发育成簇状的集合体，如石英晶簇（图2-4）。

2. 隐晶质和胶态集合体的形态

隐晶质集合体的单晶颗粒小，肉眼不能辨别，只能通过高倍显微镜才能观察到它的形态。而胶态集合体不存在单体，故一般只笼统地称之为集合体。常见的有：

（1）结核和鲕状。结核是矿物质点围绕某一中心，自内向外生长成球状、凸镜状、团块状、不规则状的集合体。如钙结核、锰结核、黄铁矿等结核。大小和形状如鱼卵的结核集合在一起称为鲕状体，如鲕状赤铁矿，见图2-5。

图 2-4　石英晶簇

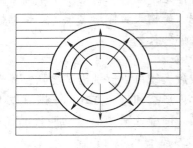

图 2-5　结核体由内向外的
发育顺序示意图

(2) 钟乳状和葡萄状。通常由胶体物质凝聚或溶液蒸发逐层沉积而形成圆锥状、圆柱状等矿物集合体。按其形状称为钟乳状体（如钟乳石和石笋）、葡萄状体（如硬锰矿）、肾状体（如肾状赤铁矿）等。

（三）矿物的光学性质

矿物的光学性质是指矿物对自然光的吸收、反射和折射所表现出的各种性质。

1. 颜色

矿物的颜色指矿物对可见光中不同光波选择吸收和反射后映入人眼的颜色。根据成色原因分为：

(1) 自色。由于矿物本身的化学成分中含有带色的元素而呈现的颜色，即矿物本身所固有的颜色，如赤铁矿多呈红色，黄铁矿多呈铜黄色等。

(2) 他色。当矿物中含有杂质时所出现的其他颜色。如石英，一般为无色或白色，含杂质时可呈黄、红、棕、绿等色。一般无鉴定意义。

(3) 假色。由矿物内部的某些物理原因所引起的颜色，比如光的干涉、内散射等。

有些矿物粉末的颜色与它呈块状时的颜色不同，且前者一般比较固定，如赤铁矿，整块的颜色可呈暗红褐、黑、钢灰等色，但其粉末只是樱红色；黄铁矿的颜色为铜黄色，粉末为黑绿色。这种矿物粉末的颜色称为条痕色，简称为条痕。由于矿物的条痕较固定，所以在鉴定矿物时它比颜色更可靠。观察矿物的条痕时，应将矿物放在白色无釉的素磁板（叫条痕板）上刻划，矿物留在素磁板上的颜色即为它的条痕色。

2. 光泽

矿物表面对可见光的反射能力称为光泽。依据反射的强弱可以分为金属光泽（如金、银、铜，辉锑矿）、半金属光泽（如赤铁矿，褐铁矿）和非金属光泽。造岩矿物一般呈如下非金属光泽。

(1) 玻璃光泽。反射较弱，如同玻璃表面反呈现的光泽（如水晶）。

(2) 油脂光泽。某些透明矿物（如石英）断口上所呈现的，如同油脂的光泽。

(3) 珍珠光泽。如同蚌壳内表面珍珠层上所呈现的光泽。具极完全片状解理的浅色透明矿物，如云母等常具有这种光泽。

(4) 丝绢光泽。是一种较强的非金属光泽，纤维石膏及石棉等表面的光泽最为典型。

此外还有金刚光泽（闪锌矿）、脂肪光泽（滑石）、蜡状光泽（叶蜡石）、无光泽（石髓）。

3. 透明度

由于矿物透光的能力不同，而表现出不同明暗程度，这种性质称为透明度。根据矿物的透明度可分为透明的（如水晶、冰洲石）、半透明的（如石膏）、不透明的（如磁铁矿）等。一般规定以 0.03mm 的厚度作为标准进行对比。

（四）矿物的力学性质

矿物的力学性质是指矿物在受力后表现的物理性质。

1. 硬度

矿物抵抗机械作用（如刻划、压入、研磨）的能力称为硬度。德国矿物学家摩氏（F. Mohs）取自然界常见的 10 种矿物作为标准，将硬度分为 1～10 度 10 个等级，此即摩氏硬度（表 2-1）。但同种元素结构不同而硬度不同，如金刚石与石墨见图 2-6 和图 2-7。

表 2-1　　　　　　　　　　摩 氏 硬 度 计

相对硬度等级	1	2	3	4	5	6	7	8	9	10
标准矿物	滑石	石膏	方解石	萤石	磷灰石	正长石	石英	黄玉	刚玉	金刚石

注　为记忆这 10 种矿物，可用顺口溜方法，即只记矿物的第一个汉字："滑石方萤磷；长石黄刚金"，或"滑石方、萤石长、石英黄玉、刚金刚"。

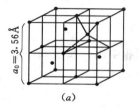 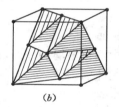

图 2-6　金刚石的晶体结构

（a）以原子中心表示的；（b）以四面体表示的

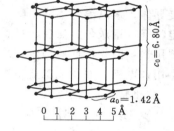

图 2-7　石墨的晶体结构

2. 解理和断口

矿物受敲击后，常沿一定方向裂开成光滑平面，这种特性称为解理。裂开的光滑平面称为解理面。根据解理面方向的数目，分为一组解理（如云母）、二组解理（如长石）、三组解理（如方解石）及多组解理等。根据解理面发育的完善程度，解理又可分为：极完全解理（云母）、完全解理（如方解石）、中等解理（正长石）、不完全解理（磷灰石）等。若矿物受敲击后，裂开面无一定方向，呈各种凹凸不平的形状，如锯齿状（石膏）、贝壳状（石英）、平坦状（正长石）、土状（铝土矿）、粒状（大理石）等，则称为断口。

（五）其他性质

有些矿物还具有独特的性质，如磁性（磁铁矿）、弹性（云母）、挠性（绿泥石）、滑感（滑石）、咸味（岩盐）、比重大（重晶石）、臭味（硫黄）等物理性质，以及与冷稀盐酸发生化学反应而产生气泡（CO_2）（如方解石、白云石）等现象，这些性质对鉴别某些矿物有重要意义。

三、主要矿物简述

（一）自然元素

1. 金刚石（C）

无色透明，由纯碳组成，多呈八面体、菱形十二面体以及它们的聚形等。含有杂质可呈现不同颜色，如黄、褐、紫、蓝、绿、黑等，具有金刚光泽。硬度为10，八面体完全解理，性脆，相对密度3.47～3.56，紫外线下发荧光。

鉴定特征：最大硬度和典型金刚光泽。

主要用途：无色或色泽俱佳，晶形完好而透明者为高档宝石，即俗称之"钻石"或"金刚钻"。工业上利用其高硬度制造研磨和切削工具。在尖端技术方面用作人造卫星的窗口材料，也是高温半导体、高导热、红外线光谱仪的原材料。20世纪50年代以来，全世界有十几个国家，包括我国在内已采用石墨做原料，人工造出金刚石。

天然金刚石产于超基性岩（金伯利岩）中，南非是世界著名的金刚石产地。我国山东、辽宁、湖南、西藏等省区也有原生金刚石或金刚石砂。

2. 石墨（C）

纯净者极少，常含有各种杂质，如 SiO_2、Al_2O_3、FeB、MgO 等，还有的含有 H_2O、沥青、黏土等。晶体完整极少，常呈鳞片状、粒状、块状集合体。铁黑色或钢灰色，弱金属光泽，不透明。硬度为1～2，一组完全解理。相对密度为2.09～2.53。易污手，有滑腻感。良导体，耐高温，不溶于酸。

鉴定特征：钢灰色、黑色、染手，有滑腻感。

主要用途：因化学性质稳定，冶金工业中用作坩埚铸件。机械工业中用作润滑剂，电池工业中用作电极，原子能工业中用作中子减速剂。

（二）硫化物

硫化物除 H_2S 外，都是金属与硫的化合物，共有300多种，经常富集成有色金属矿石，具有很高的工业价值。

黄铁矿有两种同质多象的变体，一种是等轴晶系的黄铁矿，另一种为斜方晶系的白铁矿。

化学组成中 Fe 为46.55％，S 为53.45％，最常见的混人物有 Co、Ni、Cu、Au、Ag 和 As。

晶体发育良好，呈六面体、八面体、五角十二面体及其聚形（图2-8）。六面体面上常见三组互相垂直的条纹，集合体为柱状、致密块状或结核状。浅黄铜色，表面常有黄褐色、锖色、条痕绿黑色，强金属光泽，不透明，硬度为6～6.5，无解理，性脆，相对密度为4.9～5.2。

鉴定特征：根据晶形、晶面条纹、颜色和硬度，可与黄铜矿、毒砂区别。

（三）卤化物

卤化物包括 K、Na、Ca、Mg 等与 F、Cl、Br、I 的化合物，约有100多种。多为无色透明。硬度低、密度小。除氟石等外，易溶于水。

1. 氟石（又名萤石，CaF_2）

晶体呈六面体、八面体等，或六面体穿插双晶（图2-9），集合体呈粒状或块状。颜

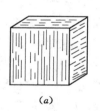 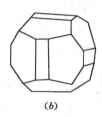 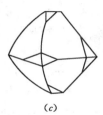 

(a)　　　　　　　(b)　　　　　　　(c)　　　　　　　(d)

图 2-8　黄铁矿的晶形及晶面条纹

(a) 立方体晶形及晶面条纹；(b) 立方体与五角十二面体的聚晶；

(c)、(d) 五角十二面体与八面体的聚晶

色为浅绿、浅紫或白色，有时为玫瑰红色、条痕白色，玻璃光泽，透明至半透明。硬度为 4，八面体解理完全。相对密度为 3.0～3.25。在紫外线、阴极射线照射下或加热时，会发出蓝色或紫色荧光。

鉴定特征：立方体晶形，鲜明颜色，中等硬度，完全解理。

氟石在冶金工业可做助熔剂，在化学工业是制造氢氟酸的原料，在火箭推进燃料中可做氧化剂，又可做农药，防止害虫。

我国氟石产于浙、鲁、辽、冀等省，而以浙江最著名。

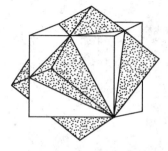

图 2-9　萤石的穿插双晶

2. 石盐（NaCl）和钾盐（KCl）

单晶体呈六面体，集合体常呈粒状或块状。无色透明，含杂质时呈浅灰、浅蓝、红色等，玻璃光泽。石盐硬度为 2～2.5，钾盐硬度为 1.5～2，三组立方体完全解理。石盐相对密度为 2.1～2.6，钾盐相对密度为 1.97～1.99，易溶于水。

鉴定特征：石盐和钾盐性质极相似。但钾盐味苦咸而涩，火焰为紫色，而石盐味咸，火焰为黄色。

石盐可作为食料和防腐剂，是制取纯碱（Na_2CO_3）、烧碱（NaOH）、盐酸、氯气等化工原料；钾盐可用于制造钾肥和化学工业中钾的化合物。

我国石盐储量丰富，分布很广。我国钾盐主要产于湖北应城，青海察尔汗盐湖是我国储量最大的钾盐产地。

（四）氧化物和氢氧化物

氧化物和氢氧化物约有 280 种，分布相当广泛。组成氧化物的元素达 41 种，以 Si、Al、Fe、Mn、Sn、Cr、Ti 等为主，是冶炼黑色金属及铝、锡等的主要工业矿物。

1. 石英（SiO_2）和蛋白石（$SiO_2 \cdot nH_2O$）

石英有多种同质多象变体。其中最常见的是 α-石英（低温石英），其次是 β-石英（高温石英）。这两种石英性质基本相同，通常所称的石英多泛指 α-石英。

石英晶体多为六方柱及菱面体的聚形，柱面上常有明显的晶纹，集合体多呈粒状、致密块状或晶簇。颜色多种多样，如无色透明（水晶）、紫色（紫水晶）、烟黄及烟褐色（烟水晶）、黑色（墨晶）、淡红色至蔷薇红色（蔷薇石英）、乳白色（脉石英）等，有典型的

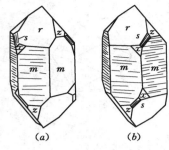

图 2-10　石英的左形和右形
$m\{10\overline{1}0\}$；$r\{10\overline{1}1\}$；$z(01\overline{1}1)s\{11\overline{2}1\}$
或$\{2\overline{1}\overline{1}0\}$；$x\{51\overline{6}1\}$或$\{6\overline{1}51$
(a) 左形；(b) 右形

玻璃光泽，断口脂肪光泽、透明至半透明。硬度为7，无解理，贝壳状断口。相对密度为2.5～2.8，质纯者为2.65。性脆，纯净的石英单晶有压电性（图2-10、图2-11）。

隐晶质石英为白色、乳白色。呈钟乳状者称为玉髓（石髓），颜色较深；呈结核状者称为燧石；有不同颜色的同心层或平行条带状构造者称为玛瑙；不纯净、半透明、呈红绿各色的块状者称碧玉。蛋白石为含水的二氧化硅的胶体矿物（图2-12）。呈致密块状、钟乳状，多为乳白色，有珍珠或蜡状光泽，硬度为5～5.5，贝壳状断口。

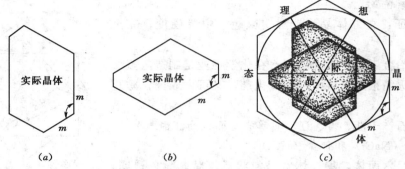

图 2-11　石英晶体的横断面，被歪曲的六边形（实际晶体）
及正六边形（理想晶体形态）的晶面夹角不变（120°）

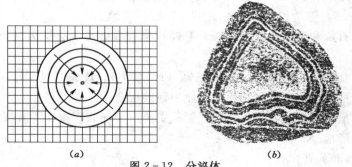

图 2-12　分泌体
(a) 分泌体发育程序示意图；(b) 玛瑙

鉴定特征：石英晶体呈六方柱状，晶面有横纹，典型的玻璃光泽，硬度很大，无解理。

压电石英可作压电石英片和化学材料，用于无线电工业、超声波技术、光学仪器等。一般石英可作玻璃材料及精密仪器轴承，色美者可作宝石（如虎眼石、猫眼石、贵蛋白石）等，又是土壤中砂粒的重要组成。

我国的水晶产地主要有海南、青海、江苏、广西、云南、内蒙古等省、自治区。

2. 刚玉（Al_2O_3）

晶体多呈六方柱状、桶状，晶面有粗糙条纹，集合体呈粒状，无色透明，因含杂质而具有各种颜色，常见色为蓝灰、黄灰，玻璃光泽，硬度为9，无解理，相对密度为3.9～4.1（图2-13）。

鉴定特征：粗短的六方柱状，蓝灰色，硬度很大。

我国刚玉主要产地为河北、山东、新疆等省区。

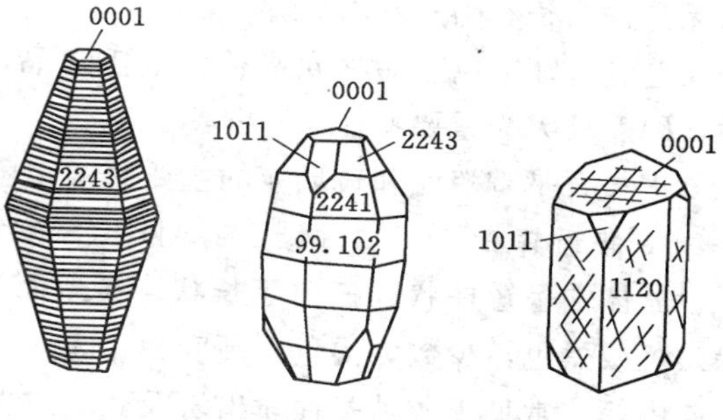

图2-13 刚玉的晶形

（五）含氧盐

含氧盐是由金属元素与各种含氧酸根，如 $[CO_3]^{2-}$，$[SiO_4]^{4-}$ 等化合所成的盐。含氧盐约占已知矿物总数的2/3，是地壳中分布最广泛、最常见的矿物。

1. 橄榄石 （$(Mg、Fe)[SiO_4]$）

晶体为扁柱状，多呈粒状集合体。橄榄绿色，随铁含量的增多，可由浅黄绿至深绿色，玻璃光泽，透明至半透明。硬度为6.5～7，解理中等或不完全，常有贝壳状断口，性脆。相对密度为3.3～3.5。

鉴定特征：橄榄绿色，玻璃光泽，硬度较大。

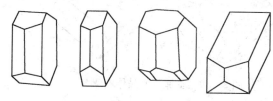

图2-14 红柱石

富镁的橄榄石可作耐火材料，透明色美的橄榄石可作宝石（称为贵橄榄石）。

2. 红柱石 （$Al_2[SiO_4]O$ 或 $Al_2O_3 \cdot SiO_2$）

晶体呈长柱状，横截面近正方形，集合体呈柱状或放射状（形似菊花，俗名菊花石）。灰白色，有时呈浅红色，弱玻璃光泽，半透明。硬度为6.5～7.5，柱面解理中等（图2-14）。相对密度为3.16～3.2。有时晶体中心有碳质充填，横断面中呈十字形，故称空晶石。

鉴定特征：放射状集合体，长柱状晶体，或有碳质黑心。

红柱石可作高级耐火、耐酸制品材料。

3. 正长石（$K[AlSi_3O_8]$ 或 $K_2O \cdot Al_2O_3 \cdot 6SiO_2$）

正长石属于钾长石（$K[AlSi_3O_8]$）和钠长石（$Na[AlSi_3O_8]$）的不完全类质同象系列。

图2-15 正长石晶形

短柱状或厚板状晶体（图2-15），集合体为致密块状。肉红色或浅黄色、浅黄白色，玻璃光泽，解理面为珍珠光泽，半透明。硬度为6，两组解理（一组完全、一组中等）相交成90°，正长石由此得名。相对密度为2.56～2.58。900℃以上生成的无色透明长石为透长石。

鉴定特征：以粗短柱状晶体，卡氏双晶，肉红色或带黄的浅色，两组解理交角为直角，硬度较大为重要特征。

正长石是陶瓷业和玻璃业的主要原料，还可用以制取钾肥，也是土壤颗粒来源之一。

4. 普通辉石（$NaCa_2(Mg,Fe,Al)_5[(SiAl)_4O_{11}]_2(OH)_2$）

晶体常呈短柱状、三向等长状，横断面为八边形。两组解理呈87°和93°交角。多为绿黑色或黑色，少数为褐色。硬度为5.5～6。相对密度为3.2～3.5，玻璃光泽，解理完全或中等。常见于各种基性喷出岩及其凝灰岩中，并且可见到很好的晶体。与橄榄石、斜长石共生。普通辉石亦是基性岩及超基性岩的主要造岩矿物。此外，还出现在变质岩及接触交代岩中（图2-16、图2-17）。

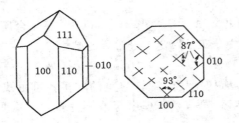 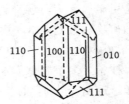

图2-16 普通辉石晶形及其断面　　　图2-17 普通辉石双晶

鉴定特征：以绿黑色、短柱状晶形及解理等为特征。与普通角闪石的区别在于解理交角。在与同族其他矿物区别时，需借光性测定。

5. 沸石

本族矿物主要含 Na 和 Ca，部分为 Sr、Ba、K、Mg 等金属离子的含水架状硅铝酸盐。沸石族矿物很多，常见的有钙沸石、钠沸石、斜发沸石、毛沸石和丝光沸石等（见图2-18、图2-19）。其区别除含水量外，主要在各阳离子之间的比例不同，一般化学式可表示为：

$$AmX_pO_{2p} \cdot nH_2O$$
$$A = Na、Ca、Sr、Ba、K、Mg、\cdots$$
$$X = Si、Al$$

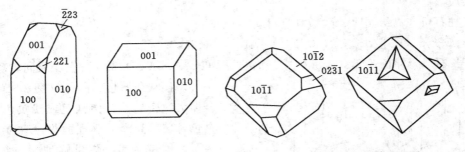

图2-18 片沸石晶体　　　图2-19 菱沸石的晶体和双晶

部分 Al 可被 Fe 置换。

与其他架状铝硅酸盐相比，沸石族矿物的架状骨干中具有宽阔的"孔道"。孔道中常被中性水分子和可交换性的阳离子（平衡电荷的阳离子）所占据。

本族矿物具有下列特点：

（1）当加热时，这些水分子可以逐渐逸出，而不破坏晶体构造。当外界条件改变时，又可重新吸水或吸附其他物质分子（酒精、氨气等），晶体构造不破坏。存在沸石矿物中的这种形式的水叫"沸石水"。

（2）晶体构造中平衡电荷的阳离子 Na、K 等能被周围水溶液中的阳离子所置换，而不破坏其构造。

因此，沸石族矿物具有吸附、分离流体的性质，选择离子代换性质和催化性质等，故六极好的吸附剂、离子交换剂、催化剂和分子筛。沸石广泛应用于石油、化工、纺织，处理放射性物质、环境保护等方面。特别是在农业上更为重要，主要作土壤改良剂、沸石能吸收土壤中的 Na^+、Cl^-、SO_4^{2-} 等离子，降低 pH 值和碱化度，改善土壤结构状况，使土壤向着有利于作物生长的方向发展。它的应用范围正随着研究的不断深入而日趋扩大。总之，沸石矿物是一种具有广泛前景的矿物资源，备受人们关注。

沸石矿物受热失水时，有沸腾现象，因而得名。沸石呈纤维状或束状集合体，或呈柱状、板状和菱面体状。硬度为 3.5~5.5，比重为 2.2~2.5。

在内力作用下，沸石生成于低温热液阶段，与方解石、石英共生。在热液变质岩浆岩中，喷出岩气孔中可见到沸石。

沸石分布很广。在土壤和近代沉积岩中都分布有沸石。肉眼鉴定沸石很难，通常用 X 射线分析、差热分析、红外线光谱、偏光显微镜等。

第二节 岩 浆 岩

一、岩浆岩的概念及产状

岩浆岩，又称火成岩，是由岩浆侵入地壳上部或喷出地表凝固而成的岩石，也是最壮观的自然现象之一（图 2-20）。岩浆位于地壳深部和上地幔中，是以硅酸盐为主和一部分金属硫化物、氧化物、水蒸气及其他挥发性物质（F、Cl、CO_2 等）组成的高温、高压熔融体。

按照岩浆活动和冷凝成岩的情况，岩浆岩体可具有各种复杂的产状（图 2-21）。

1. 深成侵入岩体的产状——岩基和岩株

岩基是一种规模宏大的深层侵入岩体，下部直接与岩浆相连，分布面积可达几百至几千平方公里。如三峡坝址区就是选定在面积约 200 多 km^2 的花岗岩—闪长岩岩基的南部，岩石结晶好、性质均一、强度高，是良好的建筑地基。岩株出露面积小于 $100km^2$，平面形状多呈浑圆形，其下与岩基相连，也常是岩性均一的良好地基。

2. 浅成侵入岩体的产状——岩脉、岩墙、岩床、岩盘

岩浆沿着围岩裂隙侵入并切断岩层所形成的厚度较小的脉状岩体，称为岩脉；厚度较大且近于直立的称为岩墙。岩浆沿着围岩的层面侵入而形成的板状侵入岩体称为岩床。若岩浆顺岩层侵入，使岩层隆起而成的蘑菇状的岩体，则称为岩盘（又称岩盖）。

图 2-20 夜晚中的火山喷发如同节日的焰火

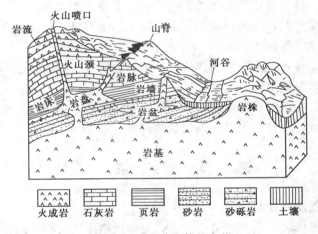

图 2-21 岩浆岩体的产状

3. 喷出岩体的产状——火山锥、熔岩流

岩浆沿火山颈喷出地表形成圆锥状的岩体，称为火山锥（图 2-22）。岩浆喷出地表后，沿着倾斜地面流动时而形成的岩石，称为熔岩流。

二、岩浆岩的化学成分及矿物成分

岩浆岩的化学成分中几乎包括了地壳中所有的元素，但其含量却差别很大。若以氧化物计，则以 SiO_2、Al_2O_3、Fe_2O_3、FeO、CaO、MgO、Na_2O、K_2O、H_2O、TiO_2 等为主，占岩浆岩化学元素总量的 99% 以上。其中以 SiO_2 含量最大，约占 59.14%；其次是 Al_2O_3，占 15.34%。SiO_2 的含量，在不同的岩浆岩中有多有少，很有规律。因此，根据 SiO_2 含量的多少，可将岩浆岩分为酸性岩类（SiO_2 含量大于 65%）、中性岩类（SiO_2 含量 65%～52%）、基性岩类（SiO_2 含量 52%～45%）和超基性岩类（SiO_2 含量小于 45%）四类（表 2-2）。

组成岩浆岩的矿物大约有 30 多种，其中主要是硅酸盐类矿物，含量最多的有石英、

图2-22　典型的火山锥（日本富士山）

长石类、云母、角闪石、辉石和橄榄石等10余种。按照矿物在岩石中的相对含量及其在分类中所起的作用，分为主要矿物、次要矿物和副矿物三类。

三、岩浆岩的结构和构造

在研究岩浆岩时，除了要鉴定其矿物成分外，还必须了解这些矿物是以什么样的方式组合构成岩石的。成分相同的岩浆，在不同的冷凝条件下，可以形成结构、构造不同的岩浆岩。即岩浆岩的结构和构造，反映了岩石形成环境和物质成分变化的规律性，与矿物成分一样，是区分、鉴定岩浆岩的重要标志，也是岩石分类和定名的重要依据之一，同时它还是直接影响岩石强度高低的主要特征。

图2-23　根据结晶程度划分的三种结构
1—全晶质结构；2—半晶质结构；3—玻璃质结构

（一）岩浆岩的结构

根据岩石中矿物的结晶程度可分为（图2-23）：

（1）全晶质结构。岩石全部由结晶的矿物组成。这种结构是岩浆在温度缓慢降低的情况下形成的，通常是侵入岩特有的结构。

（2）半晶质结构。岩石由结晶的矿物和非晶质矿物组成。这种结构主要为浅成岩具有的结构，有时在喷出岩中也能见到。

（3）非晶质结构。岩石全部由非晶质矿物组成，又称玻璃质结构。这种结构是岩浆喷出地表迅速冷凝来不及结晶的情况下形成的，为喷出岩特有的结构。

根据岩石中矿物的晶粒大小可分为：

（1）显晶质结构。岩石全部由结晶较大的矿物组成，用肉眼或放大镜即可辨认。

（2）隐晶质结构。岩石全部由结晶微小的矿物组成，用肉眼和放大镜均看不见晶粒，只有在显微镜下可识别。

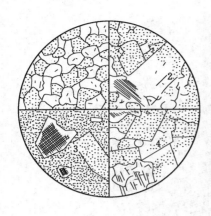

图 2-24 根据颗粒的相对大小
划分的结构类型

1—等粒结构；2—不等粒结构；
3—斑状结构；4—似斑状结构

（3）玻璃质结构。岩石全部由非晶质矿物组成，均匀致密似玻璃。

根据岩石中矿物颗粒的相对大小可分为（图 2-24）：

（1）等粒结构。岩石中的矿物全部是显晶质粒状，同种主要矿物结晶颗粒大小大致相等。等粒结构是深成岩特有的结构。按矿物结晶颗粒大小可进一步划分为粗粒结构（矿物结晶颗粒平均直径大于 5mm）、中粒结构（矿物结晶颗粒平均直径 5～1mm）、细粒结构（矿物结晶颗粒平均直径小于 1mm）。

（2）不等粒结构。岩石中同种主要矿物结晶颗粒大小不等，相差悬殊。其中较大的晶体矿物叫斑晶，细粒的微小晶粒或隐晶质、玻璃质叫石基。按其颗粒相对大小又可分为：

斑状结构：石基为隐晶质或玻璃质。此种结构是浅成岩或喷出岩的重要特征。

似斑状结构：石基为显晶质。此种结构多见于深成岩体的边缘或浅成岩中。

一般侵入岩多为全晶质等粒结构。喷出岩多为隐晶质致密结构和玻璃质结构，有时为斑状结构。

（二）岩浆岩的构造

岩浆岩常见的构造有以下几种。

（1）块状构造。岩石中矿物分布比较均匀，无定向排列，称为块状构造。这种构造在侵入岩中最为常见。

（2）流纹状构造。指因岩浆边流动边冷凝，而在岩石中形成的不同颜色和拉长的气孔呈定向排列的现象。这种构造多出现在喷出岩中，如流纹岩就具有典型的流纹状构造。

（3）气孔状构造。指岩石中有很多气孔，由岩浆中的气体成分挥发而成。这种构造多出现在玄武岩等喷出岩中。

（4）杏仁状构造。岩石中的气孔被后来的物质，如方解石、石英、蛋白石等所充填，形成形似杏仁状的构造。如某些玄武岩和安山岩的构造。

四、岩浆岩的分类

岩浆岩的分类方法甚多，最基本的是按组成物质中 SiO_2 的含量多少将其分为酸性岩、中性岩、基性岩和超基性岩等四大类。然后再按岩石的结构、构造和产状将每类岩石划分为深成岩、浅成岩和喷出岩等不同类型，并赋予相应的名称，所以是一种纵向与横向的双向分类法，见表 2-2。

五、常见的岩浆岩

（一）花岗岩——流纹岩类

1. 花岗岩

花岗岩为酸性深成岩，分布非常广泛。常为肉红色或灰白色，全晶质细粒、中粒或粗粒结构，块状构造。含有大量石英，约占 30%，正长石多于斜长石，暗色矿物以黑云母

表 2-2　　　　　　　　　　　　常见岩浆岩分类及肉眼鉴定表

岩石类型			酸性岩	中 性 岩		基性岩	超基性岩
SiO_2 含量（%）			>65	65～52		52～45	<45
颜色			肉红、灰白	灰红、肉红	灰、灰绿	灰黑、黑绿	黑、绿黑
矿物成分		主要矿物	石英 正长石	正长石	角闪石 斜长石	辉石 斜长石	橄榄石 辉石
		次要矿物	黑云母 角闪石	角闪石 黑云母	辉石 黑云母	角闪石 橄榄石	角闪石
其 他 矿 物 特 征			正长石多于斜长石		斜长石多于正长石		无长石
			石英多 （>20%）	石英极少	石英少 （<5%）	无石英 或极少	无石英
成 因	产 状	构 造	结 构	岩 石 名 称			
喷出岩	火山锥 熔岩流	气孔状 杏仁状 流纹状 块状	玻璃质	浮岩，松脂岩，珍珠岩，黑曜岩			
			隐晶质 斑状	流纹岩	粗面岩	安山岩	玄武岩	少见
侵入岩	浅成岩	岩脉 岩墙 岩盘 岩床	气孔状 块状	斑状细粒	花岗斑岩	正长斑岩	闪长玢岩	辉绿岩	少见
	深成岩	岩株 岩基	块状	全晶质等 粒状或似 斑状	花岗岩	正长岩	闪长岩	辉长岩	橄榄岩 辉岩

注　斑岩和玢岩都是具斑状结构的浅成侵入岩或部分喷出岩，长石类斑晶以斜长石为主叫玢岩，以正长石为主叫斑岩。

为主，并有少量的角闪石，总计不超过10%。花岗岩的产状常呈巨大的岩基或岩株。花岗岩性质均一、坚硬，岩块抗压强度可达 120～200MPa，是良好的建筑物地基和天然建筑材料。但易风化，风化深度可达 50～100m。

2. 花岗斑岩

花岗斑岩成分与花岗岩相同，为酸性浅成岩。斑状结构，斑晶由长石、石英组成，石基多为细小的长石、石英及其他矿物构成，块状构造。若斑晶以石英为主时称为石英斑岩（图 2-25）。

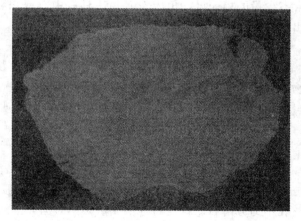

图 2-25　酸性火山岩——流纹岩

3. 流纹岩

流纹岩是酸性喷出岩，呈岩流状产生。颜色一般较浅，大多是灰、灰白、浅红、浅黄褐等色。常具有流纹构造，斑状结构，细小的斑晶由长石和石英等矿物组成，石基多由隐晶质和玻璃质的矿物所组成。流纹岩性质坚硬，强度高，可作为良好的建筑材料，但若作为建筑物地基时需要注意下伏岩层和接触带的性质。

（二）正长岩——粗面岩类

1. 正长岩

正长岩多为微红色、浅黄或灰白色。中粒、等粒结构，块状构造，主要矿物成分为正长石，其次为黑云母、角闪石等；有时含少量的斜长石和辉石，一般石英含量极少；其物理力学性质与花岗岩类似，但不如花岗岩坚硬，且易风化，常呈岩株产出。

2. 粗面岩

颜色呈浅红、浅褐黄或浅灰等色。斑状结构，斑晶为正长石，一般石英含量极少，石基很细，为隐晶质，具有细小孔隙，表面粗糙。若岩石中有石英斑晶，可称为石英粗面岩。

（三）闪长岩——安山岩类

1. 闪长岩

闪长岩是中性深成岩体。浅灰至深灰色，也有黑灰色的。主要矿物成分为斜长石、角闪石，其次有辉石、云母等，暗色矿物在岩石中占 35%。含石英时称为石英闪长岩，常呈细粒的等粒状结构。分布广泛，多为小型侵入体产出。岩石坚硬，不易风化，岩块抗压强度可达 130～200MPa，可作为各种建筑物的地基和建筑材料。

2. 安山岩

安山岩为中性喷出岩，矿物成分与闪长岩相当，常呈深灰、黄绿、紫红等色。斑状结构，斑晶以斜长石和角闪石为主，有时为黑云母，无石英斑晶，基质为隐晶质或玻璃质。块状构造，有时具有杏仁状构造，常以熔岩流产出。

（四）辉长岩——玄武岩类

1. 辉长岩

辉长岩为基性深成岩体。岩石多呈黑色或灰黑色。矿物成分以斜长石、辉石为主，也含有少量的黑云母、角闪石矿物。具有中粒或粗粒结构，块状构造，常呈岩盘或岩基产出。岩石坚硬，抗风化能力强，具有很高的强度，岩块抗压强度可达 200～250MPa。

2. 辉绿岩

辉绿岩多为暗绿色、黑绿色或暗紫色。其矿物成分与辉长岩相当，常含一些次生矿物，如方解石、绿泥石、绿帘石及蛇纹石等。隐晶质致密结构，常具有杏仁状构造，多呈岩床或岩脉产出。辉绿岩具有良好的物理力学性质，抗压强度也很高，但因节理往往较发育，易风化破碎，会使强度大为降低。

3. 玄武岩

玄武岩是岩浆岩中分布广泛的基性喷出岩。岩石呈黑色、褐色或深灰色。主要矿物成分与辉长岩相同。但常含有橄榄石颗粒，呈隐晶质细粒或斑状结构，具有气孔状构造，当气孔中为方解石、绿泥石等所充填时，即构成杏仁状构造。岩石致密坚硬、性脆。岩块抗压强度为 200～290MPa，具有抗磨损、耐酸性强的特点。

（五）火山碎屑岩类

在火山活动时，除溢出熔岩流形成前述各类喷出岩外，还喷出大量的火山弹、火山砾、火山砂及火山灰等碎屑物质。这些物质堆积在火山口周围，固结而成各种成分复杂的火山碎屑岩。如火山凝灰岩、火山角砾岩、火山集块岩等。其中火山凝灰岩最常见，分布最广泛。

第三节 沉 积 岩

沉积岩是指在地表或接近于地表的岩石遭受风化剥蚀破坏的产物，经搬运、沉积和固结成岩作用而形成的岩石。

沉积岩在地表分布极广，出露面积约占陆地表面积的 75%。分布的厚度各处不一，且深度有限，一般不过几百米，仅在局部地区才有巨厚的沉积（数千米甚至上万米）。尽管沉积岩在地壳中的总量并不多，但各种工程建筑如水坝、道路、桥梁、矿山等几乎都以沉积岩为地基，同时沉积岩本身也是建筑材料的重要来源。因此，研究沉积岩的形成条件、组成成分、结构和构造等特征，有很大的实际意义。

一、沉积岩的形成

沉积岩的形成过程是一个长期而复杂的外力地质作用过程，一般可分为四个阶段。

1. 风化破坏阶段

地表或接近于地表的各种先成岩石，在温度变化、大气、水及生物长期的作用下，使原来坚硬完整的岩石，逐步破碎成大小不同的碎屑，甚至改变了原来岩石的矿物成分和化学成分，形成一种新的风化产物。

2. 搬运作用阶段

岩石风化作用的产物，除少数部分残留原地堆积外，大部分被剥离原地经流水、风及重力作用等，搬运到低地。在搬运过程中，不稳定成分继续受到风化破碎，破碎物质经受磨蚀，棱角不断磨圆，颗粒逐渐变细。

3. 沉积作用阶段

当搬运力逐渐减弱时，被携带的物质便陆续沉积下来。在沉种过程中，大的、重的颗粒先沉积，小的、轻的颗粒后沉积。因此，具有明显的分选性。最初沉积的物质呈松散状态，称为松散沉积物。

4. 固结成岩阶段

固结成岩阶段即松散沉积物转变成坚硬沉积岩的阶段。固结成岩作用主要有三种：

（1）压实，即上覆沉积物的重力压固，导致下伏沉积物孔隙减小，水分挤出，从而变得紧密坚硬。

（2）胶结，其他物质充填到碎屑沉积物粒间孔隙中，使其胶结变硬。

（3）重结晶作用，新成长的矿物产生结晶质间的联结。

二、沉积岩的物质组成

沉积岩的物质成分主要来源于先成的各种岩石的碎屑、造岩矿物和溶解物质。其中组成沉积岩的矿物，最常见的有 20 种左右，而每种沉积岩一般由 1～3 种主要矿物组成。组成沉积岩的物质按成因可分为四类。

1. 碎屑物质

原岩经风化破碎而生成的呈碎屑状态的物质，其中主要有矿物碎屑（如石英、长石、白云母等一些抵抗风化能力较强、较稳定的矿物颗粒）、岩石碎块、火山碎屑等。岩浆岩中常见的橄榄石、辉石、角闪石、黑云母、基性斜长石等形成于高温高压环境，在常温常压表生条件下是不稳定的。岩浆岩中的石英，大部分形成于岩浆结晶的晚期，在表生条件下稳定性较大，一般以碎屑物形式出现于沉积岩中。

2. 黏土矿物

黏土矿物主要是一些原生矿物经化学风化作用分解后所产生的次生矿物。它们是在常温常压下，在富含二氧化碳和水的表生环境条件下形成的，如高岭石、蒙脱石、水云母等。这些矿物粒径小于 0.005mm，具有很大的亲水性、可塑性及膨胀性。

3. 化学沉积矿物

化学沉积矿物是从真溶液或胶体溶液中沉淀出来的或生物化学沉积作用形成的矿物。如方解石、白云石、石膏、岩盐、铁和锰的氧化物或氢氧化物等。

4. 有机质及生物残骸

有机物及生物残骸是由生物残骸或经有机化学变化而形成的矿物，如贝壳、珊瑚礁、硅藻土、泥炭、石油等。

三、沉积岩的结构

沉积岩的结构随其成因类型的不同而各具特点，沉积岩的结构主要有以下几种。

1. 碎屑结构

碎屑结构即岩石由粗粒的碎屑和细粒的胶结物胶结而成的一种结构。其特征有以下三点。

（1）按碎屑颗粒大小分为砾状结构（粒径大于 2mm）、砂状结构（粒径为 2～0.05mm。其中粗砂结构，粒径为 2～0.5mm；中砂结构，粒径为 0.50～0.25mm；细砂结构，粒径为 0.25～0.05mm）、粉砂状结构（粒径为 0.05～0.005mm）。

　（a）　　　（b）　　　（c）　　　（d）

图 2-26　碎屑颗粒磨圆分级
（a）棱角状；（b）次棱角状；
（c）次圆状；（d）滚圆状

（2）根据颗粒外形分为棱角状结构、次棱角状结构、次圆状结构和滚圆状结构（图 2-26）。碎屑颗粒磨圆程度受颗粒硬度、相对密度大小及搬运距离等因素的影响。

（3）按胶结类型可分为三种：基底胶结、孔隙胶结和接触胶结（图 2-27）。当胶结物含量较多时，碎屑颗粒孤立地分散在胶结物之中，互不接触，且距离较大，碎屑颗粒好像是散布在胶结物的基底之上，故称基底式胶结。当胶结物含量不多时，碎屑颗粒互相接触，胶结物充填在颗粒之间的孔隙中，称为孔隙式胶结。如果只在颗粒接触处才有胶结物，颗粒间的孔隙

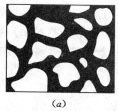 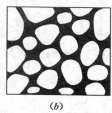 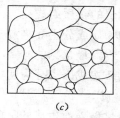

　（a）　　　　　　　（b）　　　　　　　（c）

图 2-27　沉积岩的胶结类型
（a）基底胶结；（b）孔隙胶结；（c）接触胶结

仍大都是空洞，称为接触式胶结。

2. 泥质结构

这种岩石几乎全部（大都在95％以上）是由极细小的黏土颗粒（粒径小于0.005mm）所组成的结构。这种结构是黏土岩的主要特征。

3. 晶粒结构

晶粒结构是由岩石中的颗粒在水溶液中结晶（如方解石、白云石等）或呈胶体形态凝结沉淀（如燧石等）而成的。可分为鲕状、结核状、纤维状、致密块状和晶粒结构等。

4. 生物结构

生物结构几乎全部是由生物遗体与碎片所组成的，如生物碎屑结构、贝壳结构、珊瑚结构等。

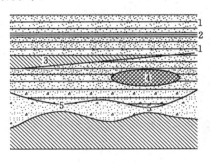

图 2-28 沉积岩的产状
1—层状岩层；2—夹层；3—尖灭层；
4—透镜体；5—狭缩

四、沉积岩的构造和特征

（一）层理构造

层理是沉积岩在形成过程中，由于沉积环境的改变所引起的沉积物质的成分、颗粒大小、形状或颜色在垂直方向发生变化而显示成层的现象（图2-28）。层理是沉积岩最重要的一种构造特征，是沉积岩区别于岩浆岩和变质岩的最主要标志。

根据层理的形态，可将层理分为下列几种类型（图2-29）。

1. 平行层理

层理面与层面相互平行，主要见于细粒岩石（黏土岩、粉细砂岩等）中。说明是在沉积环境比较稳定的条件下（比如广阔的海洋和湖底、河流的堤岸带等），从悬浮物或溶液中缓慢沉积而成的。

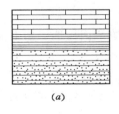 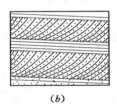 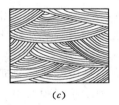 

(a)   (b)   (c)   (d)

图 2-29 沉积岩层理形态示意图
(a) 平行层理；(b) 斜层理；(c) 交错层理；(d) 透镜体及尖灭层

2. 斜交层理

层理面向一个方向与层面斜交，这种斜交层理在河流及滨海三角洲沉积物中均可见到，主要是由单向水流所造成的。

3. 交错层理

层理面以多组不同方向与层面斜交，交错层理经常出现在风成沉积（如沙丘）或浅海沉积物中，是由于风向或水流动方向变化而形成的。

有些岩层一端厚、另一端逐渐变薄以至消失，这种现象称为尖灭层。若岩层中间厚，向两端不远处的距离内尖灭，则称为透镜体。

（二）层面构造

层面构造指岩层层面上由于水流、风、生物活动等作用留下的痕迹，如波痕（图2-30）、泥裂（图2-31）、雨痕等。

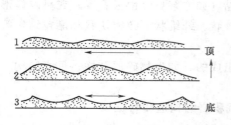

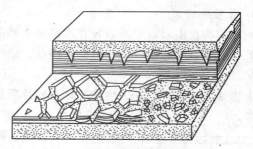

图2-30　各种不同成因的波痕

1—风成波痕；2—水流波痕；3—浪成波痕

图2-31　泥裂生成、掩埋示意图

（1）波痕。沉积物在沉积过程中，由于风力、流水或海浪等的作用，使沉积岩层面上保留下来的波浪痕迹。

（2）泥裂。黏土沉积物表面，由于失水收缩而开裂成不规则的多边形裂隙，称为泥裂。裂缝上宽下合，常被泥沙等物质充填。

（3）雨痕。在沉积物表面经受雨滴打击遗留下来的痕迹。

（三）结核

在沉积岩中，含有一些在成分上与围岩有明显差别的物质团块，称为结核。结核是由某些物质集中凝聚而成的，外形常呈球形、扁豆状及不规则形状。如石灰岩中的燧石结核，主要是 SiO_2 在沉积物沉积的同时以胶体凝聚方式形成的。黄土中的钙质结核，是地下水从沉积物中溶解 $CaCO_3$ 后在适当地点再结晶凝聚形成的。

（四）生物成因构造

由于生物的生命活动和生态特征，而在沉积物中形成的构造称生物成因构造。如生物礁体、叠层构造、虫迹、虫孔等。

在沉积过程中，若有各种生物遗体或遗迹（如动物的骨骼、甲壳、蛋卵、粪便、足迹及植物的根、茎、叶等）埋藏于沉积物中，后经石化交代作用保留在岩石中，则称为化石（图2-32）。根据化石种类可以确定岩石形成的环境和地质年代。

此外，还有缝合线等，它们都是沉积岩形成条件的反映，不仅对研究沉积岩很重要，而且对研究地史和古地理具有重要意义。

五、沉积岩的分类及主要沉积岩

由于沉积岩的形成过程比较复杂，目前对沉积岩的分类方法尚不统一。但是通常主要是依据沉积岩的组成成分、结构、构造和形成条件，可分为碎屑岩、黏土岩、化学岩及生物化学岩类。

（一）碎屑岩类

1. 砾岩和角砾岩

碎屑岩中大于2mm的碎屑颗粒，称为砾石或角砾。圆状和次圆状砾石含量大于50%

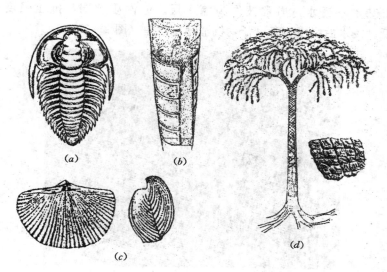

图 2-32　几种较常见的标准化石
(a) 雷氏三叶虫（寒武纪）；(b) 头足类，鞘角石（奥陶纪）；(c) 腕足类，
中国石燕（泥盆纪）；(d) 鳞木（石炭二叠纪）

的岩石，称为砾石。如果砾石为棱角状或次棱角状，则称为角砾岩。二者主要由岩屑组成，矿物成分多为石英、燧石，胶结物有硅质（成分为 SiO_2）、泥质（成分为黏土矿物）、钙质（成分为 Ca、Mg 的碳酸盐）或其他化学沉淀物。胶结物的成分与胶结类型对砾岩的物理力学性质有很大影响，若基底胶结类型，胶结物为硅质或铁质的砾岩，抗压强度可达 200MPa 以上，是良好的水工建筑物地基。

2. 砂岩

砂岩是由 50％以上的砂粒胶结而成的岩石。根据颗粒大小、含量不同，可分为粗粒、中粒、细粒及粉粒砂岩。按颗粒主要矿物成分可分为石英砂岩、长石砂岩、硬砂岩和粉砂岩等。砂岩中胶结物成分和胶结类型不同，抗压强度也不同。硅质砂岩抗压强度为 80～200MPa；泥质砂岩抗压强度较低，为 40～50MPa 或更小。由于多数砂岩岩性坚硬，性脆，在地质构造作用下张性裂隙发育，所以在修建水工建筑物时，应注意通过裂隙、破碎带产生渗漏问题。

（二）黏土岩类

黏土岩主要是由粒径小于 0.005mm 的颗粒组成的，并含大量黏土矿物的岩石。此外，还含有少量的石英、长石、云母。黏土岩一般都具有可塑性、吸水性、耐火性等，有重要的工程意义。主要的黏土岩有两种，即泥岩和页岩。

1. 泥岩

泥岩是固结程度较高的一种黏土岩，以层厚和页状构造不发育为特征。泥岩一般为土黄色，常因混入钙质、铁质等，岩石颜色发生变化。

2. 页岩

页岩以具页片状构造为特征，很容易沿页片剥开，岩性致密均一，强度小，不透水，有滑感。颜色多为土黄色或黄绿色。如含较多的炭质或铁质，则岩石相应呈黑色或褐红色。页岩由于基本不透水，通常被作为隔水层。但性质软弱，抗压强度一般为 20～70MPa 或更低。浸水后强度显著降低，抗滑稳定性差（图 2-33）。

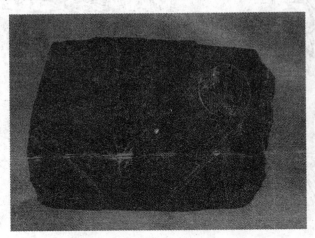

图 2-33　最常见的泥质岩——页岩

（三）化学岩和生物化学岩类

1. 石灰岩

石灰岩简称灰岩，主要化学成分为碳酸钙，矿物成分以结晶的细粒方解石为主，其次含少量白云石等矿物。颜色多为深灰、浅灰，质纯灰岩呈白色。致密状、鲕状、竹叶状等结构。石灰岩一般遇酸起泡剧烈，硅质、泥质较差。含硅质、白云质和纯石灰岩强度高，含泥质、炭质和贝壳状灰岩强度低。一般抗压强度为 40～80MPa。石灰岩具有可溶性，易被地下水溶蚀，形成宽大的裂隙和溶洞，是地下水的良好通道，对工程建筑地基渗漏和稳定影响较大。因此，在石灰岩地区兴建水利工程时，必须进行详细的地质勘探。

2. 白云岩

白云岩主要由白云石组成，常含有少量的方解石、石膏、燧石、黏土等矿物。颜色多为灰白、浅灰色，含泥质时呈浅黄色。隐晶质或细晶粒状结构。白云岩与石灰岩的外貌很相似，但加冷稀盐酸不起泡或微弱起泡，在野外露头上常以许多纵横交叉似刀砍状溶沟为其特征。

3. 泥灰岩

石灰岩中均含有一定数量的黏土矿物，若含量达 30%～50%，则称为泥灰岩。颜色有灰色、黄色、褐色、红色等。它与石灰岩的区别是，滴盐酸起泡后留有泥质斑点。致密结构，易风化，抗压强度低，一般为 6～30MPa。较好的泥灰岩可做水泥原料。

第四节　变　质　岩

地壳中先成岩石，由于构造运动和岩浆活动等所造成的物理、化学条件的变化，使原来岩石的成分、结构、构造等发生一系列改变而形成的新岩石，称为变质岩。这种使岩石发生质的变化的过程，称为变质作用。

一、变质作用的因素及类型

引起变质作用的因素有温度、压力及化学活动性流体。变质温度的基本来源包括地壳深处的高温、岩浆及地壳岩石断裂错动产生的高温等。引起岩石变质的压力包括上覆岩石重量引起的静压力、侵入于岩体空隙中的流体所形成的压力，以及地壳运动或岩浆活动产生的定向压力。化学活动性流体则是以岩浆、H_2O、CO_2 为主，并含有其他一些易挥发、易流动的物质。

根据变质作用的地质成因和变质作用因素，将变质作用分为以下几种类型（图 2-34）。

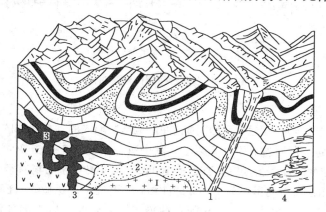

图 2-34 变质岩类型示意图

Ⅰ—岩浆岩；Ⅱ—沉积岩

1—动力变质岩；2—热接触变质岩；3—接触交代变质岩；4—区域变质岩

1. 接触变质作用

接触变质作用是由岩浆活动的侵入，在岩浆高温的影响下，使接触带的围岩发生重结晶或产生新矿物的作用。当地壳深处的岩浆上升侵入围岩时，围岩受岩浆高温的影响，或受岩浆中分异出来的挥发分及热液的影响，而产生变质，所以它仅局限在侵入体与围岩的接触带内，距侵入体越远，围岩变质程度越浅。

2. 动力变质作用

动力变质作用也称碎裂变质作用，是在构造运动产生的强应力作用下，使原岩及其组成矿物发生变形、机械破碎及轻微的重结晶现象的一种变质作用。由于应力性质和强度的不同，可形成断层角砾岩、糜棱岩等，并可有蛇纹石、叶蜡石、绿帘石等变质矿物产生。动力变质作用主要发生在岩层的强烈褶皱带或沿断裂带呈条带状分布（岩石因构造应力作用而产生的变质作用）。

3. 区域变质作用

区域变质作用是指由于大规模地壳运动和岩浆活动引起的高温高压作用下，使地下深处广大地区岩石发生的变质作用。如黏土质岩石可变为片岩或片麻岩。山东泰山、山西五台山、河南嵩山等地的古老变质岩都是区域变质作用形成的。区域变质岩的岩性在很大范围内比较均一，其强度决定于岩石本身的结构、构造和矿物成分。

变质作用一般不改变原生岩石的产状，因此产状不能作为变质岩的特征。但是由于受到强烈的挤压，原生岩石的产状也可能发生某些变化，例如原生岩体在压力作用方向上受到强烈的压缩等。

如果把原始的泥质沉积物的成岩作用划分成标志性的演化系列，则变质作用的演进过程如图 2-35 所示。

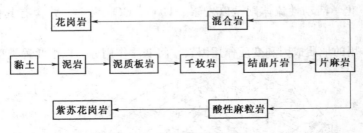

图 2-35　变质作用的演进过程

4. 冲击变质作用

冲击变质作用较为少见，是因巨大的陨石冲击地球所形成的。在地球的大陆表面（不包括南极大陆），已经确定的陨石坑在 200 个以上，其中有一半确认有冲击变质作用。世界上最大的陨石坑在西伯利亚的帕皮卡依斯克，直径达 100km，大多数的陨石坑直径为 2～50km 不等。

陨石的冲击作用在短时间里释放出巨大的能量，这些能量以机械的（挤压、破碎）和热的（熔融、蒸发）形式改造被冲击岩石。从陨石冲击中心向外缘可以观测到依次更替的冲击变质带：

(1) 蒸发带，压力达到 $10^5 \sim 10^6$ MPa，温度 10^4℃。

(2) 熔融带，外缘界面处的压力大约为 6×10^4 MPa，温度为 1500℃。

(3) 多型过渡带，外缘界面处的压力大约为 10^4 MPa，温度为 100℃。

(4) 岩石强烈破碎带。

由冲击变质作用形成的变质岩（后三个带中的岩石）称为冲击岩。

对冲击成因的变质作用研究最重要的意义在于冲击变质作用可能形成一些新的矿物种类，因为冲击作用产生的超高压在地壳环境中是不存在的。如斯石英，其形成压力高于 10^4 MPa，温度超过 1000℃，仅见于陨石坑的岩石中。

二、变质岩的矿物成分

变质岩矿物成分的最大特征是具有变质矿物——变质作用中形成的矿物。它是鉴定变质岩的可靠依据。常见的变质矿物有：滑石、石榴子石、十字石、蓝晶石、硅线石、红柱石等。除变质矿物外，变质岩的主要造岩矿物是长石、石英、云母、辉石和角闪石等。有时，绿泥石、绢云母、刚玉、蛇纹石和石墨等矿物能在变质岩中大量出现，这也是变质岩的一个鉴定特征。同时，这些矿物具有变质分带指示作用，如绿泥石、绢云母多出现在浅变质带，蓝晶石代表中变质带，而硅线石则存在于深变质带中。这类矿物称为标准变质矿物。

三、变质岩的结构

变质岩的结构按成因可分为变晶结构、变余结构、碎裂结构。

1. 变晶结构

变晶结构指原岩在固态条件下，岩石中的各种矿物同时发生重结晶或变质结晶所形成的结构。因变质岩的变晶结构与岩浆岩的结构相似。为了区别起见，一般在岩浆岩结构名称上加"变晶"二字。

（1）按变质矿物的粒度分。按变晶矿物颗粒的相对大小可分为等粒变晶结构（图2-36）、不等粒变晶结构及斑状变晶结构；按变晶矿物颗粒的绝对大小可分为粗粒变晶结构（粒径大于3mm）、中粒变晶结构（粒径1～3mm）、细粒变晶结构（粒径小于1mm）。

（2）按变晶矿物颗粒的形状分为粒状变晶结构、纤维状变晶结构和鳞片状变晶结构等。

2. 变余结构

当岩石变质轻微时，重结晶作用不完全，变质岩还可保留有母岩的结构特点，即称为变余结构。如泥质砂岩变质以后，泥质胶结物变成绢云母和绿

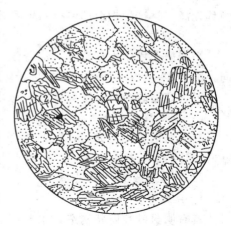

图2-36 等粒粒状变晶结构
（黑云母斜长角闪岩，$d=2.5$mm）
由黑云母（1）、角闪石（2）、
斜长石（3）组成

泥石，而其中碎屑物质（如石英）不发生变化，便形成变余砂状结构。还有其他的变余结构，如与岩浆岩有关的变余斑状结构、变余花岗结构等。

3. 碎裂结构

局部岩石在定向压力作用下，引起矿物及岩石本身发生弯曲、破碎，而后又被黏结起来而形成新的结构，称为碎裂结构。常具条带和片理，是动力变质中常见的结构。根据破碎程度可分为碎裂结构、碎斑结构、糜棱结构。

四、变质岩的构造

岩石经变质作用后常形成一些新的构造特征，它是区别于其他两类岩石的特有标志，是变质岩的最重要特征之一。

1. 片麻状构造

片麻状构造，又称片麻理。其特征是鳞片状、柱状或针状矿物呈大致平行排列，其间常夹着不规则的粒状矿物（石英、长石等），互相构成深色与浅色条带交互的状态。具有这种构造的岩石叫片麻岩。片麻岩通常矿物结晶程度高，颗粒较粗大。

2. 片状构造

片状构造指岩石中大量片状或柱状矿物（如云母、绿泥石、滑石、绢云母、石墨等）定向排列所形成的薄层状构造。片理薄而清晰，沿片理面易剥开成不规则的薄片。狭义的片理构造即指片状构造。具有这种构造的岩石叫片岩。

3. 千枚状构造

千枚状构造的特点是片理面呈较强的丝绢光泽，有小的皱纹，由极薄的片组成，易沿片理面劈成薄片状。具这种构造的岩石叫千枚岩。

4. 板状构造

板状构造，又称板理。指岩石中由显微片状矿物大致平行排列所成的具有平行板状劈理的构造。岩石一般变质程度较浅，呈厚板状，板面平整，沿板理极易劈成薄板状，板面

微具光泽。具这种构造的岩石叫板岩。

5. 块状构造

当变质作用中没有定向、高压这一因素时，则形成的变质岩中，矿物排列无一定方向，结构均一，一般称块状构造。部分大理岩和石英岩具此种构造。

五、变质岩分类及主要变质岩

(一) 变质岩分类

变质岩的分类与命名，首先是根据其构造特征，其次是结构和矿物成分，将其分为片麻岩、片岩、千枚岩、板岩、石英石、大理岩等。

(二) 主要变质岩的特征

1. 片麻岩

具有明显的片麻状构造，主要矿物为长石、石英，两者含量大于 50%，且长石含量一般多于石英。片状或柱状矿物可以是云母、角闪石、辉石等，有时也含有硅线石、石榴子石、蓝晶石等特征变质矿物。中、粗粒鳞片状变晶结构，多呈肉红色、灰色、深灰色。

片麻岩为变质程度较深的区域变质岩。岩石的物理力学性质随所含矿物成分的不同而不同，一般抗压强度达 120~200MPa，云母含量增多而且富集在一起的岩石，则强度大为降低。由于片理发育，故较易风化（图 2-37）。

图 2-37　片麻岩（左）及其显微镜下的特征（右）

2. 片岩

片岩具有典型的片状构造，主要由云母、石英矿物组成。其次为角闪石、绿泥石、滑石、石墨、石榴子石等。以不含长石区别于片麻岩。片岩依所含矿物成分不同可分为云母片岩、绿泥石片岩、角闪石片岩、滑石片岩等。片岩强度较低，且易风化，由于片理发育，易沿片理裂开。

3. 千枚岩

千枚岩是具典型千枚状构造的浅变质岩。多由黏土矿物、粉砂岩变质而成，主要由细小的绢云母、绿泥石、石英、斜长石等新生矿物组成。一般具细粒鳞片变晶结构，片理面上有明显的丝绢光泽和微细皱纹或小的挠曲构造。千枚岩性质软弱，易风化破碎，在荷载作用下容易产生蠕动变形和滑动破坏。

4. 板岩

板岩是页岩经浅变质而成的，多为深灰至黑灰色，也有绿色及紫色的。主要由硅质和泥质矿物组成，肉眼不易辨别，结构致密均匀，具有板状构造，沿板状构造易于裂开成薄板状。击之则发出清脆声，可以此区别于页岩。能加工成各种尺寸的石板，作为建筑材料。板岩透水性弱，可作隔水层加以利用，但在水的长期作用下软化、泥化形成软弱夹层。

5. 石英岩

石英岩由石英砂岩和硅质岩变质而成，矿物以石英为主，其次为云母、磁铁矿、角闪石。一般呈白色，油脂光泽，具有变余粒状结构，块状构造，是一种极坚硬、抗风化能力很强的岩石，岩块抗压强度可达 300MPa 以上，可作为良好的水工建筑物地基。但因性脆，较易产生密集性裂隙，形成渗漏通道，应采取必要的防渗措施。

6. 大理岩

大理岩由石灰岩重结晶而成，具有细粒、中粒和粗粒结构。主要矿物为方解石和白云石，纯大理岩呈白色，又称为"汉白玉"。含有杂质时带有灰色、黄色、蔷薇色，具有美丽花纹，是贵重的雕刻和建筑石料。大理岩硬度小，滴盐酸起泡，所以很容易识别。可溶性、强度随其颗粒胶结性质及颗粒大小而异，抗压强度一般为 50～120MPa。

六、三大岩类的转化

三大类岩石都是在特定的地质条件下形成的，但是它们在成因上又是紧密联系的。追溯到遥远的年代，那时候岩浆活动十分强烈，地壳中首先出现的岩石是由岩浆凝固而成的。但是，自从地壳上出现了大气圈和水圈以来，各种外力因素开始对地表岩石一方面进行破坏，

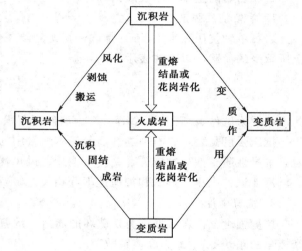

图 2-38　岩石循环图解

一方面又进行建造，出现了沉积岩。然而，任何岩石都不能回避自然界的改造，因此在一定条件下又出现了变质岩。图 2-38 基本上表明了三大类岩石的相互转化关系。

"新陈代谢是宇宙间普遍的永远不可抵抗的规律。依事物本身的性质和条件，经过不同的飞跃形式，一事物转化为他事物，就是新陈代谢的过程。"

第五节　岩石的物理力学性质指标

一、岩石的主要物理力学性质指标

1. 密度和重度

岩石密度 ρ(g/cm³) 是试样质量 m(g) 与试样体积 V(cm³) 的比值。分为天然密度 ρ、干密度 ρ_d 和饱和密度 ρ_{sat} 等。密度的表达式为

$$\rho = \frac{m}{V} \tag{2-1}$$

岩石的密度取决于其矿物成分，孔隙大小及含水量的多少。测定密度用量积法、蜡封法和水中称量法等。

重力密度简称重度 γ（kN/m³），是单位体积岩石受到的重力，它与密度的关系为

$$\gamma = 9.80\rho \tag{2-2}$$

2. 相对密度（比重）

岩石相对密度 G_s 是干试样质量 m_s（g）与 4℃ 时同体积纯水质量［为岩石固体体积 V_s（cm³）与水的密度 ρ_w（g/cm³）之积］之比，即

$$G_s = \frac{m_s}{V_s \rho_w}$$

二、岩石的主要力学性质指标

1. 单轴抗压强度

岩石单轴抗压强度 R（Pa）是试件在无侧限条件下，受轴向压力作用破坏时单位面积上所承受的荷载，以下式表示

$$R = \frac{P}{A} \tag{2-3}$$

式中：P 为试件破坏荷载，MN；A 为试件截面积，m²。

抗压强度是表示岩石力学性质最基本最常用的指标。影响抗压强度的因素，主要是与岩石本身性质，如矿物成分、结构、构造、风化程度和含水情况等有关。

例如试件大小、形状和加荷速率等相关。岩石吸水后，抗压强度都有不同。

2. 抗剪强度

抗剪强度 τ 指岩石抵抗剪切破坏的能力。抗剪强度指标是黏聚力 C 和内摩擦角 φ。内摩擦角的正切 $\tan\varphi$ 即为摩擦系数 f。

根据受荷情况及试件的特征，岩石的抗剪强度分为三种类型，即抗剪断强度，摩擦强度及抗切强度，其相应的试验原理及强度曲线如图 2-39 所示。

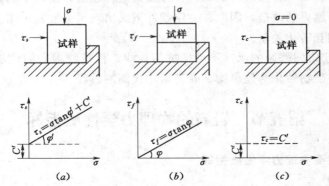

图 2-39　岩石抗剪强度试验原理示意图
(a) 抗剪断试验与抗剪断强度曲线；(b) 摩擦试验与摩擦强度曲线；(c) 抗切试验与抗切强度曲线

（1）抗剪断强度 τ_s。系指试样在一定的垂直压应力 σ 的作用下，被剪断时的最大剪应力，剪断前试样上没有破裂面。内摩擦角 φ' 和黏聚力 C' 均起作用，其表示式为

$$\tau_s = \sigma\tan\varphi' + C' \tag{2-4}$$

（2）摩擦强度 τ_f。受荷条件同前，但试件的剪切破裂面是预先制好的分裂开来的面，或是已剪断的试样，恢复原位后重新进行剪切。这种试验过去也称作抗剪试验（狭义的），所得的抗剪强度称为摩擦强度，其 f、C 值较小，尤其 C 值较抗剪断试验中的 C' 值降低很多。在实际工程中为了安全，C 值常忽略不计。摩擦强度的表示式为

$$\tau_f = \sigma\tan\varphi$$

第三章 地 质 构 造

第一节 地 壳 运 动

由于上地幔顶部附近（约 70～250km 深度）软流圈的存在，固体地球最外层的岩石圈是活动的。岩石圈的活动在地壳中造成挤压拉伸或水平错动。这种使地壳内岩体发生位移变形的作用，称为地壳运动。

我们住在一个活动的大地上。人们可以从一些自然现象中认识到，大地不是固定不变的。地壳运动按运动方向可分为升降（垂直）运动和水平运动。

一、地壳升降运动

现代有好多现象能直接说明地壳发生过升降运动。其中最有名的一个例子是意大利那不勒斯海岸的地狱神庙废墟上留下的遗迹。这座神庙建于 105 年的古罗马帝国时代，如今只存留 3 根 12m 高的大理石柱（图 3-1）。

图 3-1 意大利那不勒斯海岸的
地狱神庙废墟

石柱上遗留的特征表明，2000 多年来这些石柱曾因地壳下沉而没入海水中至少 6m 多。

18 世纪中期（1742 年），这处古遗址刚挖出来时，全柱都在海面以上。柱子下部 3.6m，被火山灰（公元 79 年维苏威火山、1533 年努渥火山）掩埋。火山灰清理掉后，柱面光滑；其上 2.7m 因地壳下沉曾淹没在海水中，上面长满了各种海生附着动物的贝壳，被海生瓣腮类动物（石蛳和石蛏）凿了许多小孔；再向上 5.7m 一直未被水淹没，但在空气中遭受风化，不甚光滑。

现今地壳的垂直运动可以通过大地测量来识别；地质历史中的垂直运动则依靠地质学家对岩石中的地质记录的分析完成，如研究地层剖面、鉴别不整合面、确定沉积相与古水深的关系等，不过这种分析基本上是定性的。

珊瑚的生活环境，是温暖的浅海（<70m），但现在发现有的珊瑚礁沉没于数百米深的海底，而有的高出海面（西沙群岛，高出海面

15m），这是地壳升降造成的。

现在海拔数千米的高山上，经常可以找到含有海洋生物化石的沉积地层。这说明，在

地质历史上这里曾经位于海平面之下，是地壳运动使之被抬升到了现在的高度。如青藏高原上，就有 2500 万年前的海相沉积地层。

二、地壳水平运动

水平运动现象不像升降运动那样可以直观简明地看到。现代水平运动同样可以通过大地测量来完成。当今全球卫星定位系统的技术对水平分量的观测已经达到 0.5cm 的精度，可以满足大部分研究工作的需要。对地质历史中大规模的水平运动，通常采用古地层对比、生物群落与古地理之间的关系或古地磁等研究方法。

现代水平运动最典型的例子就是美国加利福尼亚州的圣安德列斯断裂带。它形成于 1.5 亿年前的侏罗纪。19 世纪末对它做了长时间的大地位移监测。1906 年旧金山大地震前的 16 年中，测量到的断层两侧最大相对位移达 7m 之多。

古地层和古地磁研究表明：2 亿年之前全球曾有一个统一的大陆，后来这个大陆分裂成为几块。其中印度板块自从泛大陆中分裂出来后，从南半球漂移数千公里到北半球。大西洋也是大陆分裂后形成的，两侧的北美和欧洲之间及南美和非洲之间，有很多古地层、古生物和古构造可以吻合。

水平挤压或拉伸，会造成一个地区隆起或沉陷。因此有些地壳升降现象，是水平运动派生的结果。

三、构造运动的速率和幅度

地壳无时不在运动，但大部分情况下地壳运动速度缓慢，不易为人感觉。特殊情况下，地壳运动可表现快速而激烈，人们可以感觉到，如地震。

地壳运动的速率一般都在每年几厘米幅度以下。但这种人类难以察觉的构造运动却是岩石圈运动的主流，正是这种缓慢的构造运动，在数百万年乃至上亿年的累积作用中，使地球表面发生了翻天覆地的变化。如喜马拉雅山，在距今 4000 万年之前还是一片汪洋大海，到 2500 万年前才开始升出海面，如今已成为世界最高山脉。大地测量表明：珠穆朗玛峰地区的平均上升速度为 3.6mm/年（1966～1992 年），水平运动速度为 51mm/年（1975～1992 年）；珠穆朗玛峰本身的上升和水平运动速度比这还要大得多（据陈俊勇，1996）。洋底古地磁研究及现代 GPS 测量都表明，洋脊两侧的海底扩张运动速度可达 10～15cm/年。

构造运动的幅度也有大有小，如果一个地区的构造运动方向保持长时间不变，则构造运动的幅度就会相当大。如珠穆朗玛峰的上升幅度已经超过万米，如今依然在上升；我国东部的郯庐断裂错动距离在 150～200km 左右；对比圣安德列斯断裂两侧的古地层，发现 1.5 亿年来，断层的总的水平错距达 480km。规模最大的水平运动是大陆漂移，大西洋两侧的大陆漂移距离在数千公里以上。

四、地壳运动的空间分布

由于地壳运动主要与板块间的相对运动（挤压、拉伸和相对错动）有关，因此全球地壳运动的分布是很不均匀的，主要集中在以下几个板块边界带上。

（1）环太平洋带。

从西太平洋的新西兰向北新喀里多尼亚、伊里安、菲律宾、中国台湾、琉球、日本、千岛群岛，到阿留申群岛，再沿北美西侧的海岸山脉到南美的安第斯山脉。

（2）地中海—印度尼西亚带。

从地中海诸山脉（阿尔卑斯、喀尔巴阡山脉、阿特拉斯山脉）往东经高加索山脉、兴都库什山脉、喜马拉雅山脉、横断山脉，在马来群岛和巽他群岛与环太平洋带相连。

（3）大洋洋脊及大陆裂谷带。

太平洋、印度洋和大西洋洋中脊，以及大陆裂谷如东非裂谷和红海裂谷。

中国的西部在地中海—印尼带上，中国东部沿海及台湾岛位于环太平洋带上。这些地区地壳运动剧烈，表现为地震活动比较发育。

五、地壳运动的周期性

古生代（6亿年前）以来，地球出现过3次全球性的剧烈地壳运动（以水平运动为主的造山运动，形成巨大的褶皱山系），以2亿年为周期。这正巧和太阳绕银河一周的时间一致。

第二节　板块构造学说简介

一、活动论和固定论的争论

20世纪前，人们对地壳活动的认识仅限于地壳的升降运动，没有认识到地壳会发生大规模长距离的水平运动。但到了20世纪初，活动观点逐渐萌芽。1912年德国科学家魏格纳根据大西洋两岸弯曲形状的相似性，提供了大陆漂移的假说。活动论与固定论展开了20多年的激烈论战。大陆漂移学说的主要证据不只是大西洋两岸的海岸线相互对应，在大西洋两岸的美洲和非洲、欧洲在古生物地层、岩石、构造上，也有非常好的对应关系，表明地质历史上大西洋两侧的大陆曾相连接。固定论反对大陆漂移的主要论据，是对地壳发生漂移的地球物理学机制的质疑：长距离漂移的大陆，其轮廓保持不变表明大陆是在近于刚性的条件下发生漂移的，而刚性岩石之间的摩擦力之大是难于克服的。到1936年魏格纳在地质考察中以身殉职后，活动论沉寂了20多年。

但这期间及其后地球物理和地质学的一些重大发现，逐渐给人们重新认识地壳运动提供了事实。

二、活动论的再兴起——板块构造学说提出

软流圈的确认，使地质学家对地球的圈层结构有了一些新的认识。在大约70～250km深度的位置上有一个横波S波的低速层，科学家们因此推测该层物质的塑性程度较高，在动力的作用下可以发生缓慢地流动，并称之为软流圈。在软流圈之上的上地幔的坚硬部分和地壳则合称之为岩石圈。软流圈的存在使得大陆以岩石圈板块的形式在软流圈上的漂移成为可能，原来的难以克服的摩阻力问题得到了解决。

洋底地形测量发现了分布于世界各大洋洋中脊体系，这里火山和地震活动频繁。洋底玄武岩的年代和古地磁研究发现，洋脊在不停地向两侧扩张。在太平洋四周远离洋脊的大陆边缘，同样发现一些剧烈的火山地震活动带。地震研究表明：在这里，大洋地壳俯冲到大陆地壳之下，从而形成一个倾向大陆、深入地幔的发震带。岩石圈的大规模水平运动是客观存在的，这一事实在20世纪60年代已经得到了地质学家的普遍认同。

如果把环太平洋构造带、特提斯构造带、大洋中脊带这些全球规模的、也是地球上最活跃的火山、地震带表示到地图上，再辅以合适的转换断层，地球表面便被自然地划分为若干块体，即板块。岩石圈板块是刚性的，板块内部是相对稳定的。板块之间的相互作用主要集中在板块边界上，经常发生火山喷发、地震、岩层的挤压褶皱及断裂，这里是地壳运动剧烈的地带。

三、板块的边界类型

板块的边界有三种类型：离散型边界、汇聚型边界和转换型边界（图3-2）。

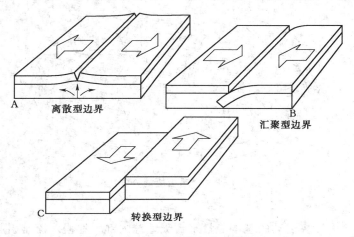

图3-2 板块边界的三种不同类型

1. 离散型边界

在洋中脊及大陆裂谷地区，板块在这里向两侧分离，以拉张作用为特征，地幔的玄武质岩浆从这里上升沿着拉张裂隙侵入或喷出。这些岩浆冷却之后成为岩石圈板块的一部分。所以这里也是岩石圈新生（增生）的地方。

东非裂谷被认为是沿初期离散型板块边界形成的，以裂谷及火山活动为特点，进一步发展成为红海裂谷那样，红海裂谷几乎使沙特阿拉伯完全从非洲分离出去。

2. 汇聚型边界

汇聚型边界两侧的板块相向运动，形成强烈的挤压，它以岩浆作用和构造变形变质作用为特征，相向运动的结果表现为两种形式：俯冲型边界和碰撞型边界。

当大洋板块和大陆板块相遇时，通常密度较大的大洋板块会俯冲到密度较小的大陆板块之下，消减融入软流圈。俯冲作用通常会形成海沟、岛弧、弧后盆地的地貌组合。环太平洋构造带是俯冲型边界的典型代表。

当两块大陆板块相遇时，二者相互挤压，以变形缩短和岩浆作用为主，并最终"焊接"在一起，在板块的结合处形成一系列的山脉。这里是原来分离的两块大陆缝合起来的地方，所以也叫地缝合线。以喜马拉雅山为代表的特提斯构造带是碰撞型边界的代表。

3. 转换型边界

转换型边界位于相邻板块相互错动的地方，表现为转换断层。转换型边界两侧板块相对运动的方向与边界平行，这里没有物质的增生和消减。

四、板块划分方案

根据全球规模的构造带分布所构成的自然边界，岩石圈中主要由六大板块（图3-3）

构成：欧亚板块、非洲板块、印度洋板块、美洲板块、南极洲板块、太平洋板块；这六大板块中，太平洋板块完全由大洋岩石圈组成。其他板块都是由大洋岩石圈及大陆岩石圈组成，包含了海洋与大陆：大西洋由洋中央海底山脉分开，一半属于亚欧板块和非洲板块，一半属于美洲板块。印度洋，也由人字形的海底山脉分开，使印度洋洋底分别属于非洲板块、印度洋板块和南极洲板块。

图 3-3　全球板块划分方案

五、板块的驱动机制

大多数学者认为板块运动的基本能量来自于地球内部，地幔对流是引起板块运动的根本原因。地幔内的高温物质上升到岩石圈底部，然后开始水平运动，而后冷却下沉到地幔深处再加热上升，形成一个物质循环，这一循环周而复始。有学者认为，地幔对流主要发生在地幔上部。而也有学者持全地幔对流的观点，认为地幔对流涉及整个地幔，其热源来自地球外核。

地幔对流引起岩石圈裂解，地幔热物质在洋中脊处上升。由于地幔的对流运动，使得漂浮在它上面的板块也被带动向洋中脊两侧各自做分离的运动。岩石圈板块被一直传送到地幔对流环下沉的海沟岛弧处，进而沿海沟带俯冲下沉，又回到高温的地幔层中消失。

六、威尔逊旋回

板块活动的动力来自地幔，表露于洋底。加拿大人威尔逊按照大洋盆的生命周期顺序，把大洋从张开到闭合的演化过程分成六个阶段，称为威尔逊旋回。

（1）东非裂谷阶段。

大陆地壳发生破裂，两侧的大陆板块相背运动。以东非大裂谷系统为代表。大陆板块在下部地幔对流的作用下发生解体，形成一个长轴状的线性裂谷，其中央部分多发育河流，两侧部分通常是由拉张应力产生的巨大下降断块。

（2）红海阶段。

由大陆裂谷发展为陆间裂谷，出现了新生洋壳和扩张增生的洋中脊，中脊发育有中央裂谷和转换断层。以红海、亚丁湾为代表。现在的阿拉伯半岛已经完全与非洲分离，并且正在产生一个新的线性洋盆。

（3）大西洋阶段。

此时大洋已经发育成熟，形成包括中脊和洋盆的完整大洋，以大西洋为代表。此时仍以洋壳增生为主，未出现俯冲消减作用。

（4）太平洋阶段。

大洋发育成熟之后就逐渐地进入衰退期。这一阶段最典型的特点是大洋的增生和消减并存，但俯冲消减的速度要大于增生的速度。太平洋就是处于衰退期的典型大洋。虽然太平洋目前仍然是世界上最大的大洋，但比起中生代它所具有的规模来已经小得很多了。

（5）地中海阶段。

这一阶段大洋已不再增生，在俯冲作用下，大洋的规模缩小，不久将要完全闭合。地中海是大洋演化终了期的典型。今天的地中海只有很少的古特提斯大洋壳的残余。

（6）喜马拉雅阶段。

大洋演化的最后阶段就是完全闭合，两侧的大陆发生碰撞，留下一条古大洋的遗迹，结束了大洋的演化。喜马拉雅北侧的雅鲁藏布江蛇绿岩带，代表印度次大陆块与亚洲大陆块之间的碰撞缝合带，它也是古特提斯大洋的遗迹。

大洋底的运动，带动板块之间相互离开、汇合和错动，形成洋中脊、大洋边缘岛弧海沟复杂的地貌，也造成大陆上巨大的山系。板块构造控制了整个地球的地壳运动格局和地表形态。

第三节 地 层 年 代

好奇的人，很早就开始思索天地、宇宙的年龄。过去人类对天地年龄的认识，仅限于神话幻想。18 世纪以来，人们才开始对地球年龄做了一些科学的探索。

有人根据地球原始炽热的假说，用试验和计算的方法，推断地球从原始炽热状态冷却到现在状态的时间；也有人根据地月潮汐假说，推算地月系统的年龄；还有人根据海洋中的含盐量和河流的输盐量来推算海洋的年龄。值得一提的是，1893 年，Reede 根据沉积速率来推算，寒武纪至今约 6 亿年（沉积速度 1cm/1000 年，寒武纪至今沉积物总厚度为 60km）。

这些不同的方法得出的结论差异很大，同样的方法也会得出差异很大的结果。这是因为一些地球形成假说还有待于证实，有些相关的地质过程中的影响因素是变化的和未知的：如海洋中陆源的盐量，受气候影响很大；海底火山也携带大量盐类；另外海洋中的盐类也在时刻发生沉积。这些过程在地质历史上会有很大变化。所以需要一种影响因素少、可靠的时间量尺，如树木的生长纹理。

20 世纪前，人们虽然对地球以及地球上某一地层或岩体的绝对年龄无法确定，却做了大量的工作以确定地壳上地层或岩体的形成顺序，即它们的相对年龄或相对地质年代。这些工作的依据是一种"将今论古"（present is the key to the past）的思想：以我们现在看到的地质现象和规律为依据，认识远古时的地质作用现象和规律。

一、相对地质年代的确定方法

1. 地层学方法

丹麦人斯坦诺（Nicolas Steno，1631～1687）以直观方法建立了地层学三定律：叠覆定律、原始连续定律和原始水平定律。其含义是：地层未经变动，则上新下老；呈连续体，逐渐减薄或尖灭；呈水平或大致水平状态。

依此原理，可以在同一地区确定不同地层的相对新老，也可追溯地层到不同地区。从而确定不同地区间地层的同时性和相对新老。

这个方法不仅适用于沉积岩，也适用于喷出岩浆岩。

2. 古生物（地层）学方法

岩石地层自身会携带生命演化的信息：古生物化石。生命随着水来到地球，由简单到复杂、低级到高级演化。这个过程记录在各个地质时期从下到上的地层中，以生物遗体或遗迹的形式保存在其同时代的沉积物中，变成化石。地质学家发现，在从下到上的地层中，古生物在不可逆地演化，相同的物种生活在大体相同的时代里，主要物种在全球各地的地层中都保存了化石。

有了古生物化石，无需追索，便可以把全世界任何一处的地层纳入一个有先后次序的演化系列中。

二、绝对地质年代的确定方法

19 世纪末，人类发现了放射性同位素。放射性同位素的蜕变过程极其稳定，不受物理化学环境的影响。根据岩石中某种放射性同位素及其蜕变产品的含量，确定的其形成至今的实际年龄，称之为绝对年代。

同位素地质年龄方法是一门很专业的学科。如果我们想知道一块岩石的年龄，需要得到这方面专家的合作。

迄今为止，人类在地壳中发现最古老的岩石约为 42 亿年。

三、地质年代表

地质学家（主要是欧洲和北美）经过几代人 100 多年的岩石地层、古生物地层研究工作，建立了一个包含十几个系的地质演化系列。这些工作主要是在 19 世纪完成的，在 20 世纪继续得到补充和完善，尤其是对前寒武纪的认识，并通过同位素地层方法确定了其相应的绝对年龄，形成一个地质年代表，见表 3-1。表中，宙、代、纪、世是年代地层单位，宇、界、系、统是相对应的岩石地层单位。

四、地层接触关系

由于地壳运动和岩浆作用，在地质历史上各种地质体的形成，有时连续，有时间断，有依次叠置，也有变动穿插。相互接触的两个不同地质体之间不但具有先后关系，还存在着特定的地质作用过程将它们联系起来，称之为接触关系。

1. 沉积岩之间的接触形式

（1）整合。

上下两套沉积地层产状一致，且是连续沉积的，即在空间上和时间上都是连续的。

（2）假整合。

又称平行不整合。上、下两套岩层之间产状一致或基本一致，但二者之间有一明显的沉积间断（图 3-4）。表明在较老的下伏地层沉积后，该地区的地壳曾经上升，经受侵蚀后又下降重新接受沉积。有时在两套地层之间发育有一个风化壳，或在上覆地层的底部发育有含下伏岩石碎屑的底砾岩。岩层中的沉积间断面称为平行不整合面或假整合面，如我国华北地区中石炭系砂页岩直接覆盖在中奥陶系石灰岩之上，中间缺失上奥陶系、志留系、泥盆系和下石炭系。

（3）不整合。

表 3-1 　　　　　　　　　　　　　地 质 年 代 表

宙(字)	代(界)	纪(系)	世(统)	纪起始时间（百万年）	主要生物及地质演化
显生宙	新生代 Kz	第四纪 Q	全新世 Q_4		哺乳动物仍占主导地位，人类出现；北半球多次冰川活动
			更新世 Q_3		
			Q_2		
			Q_1	2.4	
		新第三纪 N	上新世 N_2		陆地上哺乳动物为主，昆虫和鸟类都大大发展。被子植物兴盛。
			中新世 N_1	23	
		老第三纪 E	渐新世 E_3		印度板块于始新世碰撞到亚洲大陆上，非洲板块也靠向欧洲板块。渐新世开始全球造山运动，逐渐形成现代山系
			始新世 E_2		
			古新世 E_1	65	
	中生代 Mz	白垩纪 K	晚白垩世 K_2		脊椎动物鱼类、两栖类和爬行类得到大发展。晚三叠世出现哺乳类，侏罗纪出现始祖鸟。白垩纪末恐龙灭绝。
			早白垩世 K_1	135	
		侏罗纪 J	晚侏罗世 J_3		裸子植物松柏、苏铁和银杏为主。被子植物出现。
			中侏罗世 J_2		
			早侏罗世 J_1	205	
		三叠纪 T	晚三叠世 T_3		晚三叠世，统一大陆分裂。古特提斯洋、古大西洋和古印度洋开始发育。印度大陆从南半球漂向亚洲大陆
			中三叠世 T_2		
			早三叠世 T_1	250	
	古生代 Pz	晚古生代 Pz_2	二叠纪 P	晚二叠世 P_2		脊椎动物在泥盆纪开始迅速发展。石炭纪开始出现两栖类和爬行类。陆上植物迅速发展，裸蕨类极度繁荣，还有少量石松类、楔叶类及原始的真蕨类植物。昆虫出现。二叠纪末期发生了生物大量灭绝事件。古生代末，南半球冈瓦纳大陆和北半球各大陆联合而成的劳亚大陆连接，形成称为潘加亚的统一大陆
			早二叠世 P_1	290	
			石炭纪 C	晚石炭世 C_3		
				中石炭世 C_2		
				早石炭世 C_1	350	
			泥盆纪 D	晚泥盆世 D_3		
				中泥盆世 D_2		
				早泥盆世 D_1	405	
		早古生代 Pz_1	志留纪 S	晚志留世 S_3		寒武纪开始出现带骨骼的生物：三叶虫、笔石和腕足类等；中奥陶纪出现珊瑚；志留纪出现原始的鱼类——棘鱼。植物主要是海洋中的藻类，志留纪末期陆地上出现裸蕨类。南半球各大陆加上印度半岛联合形成冈瓦纳大陆，北半球几个分开的大陆板块发生着碰撞和合并。北美板块与欧洲板块合并；古西伯利亚和古中国之间逐渐接近。奥陶纪晚期，又出现一次大冰期
				中志留世 S_2		
				早志留世 S_1	435	
			奥陶纪 O	晚奥陶世 O_3		
				中奥陶世 O_2		
				早奥陶世 O_1	480	
			寒武纪 ∈	晚寒武世 $∈_3$		
				中寒武世 $∈_2$		
				早寒武世 $∈_1$	570	
元古宙 Pt	新元古代 Pt_3	震旦纪 Pt_3（Z）			藻类大量发育，生物更多样化。震旦纪出现放射虫、海绵、水母、环节动物、节肢动物等。古元古代后，所有的陆壳聚集在一起形成的大陆开始解体。震旦纪发生全球性冰期
		青白口纪 Pt_{3q}		1000	
	中元古代 Pt_2	蓟县纪 Pt_{2j}			
		长城纪 Pt_{2ch}		1700	
	古元古代	Pt_1		2600	
太古宙 Ar	新太古代 Ar_2			>3800	出现藻类和菌类，最古老的生物遗迹为32亿年
	古太古代 Ar_1				

又称角度不整合。下伏地层与上覆地层底面呈一定角度相交，两套岩层之间有明显的沉积间断面（不整合面）（图 3-4）。两套地层在空间上不协调，在时间上不连续。

表明在时代较老的地层形成后，曾发生过强烈的地壳运动，使得这部分地层的原始水平状态发生了改变。后来地壳重新下降接受沉积，新地层水平地沉积在倾斜的下伏老地层之上。如我国华北长城系底部石英砂石与下伏的太古界片麻岩之间，普遍存在角度不整合。

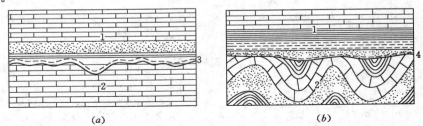

图 3-4　地层假整合和不整合

(a) 假整合；(b) 不整合

1—上覆地层；2—下伏地层；3—假整合面；4—不整合面

2. 有关岩浆岩的地层接触关系

(1) 侵入接触。

如图 3-5 所示，老岩体形成后，岩浆岩侵入其中，在围岩中冷凝，同时对围岩烘烤。岩浆岩和围岩之间的这种接触关系称为侵入接触。侵入岩浆岩体的时代晚于围层。

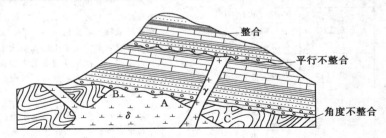

图 3-5　地层接触关系示意图

AB—沉积接触面；AC—侵入接触面；δ—侵入岩体；γ—岩脉

(2) 沉积接触。

如图 3-5 所示，侵入岩已先形成（在围岩中），后地壳上升，地表遭受剥蚀使得侵入岩浆岩（和围岩一起）被揭露于地壳表面，此后地壳重又下降，新的沉积层将其覆盖，二者时间的接触关系称为沉积接触。在这里，岩浆岩的时代早于上覆岩层。

第四节　水平构造、倾斜构造、褶皱
构造和断裂构造

在现在的海洋、河流及湖泊中我们都能看到层状的沉积物。我们在山上看到的层状的岩石就是这种层状沉积物在长时间的地质历史中固结形成的。

沉积岩形成之初，是水平的和连续的，岩浆岩体开始也大都是完整连续的。但随着后来遭受地壳运动的作用，经水平挤压、拉伸或差异升降的构造变动，岩体原有的空间位置和形态发生改变，发生倾斜或弯曲变形，甚至将连续的岩体断开及错动，使完整的岩体破碎等。地壳中的岩石，在地壳运动的作用下，发生构造变动的形迹，称为地质构造。

这种构造变动形成的地质构造在沉积岩等层状岩体中表现最为明显，它的基本类型有：水平构造、倾斜构造、褶皱构造和断裂构造。

一、水平构造

从远古的地球地质历史早期，直到现在，海洋、湖泊及低洼盆地上一直发生着沉积作用，沉积物从下向上一层一层地叠置形成。沉积层的原始状态都是水平或近于水平的。

我们在野外看到的岩层，都是经过了地壳运动使之上升，又遭受风化剥蚀，才出露在山上的。现在仍保持水平状态的岩层，称为水平构造。水平构造中，总是下部的岩层相对较老，上部的岩层相对较新。水平构造的存在，说明这一地区自这一地层形成以来，未发生剧烈的地壳运动，或只经历简单的垂直升降运动，处于相对稳定状态。

在地球的地质历史上，曾发生过几次剧烈的全球性地壳运动。所以地球历史上大部分时间里形成的地层都经历过一定的构造变动。越古老的地层，往往遭受的变动就越大。现在，只有新生代的地层及部分地壳上相对稳定区的中生代地层还保持着水平和近于水平的状态。新生代地层目前大都分布在现代河流的冲积平原，现代湖泊及海洋下面。

二、倾斜构造

原来水平状态的岩层，在地壳运动的作用下，发生倾斜，造成岩层层面与水平面之间具有一定的夹角，称为倾斜构造。倾斜构造可能是地壳不均匀升降造成的，大部分是水平挤压使岩层弯曲而在局部表现出倾斜现象。

岩层层面的空间状态称为产状，产状是以走向、倾向和倾角三要素来表示的（图3-6）。

（1）走向。

倾斜岩层层面与任一假想水平面的交线称为走向线，走向线两端的延伸方向即为走向，因此走向总是有两个方向。习惯上用方位角表示走向，如 NE30°或 SW210°。走向表示岩层出露地表的延伸方向。

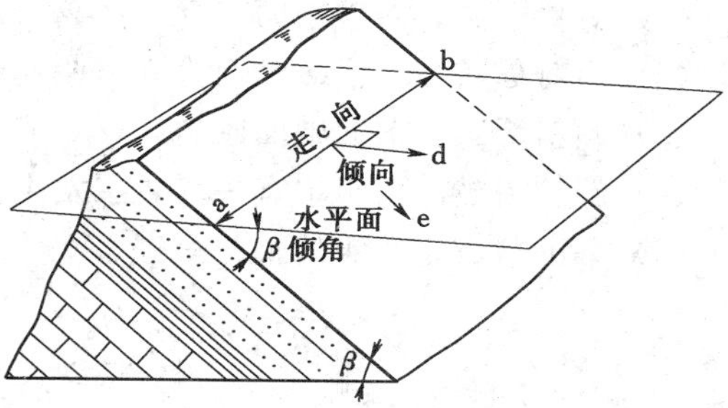

图3-6　岩层的产状要素
ab—走向；cd—倾向；β—倾角

（2）倾向。

岩层面上垂直于走向线并沿层面向下的直线称为倾斜线，倾斜线在水平面上的投影所指的方向即为倾向。倾向也用方位角表示，但倾向方位角只有一个（且与走向垂直）。如上述走向的岩层若向南东倾，则可表达为倾向东南（SE）120°，若向北西侧，则可写作倾向北西（NW）300°。

（3）倾角。

倾斜的层面与水平面的夹角称为倾角。岩层层面的产状要素可以用地质罗盘测得，常见的产状表达格式为：走向 NE30°（或 SW210°），倾向 SE，倾角70°。

三、褶皱构造

缓慢的水平方向的地壳运动是地壳运动的主流。刚性的岩层在千百万年缓慢的水平挤压的作用下，由原始水平平展的形态变成一系列连续的弯曲，形成褶皱构造。褶皱构造是地壳中最常见的地质构造之一，它反映出垂直于褶皱轴向的水平挤压作用。

岩层褶皱构造的形态是多种多样的，有的舒缓、有的紧密、有的对称、有的不对称。但其基本的形式只有两种：即向斜和背斜，如图3－7所示。一般说来，背斜是向上拱起的弯曲，两翼岩层相背倾斜；向斜是向下凹的弯曲，两翼岩层相向倾斜。在一系列连续的褶皱中，背斜与向斜常常是并存相依的。

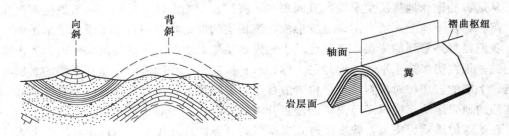

图 3－7　背斜和向斜　　　　　　　　　　图 3－8　褶皱要素

为了描述一个褶皱的形态和产状特征，需要区分褶皱各个组成部分，称为褶皱要素（图3－8）：核—褶皱的中心部分；翼—核部两侧的岩层；转折端—褶皱岩层两翼相互过渡的弯曲部分；枢纽—转折端弯曲的最大曲率处称为枢纽；轴面—褶皱中各岩层的枢纽经常位于同一个平面，称为轴面。

褶皱的分类方案很多，其中最常见的是根据褶皱轴面产状分类如下（图3－9）：

（1）对称褶皱。褶皱轴面直立，两翼岩层的形态成对称分布。

（2）不对称褶皱。褶皱轴面直立，两翼岩层的形态呈不对称分布。

（3）倾斜褶皱。褶皱轴面倾斜。

（4）倒转褶皱。褶皱中有一翼岩层发生倒转。

（5）平卧褶皱。褶皱的轴面呈进水平状态。

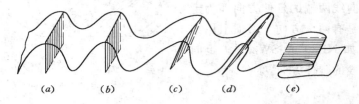

(a)　　　(b)　　　(c)　　　(d)　　　(e)

图 3－9　褶皱根据轴面产状的分类
(a) 对称直立褶皱；(b) 不对称直立褶皱；(c) 倾斜褶皱；
(d) 倒转褶皱；(e) 平卧褶皱

褶皱的弯曲形态与地形的起伏不一定是一致的，背斜的位置未必是山，向斜的位置未必是谷。陆地地表的高低起伏是风化、剥蚀作用的产物，岩体内部的薄弱带是控制地形细部格局的主要因素，而地表水则在漫长的地质历史中完成着雕刻地形的工作。通常一系列的背斜和向斜对地形起伏并不产生明显的影响，有时还能见到向斜成山、背斜成谷。

小规模的褶皱在野外山坡及岩壁上比较容易直观地识别出来。但对于大规模的（数公里以上）褶皱，在局部我们只能看到单斜构造。在这种情况下，需要整体地、联系地分析大范围内的地层产状，才能识别。

褶皱构造在地质图上表现为不同时代的地层对称地重复：背斜构造中间地层较老，向两侧越来越新；向斜构造中间地层较新，向两侧越来越老。

四、断裂构造

岩体在地壳运动的力的作用下，会发生变形。但是岩石承受变形的能力是有限的，当变形超过岩石的变形极限（受力超过岩石的强度）时，岩石的连续性完整性将会遭到破坏，产生断裂。岩层断裂后，如果断裂面两侧岩体没有发生显著的相对位移，称为裂隙（节理）；如果断裂面两侧岩体发生了显著的相对位移，则称为断层。

即使是整体上连续变形，比如挤压作用形成褶皱，同时也必然发生局部的、细微的不连续变形，比如裂隙。

1. 裂隙（节理）

除疏松的现代沉积外，所有的岩石中都有裂隙，它们大多是地壳运动造成的，按照其力学性质可分为张裂隙、剪裂隙和劈理。

张裂隙：岩石受拉张应力破坏而产生的裂隙。它具有张开的裂口，裂隙面粗糙不平，延伸一般不远，产状不甚稳定。张裂隙如通过坚硬的砂岩砾岩，裂隙面往往绕过砾石和砂粒，呈现凹凸不平状。

张裂隙普遍存在于岩体中，如在褶皱构造曲率较大的转折端外缘往往有张裂隙伴生，分层显著的脆性沉积岩（如石灰岩）层及火成岩脉中常发育横向的张裂隙。有时张裂隙被方解石脉、石英脉所充填。

剪裂隙：岩石受剪切破坏产生的裂隙。它一般是闭合的，裂隙面平直光滑，延伸较远，产状稳定。砂岩和砾岩中的剪裂隙，裂隙面往往切穿砾石或砂粒。

常见数条产状一致、规模相当的剪裂隙成组出现，有时两组交叉呈 X 形。

生活环境中我们能够看到一些张裂隙，如木头上的裂缝、墙上的裂缝、大地上的裂缝；但在生活环境中一般看不到剪切裂隙。

在遭受强烈挤压的岩体中，还发育一种大致平行的细微而密集的构造裂隙，称为劈理。泥质沉积岩在强烈挤压作用下，形成细密的板状劈理，便变成了另外一种岩石——板岩。

在岩体中，裂隙是普遍存在的，比如每米范围出现几条裂隙是很普遍的现象。

岩石中的裂隙不全是因地壳运动而形成的构造裂隙。也有在岩石成岩时及在出露地表后受外动力地质作用形成的，即原生（成岩）裂隙和次生裂隙。

原生（成岩）裂隙：岩石在形成过程中产生的裂隙。如玄武岩中的柱状节理，是玄武岩冷凝收缩产生的。沉积岩中的泥裂，是沉积物受日晒失水收缩形成。还有沉积岩的层理，是在沉积和成岩过程中形成的。

次生裂隙：地表岩石由于风化、边坡变形破坏等造成的裂隙。如大块花岗岩体上由于温度变化产生的层状剥离；岩坡变形下滑作用造成的拉张裂隙。人工爆破形成的裂隙。

裂隙使岩体在局部失去连续性的连接。但整体上岩体上不一定被完全分割开来，因为每条单独的裂隙的延伸范围有限，而且很多裂隙两侧岩体上存在一定的胶结，裂隙并没有使岩体完全解体。发育裂隙的岩体的强度将会大大降低，远远小于小的完整岩块的强度。

裂隙的存在还会加强岩体中地下水的活动，促进岩体的风化。

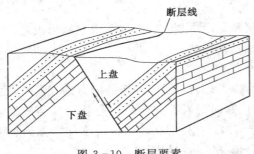

图 3-10 断层要素

2. 断层

岩体破裂，破裂面两侧岩体发生显著位移错动，形成断层。

断层各组成部分的名称叫断层要素（图3-10）。主要的断层要素有断层面、断层两盘（断盘）。

断层面为岩体发生断裂位移时相对滑动的断裂面。断层面在地表的出露迹线称为断层线。

有的断层面是比较规则的平面，但多数是波状起伏的曲面。有时，不是沿着一个简单的"面"发生破裂位移。而是沿着一个"带"。其中发育着一系列密集的破裂面，或者杂乱充填着由于断层的运动而破碎和碾细的两侧岩石的碎块和粉末，称为断层带或断层破碎带。断层破碎带的宽度有的几厘米、有的几米、几十米，甚至更宽。

断层两侧的岩体称为断盘。断层面如果是倾斜的，位于断层面上面的断盘称为上盘，位于断层面下面的断盘称为下盘。对于有相对上下移动的断层而言，相对上升的一盘称为上升盘，相对下降的一盘称为下降盘。

根据断层两盘岩体相对移动性质，可将断层分为正断层、逆断层和平移断层（图3-11）。

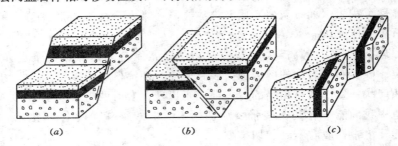

图 3-11 断层类型示意图
（a）正断层；（b）逆断层；（c）平移断层

正断层：上盘相对下降、下盘相对上升的断层。

逆断层：上盘相对上升、下盘相对下降的断层。

平移断层：断层两盘沿断层面在走向上（水平方向）发生相对位移，而无明显上下位移的断层。也称走滑断层。

正断层主要是水平拉张作用形成的。正断层的断层面通常较陡，其倾角多大于45°。断层面附近的岩石较少有由于挤压造成的变形及破坏现象，断层带一般不宽。逆断层主要是水平挤压作用形成的，常造成较宽的挤压破碎带。

正断层有时成组出现，构成一定的组合：如几条产状大致相同的正断层并列起来，上盘作阶梯状下降。形成阶梯状断层（图3-12）；逆断层也可能平行重叠出现，形成一连串上盘依次上推的叠瓦式构造（图3-13）。

若两条或两组走向大致平行的正断层，断层面相向倾斜，中间部分岩体相对下降，形成

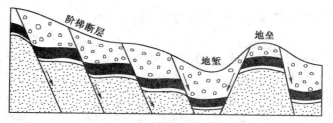

图 3-12 地垒、地堑及阶梯状断层

地堑（图 3-12）；如果两条成两组走向大致平行的正断层，断层面相背倾斜，中央部分岩体相对上升，则称为地垒（图 3-12）。地壳中的大型地堑常造成狭长的凹陷地带，如东非大地堑南北延伸长达 6000 多 km。大型地垒多构成块状山地，如天山、阿尔泰山都具有地垒式构造。

图 3-13 叠瓦式构造

在野外，断层面上常见滑动摩擦留下的擦痕，断裂带内常见发育有动力变质岩。在地貌上，较新的断层有时会留下断层崖、断层三角面（图 3-14）。现代的许多沟谷是沿着大断裂发育的。

断层是一个极有意义的构造地质现象。工程应用上，断裂面（带）石岩体的不连续面，力学性质弱，也是地下水的活动通道。断裂破碎带也能够成储水空间。

图 3-14 断层三角面

第五节 区域地壳稳定性研究的发展方向

区域地壳稳定性研究的基本目的包括宏观和微观两个方面。前者为合理进行战略性的国土规划和利用地质环境服务，后者则为具体的重大工程场址的评价与优选服务，因此，它的发展主流可概括为几方面。

一、区域乃至全球活动构造和地壳动力学研究

自从全球板块的划分逐渐得到公认以来，20 世纪 70 年代末美国出版了全球构造活动图。结合 80 年代岩石圈和地球动力学计划的开展，我国也出版了 1：400 万的岩石圈动力学图（马杏垣，1986）。中、美、日、俄等国区域断裂活动特征的卫星影像解译已取得很大成绩，尤以日本的工作较为细致详尽。据活动方式和强度，中国的活动断裂系统可以划分为 6 个不同的区域（刘传正，1993）。由此而论，在中国大陆乃至更大范围内总结区域

地壳活动规律，建立健全区域地壳稳定性理论正在成为现实。

二、活动断裂

活动断裂系统的研究是区域地壳稳定性评价的关键内容。现已发现，断裂系具有分段活动特征，同一条断裂的活动在几何学、运动学、动力学、地球物理场异常和分形结构等方面均呈现分段性，且不同地区的断裂分段作用特征也不大相同。断裂作用的方式不限于发震或蠕滑，而是具有多重性，它表现为孕震、减震（或称大震免疫性）、隔震和无震蠕滑（刘传正，1993）。活动断裂系的分段性不但为次级块体的边界确定提供了基础，更重要的是，不同地段活动性的强弱差异为工程选址奠定了客观基础。对于强震区及高震烈度区，活动断裂系上活动性相对低弱的地段也可能成为满足工程抗震要求的较好场区。

三、古地震学

古地震学方法为活动断裂系的量化研究建立了理论基础，它使我们考查断裂的位移量、位移速率、活动年代和地震复发周期成为可能。古地震学（Palaeoseismology）一词是前苏联地质学家 V. P. Solonenko（索洛年科）和 N. A. Florensov（弗罗林索夫）于1956 年提出来的。20 世纪 60 年代他们在贝加尔、高加索、吉尔吉斯和阿尔泰等地区进行了系统的古震研究，70 年代末就出版了奠基性的著作《大高加索古地震》。

古地震是指史前发生的地震。"史前"是指有人类活动到有文字记载以前，且与人类关系密切的这段时间间隔。虽然古地震的研究尚不能达到非常理想的效果，但它为人类探索地震规律，尤其在历史记载较短的国家（如美国）进行地预报和为工程寻找相对稳定的场址，提供了更有说服力的论据。80 年代以来，我国在这方面取得了可喜的成就（李祥根，1986；程绍平，1984；王挺梅，1984；林传凡，1987；张安良，1989）。

四、工程观的强化

区域地壳稳定性面临的挑战使得工程地质学者和上部结构工程师必须把区域地壳环境性质与工程设施作为一个体系来考虑。选址和评价的关键问题是如何处理地质数据或结论与工程设计的结合问题，也就是说，工程地质学家和地震工程学家必须解决地质资料的合理量化问题，且量化的结果容易被上部结构工程师所采用。对于一个地区，究竟地壳稳定到何种程度，相应的工程设计原则是什么，将是区域地壳稳定学者追求的重要目标之一。

五、区域地壳稳定性研究的新观念

目前，从更广泛的领域和全新的观点来探讨制约区域地壳稳定性的因素已逐步兴起，如分数维理论可用于量化描述断裂和地震的分形结构，耗散、混沌和协同学等已开始成为描述地壳结构及其动态之自组织过程并探讨其内部相关性的有力工具。最终将为工程"安全岛"的确定开辟新的道路。

自然，问题仍是存在的。例如，分数维理论尚不能描述断裂的活动性质及其深部延展情况，其他非线性科学如突变理论等的应用也还停留在物理模式探索阶段。

第六节　全球构造及新构造观

一、研究现状与发展趋势

地球科学研究的对象是一个巨系统，物质、状态、变化过程的时、空、物涉及的范围大，发生的过程不重复，状态条件无法完全在实验室模拟。人类社会对资源找寻的视野越来越大，逐步从地球表层走向深部，从陆地走向海洋，走向近地空间，从单纯地注重矿产资源的找寻逐步转向以可持续发展为目标的资源合理利用与环境保护并重；对自然灾害的研究也从对定性走向定量的监测与预警、预报以及灾情评估于一体的综合研究。

随着社会需求和科学发展不断地提出重大的科学问题以及空间技术信息技术和地球内部探测技术的飞快发展，使过去几十年中地球科学研究发生了重大跨越，即从各分支学科分别致力于不同圈层的研究，进入了地球系统整体行为及其各圈层相互作用研究；从区域尺度的研究，步入以全球视野研究诸多自然现象与难题；从以往偏重于自然演化的漫长时间尺度到重视人类影响过程；把微观机理的研究与宏观研究紧密结合，形成了有机的整体，使地球科学的整体研究进入一个全球构造的时代。

在诸多不同方面积累了大量观测和局部认识的条件下，才有了 20 世纪 60 年代"板块构造理论"的诞生。然而，一个突出的现状是，虽然板块构造理论很好地阐释了现今的全球构造，特别是大洋岩石圈的生长机制、运动规律、消亡过程及其效应和动力学。但是，全球大陆岩石圈在地质历史中的复杂行为，使基于大洋岩石圈的"板块构造理论"一些基本概念在"登陆"过程中遇到了许多难以逾越的障碍，特别是在解释大陆远为复杂的物质增生与消减过程以及陆内地质作用等问题上遇到了困难。研究表明，大陆地区与大洋地区至少在上地幔的深度范围内存在巨大的动力学差异，现有的板块构造理论不能简单地搬来解释大陆的动力学过程；并且由于板块构造理论所阐明的主要是岩石圈的运动学，因而人们正在通过向地球深部内层进军，发展阐明从地核到地表整个固体地球系统的全新构造观与动力学新理论。因此无论是从进一步深化板块构造理论还是从发展新的地球动力学理论出发，都有必要把探索大陆动力学和全球构造的本质作为当前和今后一段时期内固体地球科学研究中最重要的课题之一。

概括而言，超大陆的聚合与裂解机制及其相关地质过程关联是当前全球构造研究的代表性领域。研究发现，在泛大陆之前，地球在其形成演化的过程中还存在过多次超大陆的聚合，甚至在地球演化历史中存在过超大陆旋回。

全球构造研究的发展趋势主要体现在以下几个方面。

（1）以整体系统的观念认识地球、强化学科间的交叉与渗透；形成以不同空间尺度、时间尺度的基本地球过程研究为重点，定量化观测、探测和实验研究与动力学研究相统一的研究格局。

（2）在全球构造的框架中认识大陆增生及其相关的地质过程，解剖大陆聚合与裂解等基本地质过程。

（3）在上述背景与发展趋势主导下，大陆动力学、天气、气候系统动力学与气候预测、海洋环流与海洋动力学、地球表层过程与区域可持续发展、全球变化及其区域响应、地球环境与生命过程、日地空间环境与空间天气及相关技术等将成为发展的前沿。

（4）计算机模拟技术、穿越圈层的示踪剂、覆盖全球的信息成为开展地球系统科学研究的重要条件。科学创新的全球化已成必然，全球知识和科技信息资源将成为国际化创新活动的公共平台。

（5）深入理解地球系统各圈层的基本过程与变化及其相互作用，研究全球构造对资源、能源、环境、生态、灾害和地球信息的系统影响等基础问题，为经济、社会的可持续发展提供科学依据。

全球科学家们围绕这些方面开展了系统研究，取得了许多突破性成果。国际岩石圈计划的重点偏向了大陆岩石圈、深部作用过程和动力学。美国国家科学基金会、地质调查所和能源部联合提出并实施了为期 30 年（1990～2020）的"大陆动力学计划"。英国自然环境研究委员会在 1994～2000 年的地球科学战略报告中也把大陆动力学列为其专题性重点研究领域。此外，由欧洲 16 个国家针对大陆成因与演化而共同开展的"欧洲透镜"计划从 1992 年开始实施，延至 21 世纪初，其目的是增进对地球壳-幔构造演化和控制随时间演化的动力学过程的理解。然而，欧美的简单的地质特征和记录的不完整性，导致了全球构造研究仍然进展缓慢，诸多重要的问题尚未解决。例如，大陆为什么会聚合？以后，这些超大陆又为何发生了裂解？这些超大陆的聚合和裂解如何影响地球的内层动力学，并影响地球的表层环境，最后导致高等生物乃至人类的出现？

我国及邻区是地球上结构和演化过程最为复杂的一块大陆，被公认为大陆动力学研究的最佳场所。我国及邻区不仅记录了微陆块-小洋盆型古板块演化旋回的完整历史，而且拥有全球各个超大陆旋回的关键记录。这些都为大陆动力学的研究提供了得天独厚的天然实验室。因此，一个发展全球构造与新构造观的全新机遇已经出现。立足于全球构造的视野，充分发挥这一地域优势，通过野外实验室与科学钻探、理论与模拟，研究大陆物质组成、结构、演化过程与动力学，并与世界其他大陆开展对比，就有可能在全球构造与新构造观这一国际关注的领域取得突破。

二、相关的科学问题

综上所述，在未来十年与全球构造和新构造观相关的科学问题包括：

（1）超级大陆聚合和裂解与古气候变化的关系（超级大陆聚合导致全球变冷——海平面下降，超级大陆裂解导致全球变暖——海平面上升）。

（2）超级大陆聚合与生物灭绝耦合关系研究（如二叠纪末 Pangea 形成导致地球上 90％生物灭绝）。

（3）超级大陆聚合、增生和裂解与超大型矿床形成。

（4）板块构造在地球上何时启动以及第一个超级大陆在地球上何时出现。

（5）Long-Lived 大陆边缘增生与显生宙大陆增生。

（6）壳幔相互作用、超级地幔柱活动与超级大陆裂解。

（7）早—中元古宙 Columbia 超级大陆聚合、增生和裂解及其在华北克拉通上的地质记录。

（8）Rodinia 超级大陆聚合、增生和裂解及其在华南（扬子和华夏）克拉通上的地质记录。

（9）古亚洲洋闭合与 Pangea 超级大陆聚合。

（10）250Ma 后的超级大陆 Pangea Ultima 预期构建及其数字模拟。

第四章 自然地质作用系统

自然地质作用也叫物理地质作用，是指由自然界中各种动力引起的地质作用。如果这些作用危害到工程活动，破坏工程设施，造成生命财产损失，则构成地质灾害。自然地质作用的直接对象是作为建筑基础或建筑材料的岩石和松散沉积物（工程地质学上简称岩土），作用结果是使它们的结构遭到破坏、强度降低，进而影响到建筑物本身。因此，研究这些自然地质作用十分重要。本章介绍的自然地质作用有风化作用、河流地质作用、岩溶（喀斯特）、泥石流和地震。

第一节 风 化 作 用

一、风化作用的概念

在日常生活中，常可见到一些古老建筑的石材和砖瓦变得松软：墓碑字迹模糊或斑落；在采石场，可见到出露于地表的岩石一般疏松易碎，往下则为破碎的岩块，到一定深度才是坚硬而完整的岩石。这些都是自然界的风化现象。引起这些现象的根本原因是岩石所处环境的改变。组成地壳的三大类岩石大都形成于地壳深处的高温高压条件下，当这些岩石裸露或接近地表时，其所处的环境也随之发生了巨大变化，岩石要适应这种常温、常压，气温经常变化，大气、水、生物时刻发生影响的环境，其物理状态和化学成分就必须发生某些改变。这种在气温变化，大气、水溶液和生物因素的影响下，使地壳表层的岩石在原地遭受破坏和分解的作用，称为风化作用（Weathering）。岩石经过风化作用后，残留在原地的堆积物称为残积物。被风化的地壳表层称为风化壳。

风化作用是地表最常见的外力地质作用，它的产物是地表各种沉积物的主要来源。

二、风化作用的类型

根据风化作用性质和影响因素的不同，可分为物理风化、化学风化和生物风化三种类型。事实上，风化通常是几种作用联合进行的，要严格区分它们之间的界限是很困难的。分类主要是为了讨论方便。

（一）物理风化作用

处于地表的岩石，主要是由于气候和温度的变化，在原地产生的机械破坏而不改变其化学成分，叫物理风化（Physical Weathering）。物理风化作用的方式有以下三种。

1. 温差风化（热力风化）

由于气温昼夜和季节的显著变化，使岩石表层发生不均匀胀缩，这一过程的频繁交替，使得岩石表层产生裂缝乃至呈层状剥落。另外，由于岩石中不同矿物的膨胀系数不同，温度变化破坏了它们之间的结合力，使完整的岩石崩解成大大小小的碎块（图 4-1、图 4-2）。

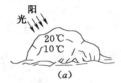

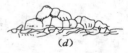

图 4-1　温差风化使岩石逐渐崩解过程示意图

图 4-2　沙漠中物理风化作用形成的地貌景观

2. 冰冻风化

充填在岩石缝隙中的水分结冰使岩石破坏的作用叫冰冻风化，也称冰劈作用。地表岩石的裂隙中常有水分，当温度下降到 0℃ 时会结成冰。水结成冰时，体积增大约 9％，可对周围产生达 96MPa 的压力，使岩石裂隙加宽加深。当气温上升至 0℃ 以上时，冰融化成水沿着加宽加大的裂隙更加深入到岩石内部。尤其是温度在 0℃ 左右波动时，充填在岩石裂隙中的水分反复冻结和融化，使岩石的裂隙不断加深、扩大，直至崩裂成碎块。在寒冷的高山区，这种作用最为显著。

3. 盐类的结晶和潮解作用

在干旱和半干旱地区，由于蒸发量较大，充填在岩石缝隙中含盐分的水溶液易过饱和而结晶，体积随之膨胀，对四周围岩产生压力，使缝隙加大，进而使岩石遭到破坏。当气候稍为湿润时，盐类晶体又会发生潮解，使盐溶液进一步下渗，结晶和潮解的反复交替进行，可使岩石崩裂。

(二) 化学风化作用

化学风化作用（Chemical Weathering）是指岩石与水、水溶液或气体等发生化学反应而被分解的作用。化学风化作用不仅改变岩石的物理状态，也改变其化学成分，并生成新的矿物。

化学风化作用包括以下 5 种方式。

1. 溶解作用（Dissolution）

矿物溶解于水中的过程就是溶解作用。溶解作用通常是岩石遭受化学风化的第一步。水是一种天然溶剂，具偶极性，能与极性型和离子型分子相互吸引。自然界中大部分矿物都是离子键型的化合物，故大部分矿物都溶于水，只是有难易之分。矿物被溶解的难易程度与矿物的溶解度有关，常见矿物溶解度由大到小的排列顺序是：方解石→白云石→橄榄石→辉石→角闪石→斜长石→钾长石→黑云母→白云母→石英。此外，还与温度、压力、CO_2 含量、pH 值等因素有关。

溶解作用的结果是岩石中的易溶物质被溶解而随水流失，难溶物质则残留于原地。另外，由于溶解作用也使岩石的孔隙增加，使岩石更易遭受物理风化。

2. 水化作用（Hydration）

某些矿物与水接触时，能够吸收水分（结晶水或结构水）形成新矿物，称为水化作用。如硬石膏（$CaSO_4$）→石膏（$CaSO_4 \cdot 2H_2O$），赤铁矿（Fe_2O_3）→褐铁矿（$Fe_2O_3 \cdot nH_2O$）。

矿物经水化作用后体积膨胀，对周围岩石产生压力，可促进物理风化的进行。另外，水化后形成的新矿物硬度一般较原矿物小，从而降低了岩石的抗风化能力。

3. 水解作用（Hydrolysis）

水解作用是指天然水中部分离解的 H^+ 和 OH^- 离子，与矿物在水中离解的离子间的交换反应。水解作用的结果是引起矿物的分解，部分离子以水溶液或胶体溶液的形式随水流失，还有部分难溶于水的残留于原地。例如，钾长石被水解的化学反应式为

$$4K[AlSi_3O_8]+6H_2O \longrightarrow Al_4[Si_4O_{10}](OH)_8+8SiO_2+4KOH$$

　　钾长石　　　　　　　　高岭土（难溶）　　　　　胶体　　溶液

高岭土在地表一般是稳定的，但在湿热气候条件下，经长期风化，还可进一步水解。化学反应式为

$$Al_4[Si_4O_{10}](OH)_8+nH_2O \longrightarrow 2Al_2O_3 \cdot nH_2O+4SiO_2+4nH_2O$$

　　高岭土　　　　　　　　铝土矿（难溶）　　胶体

4. 碳酸化作用（Carbonation）

溶解于水中的 CO_2，与水结合形成碳酸，其主要存在形式是 HCO_3^-，可与矿物中的阳离子化合成易溶于水的碳酸盐，溶于水后随水流失。因此，碳酸化作用其实就是有碳酸参与的水解作用。当水溶液中含碳酸时，可显著增强对岩石的溶解能力，并使反应速度加快。岩石中常见的硅酸盐矿物，几乎都因水中含有碳酸而发生水解反应。例如钾长石在有碳酸参与时的水解反应式为

$$4K[AlSi_3O_8]+4H_2O+2CO_2 \longrightarrow Al_4[Si_4O_{10}](OH)_8+8SiO_2+2K_2CO_3$$

　　钾长石　　　　　　　　　高岭土（难溶）　　　胶体　　溶液

5. 氧化作用（Oxidation）

矿物中低价元素与空气中的氧发生反应形成高价元素的作用，称为氧化作用。由于大气中含有氧（21%），故氧化作用在地表极为普遍。尤其在湿热气候条件下，氧化作用更为强烈。

自然界中许多变价元素在地下缺氧条件下多形成低价元素矿物。但在地表环境下，这些矿物极不稳定，容易被氧化形成高价元素矿物。例如黄铁矿被氧化后成为褐铁矿，其反应式为

$$4FeS_2+14H_2O+15O_2 \longrightarrow 2(Fe_2O_3 \cdot 3H_2O)+8H_2SO_4$$

　　黄铁矿　　　　　　　　褐铁矿（难溶）

（三）生物风化

在地球表面的各个角落，甚至地下相当深度的岩石缝隙中都有生物的存在。生物的生长、活动和死亡，都会对岩石起到直接或间接的破坏作用。这种由于生物生命活动引起的岩石破坏作用，叫生物风化作用。分为物理的和化学的两种作用方式。如树根在岩石裂隙

图 4-3 黄山的迎客松就生长在岩石的裂缝中

中长大、穴居动物的挖掘等（图 4-3），都引起岩石的崩解和破碎，属于生物的物理风化作用。而生物化学风化作用的影响要比生物物理风化作用大得多。它是指生物新陈代谢的分泌物、死亡后遗体腐烂分解过程中产生的物质与岩石发生化学反应，促使岩石破坏的作用。如生命活动与动植物残体的分解所产生的大量二氧化碳，在碳酸化方面起着重要作用。生物活动所产生的各种有机酸、无机酸（如固氮菌产生的硝酸，硫化菌产生的硫酸等）对岩石的腐蚀，生物体对某些矿物的直接分解（如硅藻分解铝硅酸盐，某些细菌对长石的分解等）以及因生物的存在使局部温度、湿度及化学环境的改变，都使岩石矿物更易发生风化。

另外，人类活动如开矿、筑路、灌溉与耕作等对风化作用也有影响。

三、风化作用的影响因素

影响风化作用的因素主要有气候、地形和岩石本身的性质。

（一）气候

气候因素主要体现在气温变化、降水和生物的繁殖情况，对岩石的风化影响较大。气候区不同，风化作用的类型和特点也不同。寒冷区以物理风化为主，风化物多为粗颗粒物质；湿润区则以化学风化和生物风化更为显著，地表多产生黏土物质。

（二）地形

地形对风化作用的影响也很显著，它可以影响到风化的速度、深度及风化产物的堆积厚度和分布。在地形起伏较大、切割较深的地区，岩石易遭受风化且以物理风化为主。但风化产物因地形关系不易保存，堆积物粗而薄。在地形起伏小、切割较浅的地区，以化学风化为主，岩石风化彻底，风化产物厚而细。此外，坡向对风化作用也有较大影响。向阳坡因光照的影响，一般昼夜温差较阴坡大，故风化作用较强烈，风化产物也较厚。

地质构造因素主要是影响岩石的完整性和地表形状，而不直接影响风化作用。

（三）岩石性质

岩石的成因、矿物成分、结构构造、裂隙发育程度等，对风化作用都有重要的影响。

1. 岩石成因

岩石成因反映了它生成时的环境和条件。岩石当前所处的环境与它生成时的环境越接近，岩石就越不容易风化。因此，在高温高压条件下生成的岩浆岩和变质岩抗风化能力一般较沉积岩差。

2. 矿物成分

由于不同矿物的物理、化学性质不同，因此它们抵抗风化的能力也不同。常见造岩矿物抗风化能力由强到弱的顺序是：石英、正长石、酸性斜长石、角闪石、辉石、基性斜长石、黑云母、黄铁矿。从矿物颜色来看，深色矿物风化快，浅色矿物风化慢。

3. 结构和构造

岩石中矿物颗粒的粗细、均匀程度（主要影响岩石透水性和含水性），胶结物的成分和胶结方式，层理的厚薄特征，片理特征等均影响风化作用的强度。如颗粒粗而不均匀的较颗粒细而均匀的更易于温差风化，但后者透水性好时则更易于化学风化。对沉积岩来说，抗风化能力则主要取决于胶结物的成分，硅质胶结、钙质胶结、泥质胶结抗风化能力依次降低。

4. 节理裂隙的发育情况

一方面，节理裂隙是水溶液、气体或生物活动的通道；另一方面，节理裂隙将岩石分割成小块，增加了岩石与外界的接触面积，使其能够更多地接受外界风化因素的影响，风化作用加剧，久而久之，岩块的棱角消失，变成球形，这种现象就是岩石风化中最为常见的球形风化（Spheroidal Weathering）。如图4-4所示。

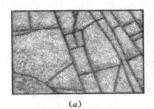 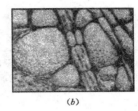 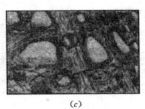

(a)   (b)   (c)

图4-4　球状风化演变示意图（据 W. K. 汉布林，1975）
(a) 岩石被裂隙所切割；(b) 球状风化初期；(c) 球状风化晚期

四、风化作用对岩石工程性质的影响和岩石风化带的划分

（一）风化作用对岩石工程性质的影响

风化作用总的结果是削弱或破坏岩石颗粒间的联结，形成、扩大岩体裂隙，降低断面的粗糙程度，产生次生黏土矿物等，从而降低了岩体的强度和稳定性，给工程建设带来不利影响。

1. 风化作用破坏岩石中矿物颗粒之间的联结

风化作用的结果，可以削弱或破坏岩石中矿物颗粒间的联结，使岩石破碎，导致岩石力学性能降低、透水性能增大，对建筑物十分不利。风化作用有时可在大面积范围内使岩石变成疏松土。如在花岗岩分布地区，往往在地面上覆盖有厚度不等的花岗岩风化砂；有些结晶的石灰岩和白云岩分布地区，也常见到地面上覆盖有风化的白云砂。

2. 风化作用能形成或加剧岩石的裂隙

风化作用会使岩石沿着已有的联结软弱部位（如未开裂的层理、片理、劈理，矿物颗粒的集合面，以及矿物解理面等）形成新的裂隙，即风化裂隙，或者使原有裂隙进一步增宽、加深、延展和扩大。这对岩石工程地质性能的影响更加显著。

3. 风化作用降低岩石裂隙面的粗糙度

岩石裂隙面上存在着许多大小、高低不同的"石齿"。通常，"石齿"越大、越高、越多，则岩石抵抗剪切破坏的抗剪强度越高；反之，其抗剪强度越低。风化作用降低了"石齿"高度，或使其变小、变少，从而降低了岩石结构面上的抗剪强度和其他工程地质性能。

4. 风化作用分解岩石原有矿物而产生次生黏土矿物

化学风化作用能使成分复杂的矿物（主要是硅铝酸盐矿物）分解破坏，并产生次生黏土矿物。黏土矿物与水作用后，产生一系列复杂的物理化学变化，降低岩石的力学强度，改变岩石的物理性质和水理性质。

（二）岩石风化带的划分

风化作用对岩石的破坏，首先是从地表开始，逐渐向地壳内部深入。在正常情况下，越接近地表的岩石，风化得越剧烈，向深处便逐渐减弱，直至过渡到未受风化的新鲜岩石。这样在地壳表层便形成了一个由风化岩石构成的层，称为风化壳。在整个风化壳的剖面上，岩石的风化程度是不同的，因而岩石的外部特征及其物理力学性质也不相同，适于建筑的性能也不一样。为了说明风化壳内部岩石风化程度的差异，特别是为了正确评价风化岩石是否适于作为建筑物地基，必须对风化壳进行分带。

不同专业的划分方法和标准大同小异。本书所讲是水利工程部门的划分标准。一般将岩石风化壳按风化程度划分为全风化、强风化、弱风化、微风化四个带，详见表4-1。

表4-1　　　　　　　　　　岩石风化壳垂直分带划分表

分带名称＼主要特征	颜色、光泽	岩石组织结构的变化及破碎情况	矿物成分的变化情况	物理力学特性的一般变化	锤击声
全风化	颜色已全改变，光泽消失	结构已完全破坏，呈松散状或仅外观保持原岩状态，用手可掰碎	除石英颗粒外，其余矿物大部分风化变质，形成风化次生矿	浸水崩解，与松软土或松散土体的特性相似 $K_w < 25\%$	土哑声
强风化	颜色改变，唯岩块的断口中心尚保持原有颜色	外观具原岩结构，但裂隙发育，岩石呈干砌块石状，岩块上裂纹密布，疏松易碎	易风化矿物均已风化变质，形成风化次生矿物。其他矿物仍有部分保持原来特征	物理力学性质显著减弱，具有某些半坚硬岩石的特性，变形模量小，承载强度低 $K_w = 25\% \sim 50\%$	石哑声
弱风化	表面和裂隙面大部变色，但断口仍保持新鲜岩石特点	结构大部完好，但风化裂隙发育，裂隙面风化强烈	沿裂隙面出现次生、风化矿物	物理力学性质减弱，岩石的软化系数与承载强度变小 $K_w = 50\% \sim 75\%$	发声不够清脆
微风化	沿裂隙面微有变色	结构未变，除构造裂隙外，一般风化裂隙不易觉察	矿物组成未变，仅在裂隙面上有时有铁、锰质浸染	物理性质几乎不变，力学强度略有减弱 $K_w > 75\%$	发声清脆

注　$K_w = R'/R$，R'为岩石风化后的抗压强度；R为岩石在新鲜条件下的抗压强度。表中所列数字是平均值，实际工作中应根据地质条件和设计需要加以修正。

第二节　地面流水的概念

水资源既是国家基础性资源，又是国家战略性资源。水与人民的生活、生产、生存环境的所有方面都密不可分。

一、地面流水的形成

地面流水最主要的来源是大气降水。雨雪自天空降落以后，一部分渗透至地下，一部分蒸发回到空中，其中有很大部分聚为地面流水，自高处向低处流动。流水汇集的条件有：

（1）必须有相当的降水量。我国西北内陆地区，有时年雨量只有 100 多 mm，而蒸发量却很大，则流水不易形成；东南沿海地区年雨量高达 1000～2000mm，蒸发并不很大，流水便容易形成，所起的各种地质作用也十分显著。

（2）必须是水分不大量下渗的条件。例如在石灰岩溶洞发育的地区，降水都下渗成为地下暗流。又如土壤结构疏松，地面植被茂密的地区，降水也下渗较多，地面流水的汇集便相对减小。

（3）必须有起伏不平的地势。地面起伏不平，降水方可沿坡向低处流动，成为流水。一般除了少数非常平坦的堆积平原外，地面都有一些起伏，所以这一项不是主要的。

总的来看，在极地和高山终年冰冻积雪的地区，流水作用几乎不存在或非常微弱；在干旱区域，流水仅在短暂的时间里起作用；而流水作用最活跃与最普遍的地区是温湿气候地带，在那里几乎全部地面都受流水作用的影响，它们恰好也是农业最发达的区域。因此，研究流水的作用显得更为重要。

二、地面流水的地质作用

水分在海洋或大陆表面蒸发到空中的时候获得了太阳能。当水分降落以后，在地面流动时，位能变为动能，放出能量，对地面做功。所以进行侵蚀与搬运作用是释放能量的必然结果。

流水流动时做功的大小决定于水流的活力，而活力的大小又决定于流速和流量，可用下式来表示

$$a = \frac{1}{2}mv^2$$

从上述公式可以看出：流水的活力 a 与水量 m 及流速 v 的平方成正比。其中流速的影响最大，当流量或流速降低（或两者同时降低）时，流水的活力变小，侵蚀作用就变弱，或开始发生沉积。反之，流水活力变强，侵蚀与搬运作用便会加强。因此流水的侵蚀、搬运与堆积作用决定于流水活力。

流水活力大小与地形、气候、植被、岩石与构造等自然因素有关。因为地形坡度、坡长、降雨量多少、植被覆盖度以及岩石与构造的性质等均影响到流水的流速与流量，从而影响到流水的活力。

流水的侵蚀是对地面的破坏作用。它与水流的强度与水流的特征有关，有时成片冲刷，有时使地面产生侵蚀沟或河流。总的来看，流水的侵蚀都是使流路变深与变宽。

流水常将侵蚀下来的物质搬运到别的地方。被搬运的物质部分溶解于水中，较细的颗粒如黏土及粉砂等可以泥浆的方式悬浮在水里搬运（悬浮作用）；砂土和砾石因易于下沉，只能在流水湍急或山洪暴发时呈跳跃式前进，即时而随急流前进，时而在缓流中下沉（跳跃作用）；巨大的砾石虽不能离开水底，但也能在强大水流的冲击下，于水下滚动前进（滚动作用）。

以上几种搬运方式以悬浮作用最为重要。流水搬运的能力决定于流速与流量。一般言之，流水速度增加 1 倍，被搬运物的直径可增加 4 倍，而搬运物的重量可增加 64 倍。从这里也可以说明为什么平原河流只能搬运较细的物质，而山区河流往往可以推移巨砾。

流水的搬运力量十分惊人，据估计，地球上每年搬入海洋的溶解物约有 27 亿 t，而碎屑物不少于 160 亿 t。

流水运动时携带的物质，在搬运能力减弱的情况下，便有一部分不能被水继续搬运，从而发生沉积。各种水流发生沉积几乎都是在流速变缓的地段。例如在坡地上，多为缓坡与凹地；在沟谷或河流里，常在弯曲处或中下游与出口地段；有时因某种因素引起流速降低，流量减少，也会发生沉积。

第三节　片状流水的地质作用

一、片状流水（简称片流）的特点

片状流水分布面广，水层薄，作用的时间短，作用的范围通常在上坡或高处，距离水的源头不远。片流受地面粗糙度影响大，常不依最大的坡度流动，时分时合，织成网状，没有固定的流路，这些特点都说明片流是水流发展的初期阶段，具有分散的特点。

片流流向下坡，距源头渐远，常有逐渐变强，水流逐渐合并，且流路逐渐有固定的趋势。此时水层增厚，侵蚀力变强，可进一步转化为纹沟（细沟），但沟形小而浅，形态和位置均不固定，雨后不能长期保存，很快便自然夷平而消失，它仍属于片流的范畴。在长坡的下部，这种情况尤为明显。

二、片流的侵蚀作用

片流的侵蚀称作片状侵蚀（简称片蚀），分布面广，对整个坡面进行成层而大致均匀的侵蚀，使斜坡均匀降低，常常失去肥沃的表土，危害很大。

坡面流水侵蚀只出现在降雨或融雪时期，故雨滴冲击作用和坡面径流侵蚀作用是坡面流水侵蚀的两种主要作用。

1. 雨滴冲击作用

降雨时，雨滴降落的最高速度可达 7～9m/s，对地面可产生巨大的冲击力，据测定，雨滴降落能使粒径小于 0.5mm 的土粒离开原位被激溅到离地面 60cm 以上的高度，水平方向激溅的距离可超过 1.5m。倾斜坡面上的土壤颗粒受到雨滴冲击后，向下坡激溅的距离和数量大于向上坡激溅的距离和数量，在 10% 坡度的坡面上土粒受到雨滴冲击后，约有 60%～70% 向下坡移动，只有 25%～40% 向上坡溅移。土粒向上坡、下坡溅移距离和数量的差异，随着地形坡度加大而增加。雨滴冲击坡面的能量在整个斜坡上应该是大致相等的，随着降雨时间的延长，由上坡激溅来的土粒被搬运到下坡，这时雨滴冲击的能量有一部分需消耗在再激溅由上坡溅来的土粒上，于是雨滴对下坡坡面的冲击作用相对减小。此外，下坡的坡面水层逐渐加厚，对坡面土粒起了保护作用，雨滴对坡面的冲击作用也愈来愈小，甚至完全消失。因此，从整个坡面来说，上坡受到雨滴的冲击作用强，侵蚀强度大，下坡冲击作用弱，侵蚀强度小。

2. 坡面径流侵蚀

坡面径流侵蚀力大小与地形、土壤和植被等因素有关。地形（坡长、坡度和坡形）控制坡面流水冲刷速度和冲刷量。从理论上说，坡面愈长，愈到下坡水量愈多，水流的能量也愈强。但是，随着坡面的增长，水流挟带的泥沙量也随之增多，需要消耗一部分能量，使水流侵蚀能力减小。因此，坡面径流侵蚀能力并不是随坡长增加而加大。坡度加大可使坡面径流速度加快，冲刷加强；坡度加大却又使径流量减小，因为在降雨强度不变的情况下，坡度加大，实际上坡面单位面积接受的雨量减少（图 4-5）。坡度和坡长变化与坡面侵蚀强度之间的关系非常复杂，F.C. 伦勒和 R.E. 霍顿的坡面侵蚀强度和坡度关系试验研究认为在 20°～60°之间坡面侵蚀强度最大（图 4-6）。

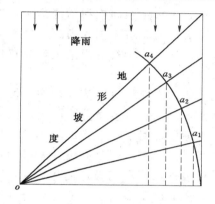

图 4-5　降雨强度不变时，坡面实际
　　　　受雨面积和坡度的关系
oa_1、oa_2、oa_3、oa_4 为不同坡度的相同坡长

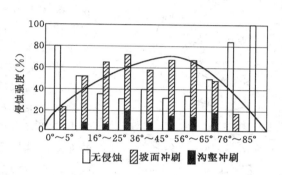

图 4-6　侵蚀强度和坡度的关系
　　　　（根据 F.G. 伦勒）

自然界的坡地形状是各式各样的，有凸形坡、凹形坡和平直坡等。各种不同坡形的坡面径流速度和径流量是不同的，这也影响到坡面侵蚀强度。

土壤结构对坡面侵蚀也有很大影响。土壤团粒结构好，可以吸收一部分雨水，使地表径流量减少；土层厚，吸水较多，也可减少地表径流量，使侵蚀减弱。

植被可以防止雨滴对坡面的冲击和减少坡面径流冲刷，表现在三方面：①植被可以减少坡面径流量；②植被可控制坡面径流速度；③植被可阻挡雨滴直接冲击地面。在其他条件相同情况下，植被好坏对坡面侵蚀作用有显著差别。可见，植树造林是防止水土流失的有效方法之一。

第四节　河流的地质作用与河谷地貌

沿沟谷经常性流动的水体称为河流。河流是自然界和生物存在与发展息息相关的环境条件。河流是一个完整的系统，由小溪汇成支流，支流汇成干流，并通过干流将上游来水汇入湖海。从上游小溪经支流到干流，河谷的纵向坡度逐渐减小，而河谷的长度和宽度则越来越大。这样一个汇流系统称为水系。显而易见，这个水系是以最上游小溪末端的地形最高点为边界，若干个这种高点圈成的范围称为流域。河流水系是由多个次一级水系构成，有干流水系、支流水系。水系之间的最高点连接的山脊为分水岭。河流受重力作用产生流动具有一定的能量，对地壳表面的作用称为河流的地质作用。一般有侵蚀作用、搬运作用和沉积作用。

一、河流的侵蚀作用

河流的侵蚀作用是指流水对地壳表面的改造，主要方式为磨蚀、冲蚀和溶蚀。侵蚀作用可分为下蚀（即垂直方向侵蚀）和侧蚀。

（一）下蚀作用

河流及其携带的物质在重力作用下以一定速度沿河槽运动，对其底部岩石或土层有冲击切割作用，并把破碎物质随水流携走。而破坏力的大小决定于流速、流量和其中固态物质的多少。流速决定于一定距离内河槽底部两点之间的高差即坡降。河流注入海或湖泊，则河口处地面即为坡降的零点，下切侵蚀作用在这里消失，此点称为侵蚀基准面。

坡降的存在使河水沿河槽纵向流动，按下蚀理论推断，侵蚀基准面不断后退，直至分水岭处，此时山体就被侵蚀成准平原了。对于在一定区域内，如果很多山峰拥有大致相同的高度，就是因侵蚀基准面形成的准平原被以后形成的河流深切破坏而造成的。这种作用的原始动力就是前面章节所讲述的地壳升降运动所致。

（二）侧蚀作用

由于地形、岩石等诸多因素的影响，河道不可能是笔直的。水流在流动时会在地形较低、岩石和土软弱处开辟河道，这就是水流的侧蚀作用。水流在河道中流动时受河槽约束，作曲线运动产生离心力，其质点对岸边的岩体和土体有冲击作用而使其破碎。而在转弯处水流冲向岸边，致使在垂直流向断面上的凹岸一侧水位高于凸岸一侧水位。产生横向流动，三维方向上水的质点做螺旋状前进。因此，凹岸破碎的岩石会在凸岸堆积起来。如图4-7所示。侧蚀作用可使河道不断加宽，对河谷的形成和发展起决定性作用。如图4-8所示。

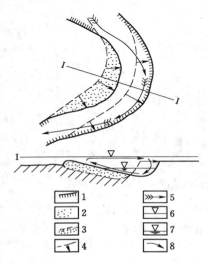

图 4-7　河弯中水流的侧蚀
与堆积示意图

1—冲蚀；2—河床浅滩；3—河床中河堤；
4—河床过去位置与移动方向；5—主流线；
6—洪水位；7—平水位；8—洪水期
河床中的横向环流

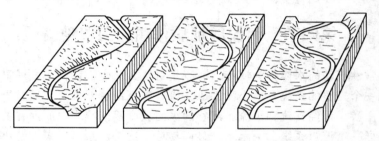

图 4-8　侧蚀作用使河流弯曲及河段不断加宽

二、河流的搬运作用

河流的搬运作用与侵蚀作用是同时进行的。被冲蚀的岩石碎屑由河水携带至异地沉落下来的现象称为流水的搬运作用。流水的搬运能力决定于其流速。

河流的搬运方式有以下三种。

（1）拖运。又称推移，土石颗粒在水流作用下于河槽底部滚动或滑动，此类物质称为推移质，这种搬运方式对河床有较大的破坏作用，一般洪水时流速最大，搬运物质最多，河道破坏最严重，甚至改道。

（2）悬运。指河水中的悬浮物质随水流移到流速小的地方沉淀下来，这种物质称为悬移质。推移或悬移除与颗粒粒径有关外，也与流速有关。

（3）溶运。一般指可溶性物质，如 $CaCO_3$、$CaSO_4$ 被水溶解后随水流一起运动，移至水停滞或流速较慢处离析、蒸发而沉淀。

上述三种搬运方式在同一河段中往往同时存在，或交替存在，拖运多发生在洪水期，悬运多发生在平水期。

三、河流的沉积作用

河流的沉积作用主要表现在两个方面：首先是在横断面上，凹岸遭侵蚀时凸岸产生的沉积，使河谷不断扩张；其次是在纵断面上，上游不断向源侵蚀，其携带的物质在下游沉积下来。

因此，这种沉积分布与河流的流速有关，但其主要作用的是河道的纵向坡降。上游坡降最大，河道狭窄，流速快，多为基岩裸露、大颗粒漂石或卵石堆积；中游坡度渐缓，流速减小，多为砂质颗粒沉积；下游河道摆动扩散，流速最小，多为细砂和黏土颗粒沉积。河道坡降的变化都是逐渐过渡的，各河段的沉积物也是渐变的。

综上所述，产生河流地质作用的直接因素是水流，它同时进行着破坏、搬运和沉积作用。其最终结果是削平山岭、填平沟壑、营造平原。

四、河谷地貌

河水注入海洋或湖泊处的海拔高度就是该河流的侵蚀基准面，在该点河流基本上失去了侵蚀作用。如果此面的高度稳定不变，则该河口以上河段河流地质作用仍在进行中，主要表现为上游继续向源侵蚀，中游扩充河谷，下游形成冲积平原或湿地。

在自然界中，侵蚀基准面的高度是不断变化的。它受地壳运动控制，呈变化与稳定相交替的状态。

（一）河漫滩的形成

由于环流的作用，在曲流的凸岸和平宜河段的中间，有较快和较多的河床沉积物，通常为砾石或粗沙。

心滩是河床中间的沉积地貌，平水位时高出河水面，洪水期被淹没。心滩呈梭形，长轴平行于水流，长数十米至数千米，宽数米至数百米，表面略有起伏。心滩主要是由宽谷段双向环流形成的，几乎所有的河流当其由狭谷段进入宽谷段后，都可以有心滩的形成。此外，支流汇入主流处，两河互相顶托、阻滞，也可使泥沙沉积而生成心滩，长江在鄱阳湖口即有几个心滩。外来障碍物（如沉船）阻滞水流而使水流减慢流速，也可生成心滩，长江安徽东流河段曾因船舰沉没而形成几个心滩。河流往往在河曲转弯处，由于洪水从谷坡麓冲开河漫滩,所以也可形成心滩(图4-9)。

心滩形成后,在河水作用下,上端遭受侵蚀,下端接受沉积,因而缓慢地向下游移动,移动速度快者每年可达数米至数十米。由于侵蚀和沉积不是等量的,心滩可能扩大,也可能缩小,甚至消失。另外,因环流位置的移动,也导致心滩左右迁移,甚至靠岸与河漫滩连接。

图4-9　长江某河段的心滩　　　　图4-10　金沙江中的河漫滩

河床外的部分谷底在平水期是没有水流存在的,但到洪水期就有洪水漫流其上,其流速缓慢,水动力小。河流对这部分谷底缺乏侵蚀作用能力,但却盛行沉积作用。由于水动力小,所以沉积的是细粒物质,通常为细沙或黏土,称为漫滩沉积。

河漫滩是现代河床以外的谷底沉积地貌;当河流洪水泛滥时,除河床以外,谷底部分也被淹没,被淹没的河底滩称为河漫滩。河流中下游的河漫滩宽度往往比河床大几倍到几十倍。极宽广的河漫滩也称为泛滥平原或冲积平原。山区河流的谷底受岩岸的约束,河漫滩不十分发育,宽度较小,河漫滩常限于在河流凸岸。由于山区河流洪水位高,所以河漫滩高度也比平原河流高,可分出高河漫滩、低河漫滩或数级河漫滩(图4-10)。

(二)河口的沉积作用

河口是河流最主要的沉积场所。河流在河口发生大量机械沉积作用的原因有:

(1)由于河流流至河口受到海水或湖水的顶托,使流速减少以至停止,河流完全失去了搬运力。

(2)海水电解质使河水中胶体物(主要是黏土微粒,还有SiO_2、Fe_2O_3、Al_2O_3等)发生沉淀。因此,河流绝大部分机械搬运物沉积在河口区。近河口段沉积数量多,颗粒较粗,向海洋方向则沉积数量少,颗粒变细,形成前积层,河床纵比降较大。逐渐向海洋方向沉积,颗粒变细,沉积量减少,海底也变平坦,这部分叫做底积层。

随着河流的不断沉积,前积向海洋方向发展,河床沉积逐渐覆盖了前积层,形成产状近水平的顶积层,与前积层的倾斜产状呈显著的交切接触。河口沉积物大部分位于水下,其沉积物由河流的悬移质、胶体物质和海洋沉积物混合组成。

河流在河口沉积使河床坡度变缓,河水便散开成无数分流,沉积成的地貌,外形像三角形,故叫做三角洲。三角洲顶端朝向上游,表面地势低平,多汊道,沼泽丛生。

三角洲的形成有一定的条件,这些条件是:河流机械运量大,近河口海水浅,无强大的波浪或潮流。有些河流不具备这些条件，就没有三角洲的形成，如我国的钱塘江。钱塘江口强大的潮流搬走了本来就很少的泥沙，无法沉积成三角洲。钱塘江河口是一个典型的河口湾（图4-11），每当涨潮时，尤其是天文大潮日，喇叭状的河口使得涌入钱塘江潮水形成了后浪推前浪态势，潮水水位迅速增高，并以排山倒海之势奔涌向前，形成了千古奇观"钱塘潮"，同时把钱塘江不多的碎屑物带入海洋。2002年受台风"森拉克"的影响，又逢天文大潮期，钱塘江出现风、雨、潮三碰头。9月8日下午，在杭州九溪的闸口天文站和萧山的美女坝，有100多人遭到钱塘江风暴潮袭击，20多辆汽车和摩托车被潮水损坏。当日凌晨1：23，钱塘江第一大潮创了高平水位11.2m的新纪录（图4-12）。

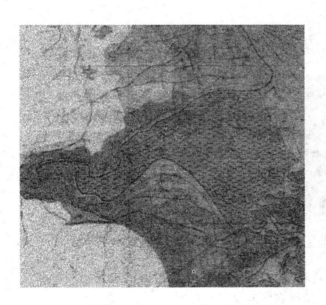

图4-11 钱塘江的河口形态不利于碎屑物的沉积　　　图4-12 2002年9月8日出现的钱塘大潮

（三）河流阶地

阶地是河流两岸常见的地貌，是由老的河谷构成的，并具有陡坎。由于下切谷底而成的各种类型阶地，自河漫滩或河床算起，向上依次称为一级阶地、二级阶地、三级阶地等。从形成时间上看，一级阶地形成最晚，时代最新，一般保存最好，越老的阶地越不完整。

阶地主要是由于新构造运动引起河流下蚀作用的产物。它的形成基本上经历两个阶段：①在一个相当稳定的大地构造环境下，河流以侧蚀及堆积作用为主，造成宽广的河床与河漫滩；②地壳上升，使河流下切，把原有的谷底抬高到一般洪水位之上，转变为阶地。

根据堆积与侵蚀之间的关系不同，通常把阶地分为以下三种类型（图4-13）。

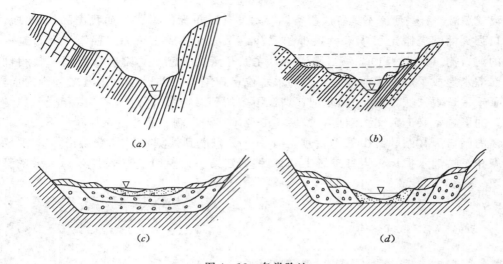

图4-13 各类阶地

(a) 侵蚀阶地；(b) 基座阶地；(c) 上叠阶地；(d) 内叠阶地

图4-14 新疆天山中发育的河流侵蚀阶地

(1) 侵蚀阶地。

这种阶地的特点是由基岩构成。阶面是河流侧蚀造成的谷底侵蚀面，阶面上往往没有或只有很少的残余冲积分布［图4-13 (a)、图4-14］。侵蚀阶地只在山区常见。它作为厂房地基或者桥梁和水坝的接头是有利的。

(2) 基座阶地。

这种阶地由两部分组成，上部为冲积物，下部为基岩，即冲积物覆盖在基岩基座上［图4-13 (b)］。反映在形成这种阶地的过程中，河流下蚀已切穿原来河谷谷底的冲积物进入基岩，并继续下切。基座阶地在河流中比较常见。

(3) 堆积阶地。

这种阶地完全由冲积物组成，反映在形成阶地的过程中，河流下切尚未切穿原来谷底的冲积物。根据下切的深度不同，堆积阶地又可分为上叠阶地和内叠阶地。

上叠阶地的特点是每次下切的深度和河床侧移的范围都比前期为小，堆积作用的规模也逐次减小［图4-13 (c)］。说明地壳每一次升降运动的幅度在逐渐减小，河流下切均未达到基岩。

内叠阶地的下切深度则较大，每一次下切深度和前期相同，都是切到第一次所成的基岩谷底为止，堆积物的范围和厚度逐次减小［图4-13 (d)］。说明地壳每次上升的幅度基本一致，而堆积作用却逐渐减弱。

堆积阶地多发育在如流速较小的河流，或者多分布在河流中下游，堆积阶地的砂卵砾石层是良好的地下水含水层，储量丰富，水质优良，是山区灌溉和民用供水的主要水源。其中尤以生成最新与河水有补给关系的一级阶地为最佳（图4-15）。

图4-15　河流下游自然景观

第五节　自然界的水循环

　　水是经济社会发展的基础性的自然资源、战略性的经济资源和公共性的社会资源，同时还是地球生命支撑系统的组成要素，是生态系统良性运行和繁衍生息的控制性因子。随着人口的攀升和生产的发展，许多国家和地区的淡水资源正在迅速成为一种稀缺资源。

一、自然界的水循环

　　地球上的水存在于大气圈、水圈、岩石圈及生物圈中。地球上水的总量约为 138.6094×10^8 亿 m^3。绝大部分分布于海洋中，约为 133.8×10^8 亿 m^3。地面以下 17km 地下水的总量约为 $8.4 \times 10^{15} m^3$，其中约有 50% 以上分布于地面以下 1km 的范围内水圈中各水体数量比例图（图4-16）。

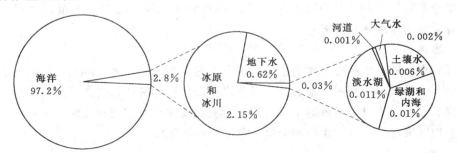

图4-16　水圈各水体数量比例

　　在太阳热及重力的作用下，地球上的水由水圈进入大气圈，经过岩石圈表层再返回水圈，如此循环不已。自然界中的水循环就反映了大气水、地表水、地下水三者之间的相互联系。

　　在太阳热能作用下，海洋中的水分蒸发成为水汽，进入大气圈；水汽随气流运移至陆地上空，在适宜的条件下，重新凝结下降。降落的水分，一部分沿地面汇集于低处，成为河流、湖泊等地表水；另一部分渗入土壤岩石中，成为地下水。形成地表水的那部分水分有的重新蒸发成为水汽，返回大气圈；有的渗入地下，形成地下水，其余部分则流入海洋，如图4-17所示。

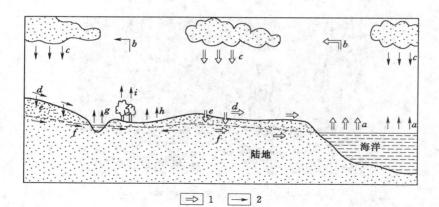

图 4-17　自然界水循环示意图
1—大循环各环节；2—小循环各环节
a—海洋蒸发；b—大气中水汽转移；c—降水；d—地表径流；e—入渗；
f—地下径流；g—水面蒸发；h—土面蒸发；i—叶面蒸发（蒸腾）

　　水分从海洋经过陆地最终返回海洋，这种发生海陆之间的水循环称为大循环。在大陆（或海洋）表面蒸发的水分、重新又降落回大陆（或海洋）表面，这种就地蒸发、就地形成降水的循环称为小循环。一个地区小循环增强，总降水量随之增加。植树造林，兴修水库，便是增加小循环，改造干旱、半干旱地区的重要措施之一。

　　二、地下水的来源

　　（1）海成的。

　　地下水是由海水渗到地下而成的。但海水直接渗入地下而形成地下水是很少存在的。仅在靠近海岸附近的狭小范围内有海水流入到地下面与淡水混合的情况存在。而在自然界却广泛地分布着另一种"海相残留水"。它是在海相沉积物形成时，在粗粒沉积物的孔隙间充满着大量的海水残留而成。

　　（2）渗透的。

　　大气降水、地表水和融雪水的渗透是地下水的主要来源。大气降水补给地下水的多少和降水强度、植被覆盖程度、地表坡度以及岩石透水性等密切相关。强烈的暴雨大多形成地表径流而流失，短时小雨渗透不深，基本上被蒸发掉，而长期的绵绵细雨补给地下水最多。有些地区来自河、湖、水库和渠道的侧渗也相当重要。

　　（3）凝结的。

　　地下水来源于大气中水汽或土壤孔隙中水汽分子受昼夜温差而凝结生成。在大陆性干旱沙漠地区，由于当地蒸发量大，而降水量小，没有渗透形成地下水的条件，而凝结作用就突出了。

　　（4）初生的。

　　地下水是由地球深处的高温水汽上升冷却而形成的，水中含有特殊的化学成分和气体。如有些温泉就是这种成因。

　　自然界大多数地下水来源于渗透和凝结。各种不同地下水的来源是与该地区的地质、地貌、自然地理条件密切相关的。在干旱炎热的沙漠地区，蒸发量大，降水量少，地下水主要由凝结而成；而在东部沿海多雨地区地下水则主要靠渗透而成，如广大的冲积平原与山前平原的地下水。

第六节 地下水的主要类型与特征

水是人类和整个生物界赖以生存和发展不可缺少的物质。水资源是指地表水即江河湖海和雪山冰川中的水，地下水则是指在地表以下沉积物或岩石中存在的水，作为资源来说，地下水是指在现有技术条件下能够开采利用的那一部分。

我国水资源总量约为 3 万亿 m^3/年，而地下水量约占总量的 1/4 左右，其总量较为有限，不是取之不尽、用之不竭的。所以节约用水尤其是限量使用地下水是我们的一项重要任务。地下水一方面是可利用的资源，另一方面作为自然现象，也会给我们的生活或工作带来负面的影响，如水利工程中的库区渗漏、地下工程的涌水及农业生产中的土地盐碱化等。

一、地下水的赋存

（一）岩石中的空隙

组成地壳的坚硬岩石或松散的砂土内都存在着空隙，不但是贮水空间也是水运动的通道。通常将岩石中的空隙分为三类：即松散沉积物中的孔隙、坚硬岩石的裂隙和可溶性岩石中的溶隙和溶洞，如图 4-18 所示。

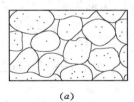 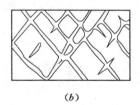 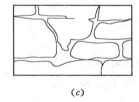

（a）　　　　　　　　　　（b）　　　　　　　　　　（c）

图 4-18 岩石的空隙

（a）孔隙；（b）裂隙；（c）溶隙

空隙发育程度的度量参数是空隙度 P，等于岩石中的空隙体积 V_P 与其总体积 V 之比值，数学表达式为

$$P = \frac{V_P}{V} \times 100\% \tag{4-1}$$

松散沉积物、非可溶岩和可溶岩的空隙度，又可称为孔隙率、裂隙率和岩溶率。

（二）岩石中水的存在形式

1. 气态水

未饱和空隙中的水蒸气即为气态水，可以由压力高的方向向压力低的地方流动。当水汽增多达到饱和时或温度达到露点时便凝结成液态水，是潜水的一种补给来源。

2. 结合水

这是一种靠静电吸附在岩石颗粒表面的水，不受重力作用的影响，目前还未发现其有较高的实用价值。

3. 毛细水

毛细水是靠水的表面张力作用，沿细小空隙运动的水，可离开地下水体验毛细管上升滞留于一定高度，形成一个含水带，毛细水的上升高度受颗粒空隙大小影响。研究毛细水是有一定实用价值的，尤其在农业生产方面。各种土类毛细水上升高度见表4-2。

表4-2   常见松散岩石的毛细高度   单位：mm

岩石名称	典型孔径半径	毛细高度	岩石名称	典型孔径半径	毛细高度
粗砾	2.0	0.8	粉砂	0.01	150
粗砂	0.5	3.0	黏土	0.005	300
细砂	0.05	30.0			

4. 重力水

即在重力作用下运动的水，可以传递静水压力，是作为我们生产生活重要资源的地下水的主要来源，也是我们重点研究的对象。

（三）岩石的水理性质

1. 容水性

指岩石空隙容纳水量的一种性能，度量指标为容水度，计算式为

$$C = \frac{W}{V} \times 100\% \qquad (4-2)$$

式中：C 为岩石的容水度，以百分数表示；W 为岩石所容纳水的体积，m³；V 为岩石的总体积，m³。

2. 持水性

岩石空隙饱水后在重力作用下释水，因分子力和表面张力作用仍保留一部分水量的能力，此即持水性。度量指标为持水度，计算式为

$$S_r = \frac{W_r}{V} \times 100\% \qquad (4-3)$$

式中：S_r 为岩石的持水度，以百分数表示；W_r 为在重力作用下保持在岩石空隙中水的体积，m³；V 为岩石的总体积，m³。

3. 给水性

指饱水岩石在重力作用下，能自由排出一定水量的能力，度量指标为给水度，计算式为

$$\mu = \frac{W_y}{V} \times 100\% \qquad (4-4)$$

式中：μ 为岩石的给水度，以百分数表示；W_y 为在重力作用下饱水岩石排出水的体积，m³；V 为岩石的总体积，m³。

前述水理性指标间的物理关系还可以用如下公式列出

因为 $W = W_r + W_y \qquad (4-5)$

所以 $C = S_r + \mu$

或 $\mu = C - S_r \qquad (4-6)$

给水度是地下水研究中的重要参数，几种常见岩石给水度值见表 4-3。

表 4-3　　　　　　　　　　　常见松散岩石的给水度

岩石名称	给水度（%）			岩石名称	给水度（%）		
	最大	最小	平均		最大	最小	平均
黏土	5	0	2	粗砂	35	20	27
粉砂	19	3	18	细砾	35	21	25
细砂	28	10	21	中砾	26	13	23
中砂	32	15	26	粗砾	26	12	22

4. 透水性

指岩石允许水透过的能力，其度量指标为渗透系数 K，其量值一般于现场可实测到，常见松散岩石的渗透系数参考值见表 4-4。

表 4-4　　　　　　　　　常见松散岩石的渗透系数参考值　　　　　单位：m/d

岩　性	渗透系数	岩　性	渗透系数	岩　性	渗透系数
砂卵石	80	中细砂	17	亚砂—亚黏土	0.1
砂砾石	45～50	细砂	6～8	亚黏土	0.02
粗砂	20～30	粉细砂	5～8	黏土	0.001
中粗砂	22	粉砂	2～3		
中砂	20	亚砂土	0.2		

二、地下水的物理性质及化学成分

地下水是自然界水体大循环的一部分，其主体与地面水是一致的，但因埋藏在地下，与贮存的介质接触，受其物理化学作用，具有独特的物理性质和化学成分，反映了地下水的形成环境和形成过程。通过研究地下水物理性质和化学成分，可以查明地下水的形成规律，对利用地下水资源和治理地下水产生的危害，都具有重要意义。

（一）地下水的物理性质

1. 温度

地下水不直接与大气接触，其温度主要受地热控制，随着埋藏的深度变化，分为变温带、常温带和增温带。变温带处于上部，地下水受大气的影响较大，温度呈昼夜变化规律，埋深为 3～5m。常温带地下水温呈年度变化规律，埋深 5～50m。常温带以下为增温带，一般地壳岩石的增温率为 30～33 m/℃。地热的另一来源是地壳活动，如大断裂带、火山活动和温泉等就是其现象的表现。地下水按温度高低可分为如下几种，具体标准见表 4-5。

表 4-5　　地下水按温度分类表　　单位：℃

地下水类型	水　温	地下水类型	水　温
过冷水	<0	热水	43～100
冷水	0～20	过热水	>100
温水	21～42		

2. 颜色

地下水一般是无色的，有时因含某种离子或胶体物质而呈现一定的颜色。地下水颜色与水中所溶物质有关，见表 4-6。

表 4-6　　　　　　　　　地下水颜色与其中存在物质的关系

水中物质	地下水颜色	水中物质	地下水颜色
含硫化氢	翠绿色	含锰的化合物	暗红色
含低铁	浅绿灰色	含黏土	无荧光的淡黄色
含高铁	黄褐色或灰色	含腐殖酸	暗或黑黄灰色（带荧光）
含硫细菌	红色	含悬浮物	决定于悬浮物颜色

3. 透明度

地下水的透明度取决于其中固体或胶体悬浮物的含量，分级及各级标准见表 4-7。

表 4-7　　　　　　　　　地下水的透明度分级表

分　级	鉴　定　特　征
透明	无悬浮物及胶体，60cm 水深，可见 3mm 粗线
微浊	有少量悬浮物，大于 30cm 水深，可见 3mm 粗线
混浊	有较多悬浮物，半透明状，小于 30cm 水深，可见 3mm 粗线
极浊	有大量悬浮物或胶体，似乳状，水很浅也不能清楚看见 3mm 粗线

4. 嗅觉

一般地下水是无气味的，但如果含有某些类型的离子或气体时则有特殊臭味，如含有亚铁盐时有铁腥味，含有硫化氢时有臭鸡蛋味等。味道的浓烈程度与物质含量和温度有关。一般在 40℃ 时最为强烈。

5. 味觉

地下水一般无味，但含有一些可溶性盐类时则有味感，如含有硫酸钠或硫酸镁时有苦涩味。

另外，地下水还有导电性、放射性等物理性质。

（二）地下水的化学性质

1. 地下水的化学成分

地下水中最常见的离子有 Cl^-、SO_4^{2-}、HCO_3^-、K^+、Na^+、Ca^{2+}、Mg^{2+} 等七种，因其含量多、分布广，可作为地下水分类的根据，同时也是研究地下水化学成分的主要对象。以分子状态存在于地下水的化合物主要有 Al_2O_3、Fe_2O_3、H_2SiO_3 等。此外，地下水中还溶有 O_2、CO_2、N_2、H_2S 等气体。也有成胶体状态存在的 SiO_2，因其溶解度很小，故在地下水中含量很低。

表 4-8　　地下水矿化度分类

地下水类别	矿化度
淡水	<1
微咸水	1~3
咸水	3~10
盐水	10~50
卤水	>50

2. 地下水的化学性质

（1）矿化度。

矿化度指单位水体中离子、分子及化合物的总含量。表示水中含盐量的多少。一般以水样烘干后所剩干涸残余物含量来确定。地下水按矿化度分为五类，见表 4-8。

（2）硬度。

水中所含 Ca^{2+}、Mg^{2+} 的总量称为总硬度。水加热后，Ca^{2+}、Mg^{2+} 与 HCO_3^- 作用生成碳酸盐沉淀下来，此过程失去的 Ca^{2+}、Mg^{2+} 含量称

为暂时硬度。总硬度与暂时硬度之差成为永久硬度，即水沸腾后仍然存在于水中的 Ca^{2+}、Mg^{2+} 含量。水的硬度通常以德国度表示，德国度为 1 升水中含有 10mg CaO 或 7.2mg O_2，反算之则 1 毫克当量的硬度相当于 2.8 德国度。地下水按硬度分类见表 4-9。

表 4-9   地下水按硬度分类表

水的类别	硬 度		水的类别	硬 度	
	mmol/L	H^+		mmol/L	H^+
极软水	<1.5	<4.2	硬水	6.0~9.0	16.8~25.2
软水	1.5~3.0	4.2~8.4	极硬水	>9.0	>25.2
微硬水	3.0~6.0	8.4~16.8			

（3）酸碱度。水的酸碱度以 pH 值表示。pH 值等于氢离子浓度的负对数值，即 pH = $-lg$ [H^+]。水的酸碱度可直接以 pH 值称谓，且按其大小可将地下水分为五类，见表 4-10。

3. 地下水的化学成分分析表示方法

地下水的化学成分是通过水质分析的方法得到的。水质分析分为简易分析和全分析两种。简易分析法精度较低但可以快速地在现场试验求

表 4-10   地下水按 pH 值分类

水的类别	pH 值
强酸性水	<5
弱酸性水	5~7
中性水	7
弱碱性水	7~9
强碱性水	>9

得；全分析法则需要在实验室进行，一般是在简易分析的基础上进行的。

水质分析成果主要用以下两种方法表示：

（1）离子毫克当量数表示法。

以每升水中的当量数（毫克当量/L）表示水的化学成分，离子当量和毫克当量数用下式表示

$$离子当量 = 离子量(原子量) / 离子价$$
$$粒子的毫克当量数 = 离子的毫克数 / 离子当量$$

（2）库尔洛夫表示法。

以一数学分式的形式表示化学成分，用下式表示

$$H^2SiO_{0.7}^3 H^2S_{0.021} CO_{0.031}^2 M_{3.21} \frac{Cl_{84.76} SO_{14.74}^4}{Na_{71.63} Ca_{27.78}} t_{52}^\circ$$

在分子位置上表示各阴离子及其毫克当量的百分数，而在分母位置上表示各阳离子及其毫克当量的百分数，都是按其值的递减顺序排列。含量小于 10% 的则不表示。横线前表示矿化度（M）、气体成分和特殊成分（H_2S 等）及含量。横线后为水温（t）。公式中的总矿化度、气体成分和特殊成分的单位均为 g/L，水温的单位是水温的度数。各离子的原子数标于上角，名种成分的含量一律标于成分符号的右下角。

利用此公式表示水的化学成分比较简明，能反映地下水的基本特征，并且可以直接确定地下水的化学类型。

三、地下水的基本类型及特征

地下水基本上是按埋藏条件和含水层空隙性质分类的，为了较为精确地说明地下水的

特征，往往将两种分类方式依照需要进行组合。

（一）含水层和隔水层

含水层和隔水层是两个非常重要的概念。一般条件下能透水的岩层称为透水层，如砂砾、有裂隙的坚硬岩层等。不透水或只能透少量水的岩层称为隔水层。经常为地下水所饱和的透水岩层称为含水层。含水层中的地下水是重力水。隔水层中如果也含水则一般是结合水。如果隔水层中的裂隙发育带也含水，则称这一段为含水段或含水带。有的岩层中既有隔水层也有含水层，交替出现，各个含水层都有水力联系，则此类岩层称为含水岩组。

（二）地下水类型

按地下水埋藏条件可分为以下几类（在自然界的存在状态见图4-19）：

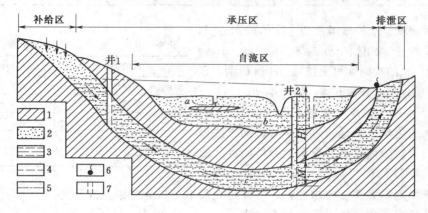

图4-19　潜水、承压水和上层滞水

1—隔水层；2—透水层；3—饱水部分；4—潜水位；5—承压水侧压水位；6—上升泉；7—水井
H—承压水头；M—含水层厚度；井1—承压井；井2—自流井

1. 包气带水

埋藏在地面以下，潜水面以上的地下水称为包气带水。它有以下几种存在方式：

（1）土壤水。

地表以下土壤中的水，以毛细水和结合水的形式存在，这类水上部靠大气降水补给，下部靠潜水通过土壤中的毛细管上升补给。消耗则靠蒸发和植物根系的吸收。由于蒸发作用，土壤中的盐分易聚集于地表，使土壤盐碱化。

（2）上层滞水。

上层滞水接近地表，补给区与排泄区一致，主要靠大气降水和地表水补给，也是以蒸发的形式排泄。雨季获得补给，并积存一定的水量，旱季则以蒸发消耗为主。

2. 潜水

潜水是指埋藏在地表以下、在第一个稳定的隔水层之上的重力水。某点的潜水面高程称为此点的潜水位，其到地表的垂直距离称为此点潜水的埋置深度；至隔水层的铅直距离称为此点的含水层厚度。

潜水的主要补给源自大气降水，补给强度决定于降水量和降水时间的长短，以及地形、地表植被和地层的透水程度。此外，地表径流以及下伏承压含水层上渗也可以补给一部分。潜水为无压水流，在重力作用下发生流动，潜水的径流速度与含水层岩性和地形有关。如果地层透水性较好，地形高差大、大气降水补给充分，则潜水流速快，循环交替也快。所以潜水的含水层厚度和潜水面埋置深度往往随季节而变化。

潜水含水层的顶面称为潜水面，如果含水层质地均匀，则一般随地形变化。由于地下水潜水面是任意曲面，则地下水从高处流向低处，一定距离内的水位高差称为地下水的坡降。如果含水层的质地不均匀或厚度不规则，则会反映在潜水面坡降的反常变化上。

地下水径流与排泄是相关的，排泄是径流的终结。在山区地形切割剧烈的地方，潜水一般通过深切河谷排泄至地表，形成小溪，变为地面径流，这种排泄方式称为水平排泄。与其对应的是平原地区的垂直排泄，平原地区地形平坦，地下水以蒸发和人工抽取的形式排泄。

潜水面是一个任意形状的面，常用等水位线的方法表示，图4-20所示的等水位线图是以地形图为底图、取相同高程潜水面的点连接而成的等水位线所取高差因需要而定。

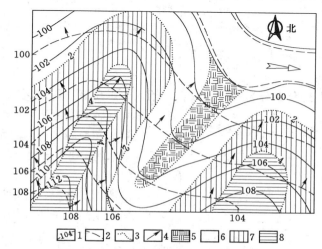

图4-20　潜水等水位线图及埋藏深度图

1—地形等高线；2—等水位线图；3—等埋深线；4—潜水流向；

5—埋深为0区（沼泽区）；6—埋深为0～2m区；

7—埋深为2～4m区；8—埋深大于4m区

在图4-19的基础上，可以确定地下水的流向；将地形等高线与等水位线比较可以确定潜水的埋置深度；将地形等高线与含水层底板埋深比较可求出各处含水层的厚度；在有地面水系地区还可以通过等水位线图确定与河水的补给关系，如图4-21所示。等水位线指向河床说明潜水补给河水；反之则为河水补给潜水；若等水位线斜交于河床，则说明两者为互补关系。

3. 承压水

充满在两个隔水层之间，两层间地下水头高出隔水顶板的地下水称为承压地下水。承压含水层由含一定空隙的透水岩层和上下两个相对隔水层组成。上下隔水层分别称为

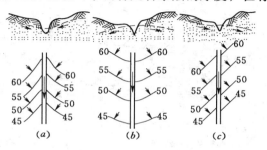

图4-21　潜水与河水补给关系图

(a) 潜水补给河水；(b) 河水补给潜水；

(c) 潜水河水互补

91

隔水顶、底板，上下隔水层的垂直距离为承压含水层的厚度。如果在隔水顶板钻孔至承压含水层，使地下水涌出至某一高度稳定下来，则此时的水位称为承压水的水头高度，该水位标高也称为承压水水位。如果承压水头高出该钻孔孔口地面而自然流出，就形成了自流水。如图4-22所示。

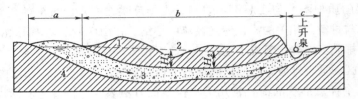

图4-22　承压水结构示意剖面图
a—补给区；b—承压区；c—排泄区
1—隔水层；2—承压水水位；3—承压含水层；4—隔水层
H_1—正水头；H_2—负水头

（1）承压水特征。

承压水于平面上的分布分为三个区域：补给区、承压区和排泄区。补给区的高度高于承压区和排泄区。补给区主要接受大气降水和地表水补给。承压区的含水层是集水区，受内部水压力作用，是可利用的地下水资源。排泄区是承压含水层露出地面的情况，如沼泽地等。也有含水层被切断，承压水沿切断带涌出地面的情况，如泉水等。在基岩地区，承压水受地质构造控制。

（2）等水压线图。

在一定比例尺的地形图上，将布设的钻孔组成一个网，根据钻孔资料标出含水层顶板、承压水位数据等所需要的信息资料，然后根据内插原理，绘制成等值线图进行分析，可确定承压含水层顶板的埋藏深度、承压水头值、地下水流向和水力坡度等。如图4-23所示。

4. 孔隙水

赋存于松散沉积物空隙中的地下水称为孔隙水，这类水大多属于潜水、上层滞水。作为孔隙水含水层的松散沉积层，绝大多数是因河水沉积而分布于河的两岸。因河流上游坡度大、水流湍急，冲积物主要由粒径较大的砾石组

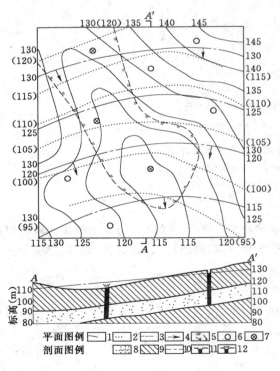

图4-23　承压等水压线图
1—地形等高线；2—含水层顶板等高线；3—等水压线；4—地下水流向；5—承压水自溢区；6—钻孔；7—自喷钻孔；8—含水层；9—隔水板；10—承压水位线；11—钻孔；12—自钻孔

成；在主支流交汇的地段，河谷开阔。在河流转弯处，河流沉积物逐渐加厚，出现潜水，且河水与地下水有密切的互补关系。河流中游纵向坡度趋缓，河谷渐宽，出现漫滩、阶地，在阶地表层有一定量的细粒物质，下面为砂砾，因此称为二元结构，下面多为潜水，有些地方存在轻微承压现象。河流下游坡度小，水流速度缓慢，水流摆动较大，易造成冲积平原，多沉积一些细颗粒物质，如中细砂。远离河道处则沉积有粉土层，当细砂层与粉土层互相重叠后，细砂层就成为了良好的孔隙水含水层。虽然埋藏较深，但水质良好，水量充沛，是良好的可用含水层。

第七节　岩溶及岩溶水

岩溶系指岩石被水溶蚀所产生的一系列地质现象。这些现象有些发生在地壳表面，有些发生在地下深处，对生态环境产生巨大影响，引起人们的关切和研究。国际上对岩溶称喀斯特（Karst），名称源于前南斯拉夫西北部的喀斯特高原，现已成为岩溶的代名词。

一、岩溶地貌

1. 溶沟和石芽

地表的石灰岩由于降雨或其他地面水流的长期淋滤、冲刷和溶蚀，也使表面光滑蚀缩，岩体缝隙不断扩张，致使光滑的岩面形成沟槽，成为溶沟，一般宽约十余厘米至数米，甚至几米至数十米。溶沟之间凸起的石柱称为石芽，呈锥状或尖棱状，甚至高耸如林，称为石林见图4-24、图4-25。

图4-24　石钟乳、石笋和石柱

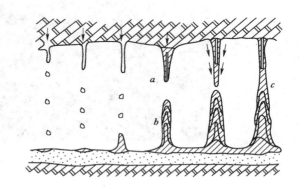

图4-25　钟乳石的形成过程示意图
a—石钟乳；b—石笋；c—石柱

2. 溶斗

地面水流沿裂隙垂直下渗，天长日久后是溶沟不断加深加宽，甚至与地下溶洞连通。并使洞顶塌落，与地面形成漏斗状或椭圆的洼地，这种洼地称为溶斗，直径为数米至数十米，大的可达百米以上。

3. 天坑、竖井

溶斗大规模发展的结果是溶斗控制的流域面积不断扩大，地面流水与地下暗河串通，溶融与冲刷塌陷并进，塌落物被流水携走，则地面与地下贯通而成天然竖井，地面井口称落水洞。如果流水条件发生变化，竖井被淤塞则成为天坑，规模可达数十米乃至数百米。

4. 溶洞

由于地下水溶融破坏而形成水平状的洞穴，称为溶洞。是岩溶现象中较常见的一种形态，是地下水近水平方向流动，岩石被溶融和塌落同时发生的产物，有时并派生许多支洞，在高上它们有明显的成层性，且相互联通。溶洞断面形状多种多样，一般多带构造破碎的痕迹。溶洞大者有如数十米高的大厅，洞内有石钟乳、石笋等奇石。是大自然赐予的旅游胜地。

5. 地下河

由地下水汇集的地下河遂称地下河，也称暗河。在岩洞发育的石灰岩地区，地下一定深度往往成河网化，地下河长度不一，一般只见河口，每个河口控制一定地下流域面积。地下河水系与地面河流水系是不一致的，并不共用一个分水岭，经过投放试验，地面两条河分别投放的标识物可以在一条暗河中出现，充分证明地下河水系与地上河水系不能混为一谈。地下河规模大小不一，长的可达百米以上，暗河可通舟楫，如云南六郎洞，当暗河被堵塞积水时便形成岩溶湖图 4－26。

图 4－26　云南路南—岩溶陷落湖

关于岩溶形态多种多样，仅将典型述于以上。

二、岩溶的形成

岩溶地形发展大致可分三个阶段。第一阶段：以地下水垂直渗流为主，多产生落水洞、地下暗河、溶沟、溶斗等；第二阶段：溶洞顶板坍塌，原始地面破坏，地下暗河开始出露地表，时出时流，溶蚀盆地增多，地下水垂直、水平流动兼有；第三阶段：地下水以水平径流为主，地面高程降低，溶蚀平原孤峰耸立。本轮岩溶停止，等待地壳上升，进行新的轮回。

岩溶的形成主要原因简介如下。

（一）岩石条件

岩石是岩溶的主要载体，岩石必须是可溶性岩石。所谓可溶性岩石一般有三类：碳酸盐类、硫酸盐类以及卤族盐类。后两种分布较少，即或有溶融现象也无甚影响。碳酸盐类有石灰岩、白云岩及富碳酸盐成分的碎屑沉积岩等，其中以石灰岩分布最广，我国大部分省都有分布，南方诸省分布面积比例更大。

石灰岩的主要成分是 $CaCO_3$，有时含 $CaSO_4$，为深海沉积，质纯层厚，粗粒结构，较老的石灰岩并有一定程度的结晶，石灰岩本身溶解度较低，加之本身结构有一定空隙度，有较好的融水性，为水对石灰岩的溶融作用创造了一定条件，所以石灰岩较其他岩类易产生岩溶现象。我国北方的奥陶系灰岩，南方的二叠系、石炭系灰岩均有大量的岩溶现象。

（二）地质构造条件

我国组成地壳的岩石经过地质历史上的地壳运动，尤其是石灰岩层是在古生代以前形成，经过多次造山运动，岩层发生严重皱曲与断裂，伴随大范围的地壳升降，给石灰岩生成岩溶创造了有利条件，岩层褶皱发生弯曲时，其轴部产生深大的裂隙，岩体内部产生微裂隙，增加了岩石与水的接触面，提高了岩石的溶蚀速度。而基准面下降造成地面岩石与地下岩石的冲刷与溶蚀加剧。地质构造原因是岩溶产生的重要条件。

（三）气候条件

接近饱和的空气湿度造成的高气压和持久的高气温，促进了岩溶的发生和发展，这种气候条件使岩石中的结合水处于接近饱和状态，其溶蚀作用时间远长于降水和地面流水作用时间。水的溶解度在高气温的条件下是最高的，所以高溶解度的水长时间作用于岩石，也是南方岩溶发育强于北方的原因之一。

（四）水的溶蚀条件

1. 水的溶蚀能力

可溶性岩石主要的成分是 $CaCO_3$，纯水对碳酸钙的溶解度为 $11.5mg/L$。自然界的水含有复杂的化学成分，对碳酸钙起溶蚀作用的主要是水中所含的游离的 CO_2，水中含有 $1mg/L$ 的 CO_2 时，碳酸盐中盐类的溶解度可增加至 $50\sim80mg/L$，这是因为 CO_2 促使不易溶解的碳酸盐变成易溶解的重碳酸盐。水中的 CO_2 与 HCO_3^- 是平衡的，一旦 CO_2 超出平衡关系，就需要溶蚀碳酸盐产生重碳酸盐，以达到新的平衡。

2. 水的运动状况

石灰岩中水的流动对其溶蚀也起一定的作用，水如果长时间静止，就不能补充游离的 CO_2，不能转移溶蚀物质，岩溶就会停止发育。一般在潜水位的季节变化带内，地下水循环最快，加上补给河水的水平方向移动，就形成了岩溶最发育地带。

（五）岩溶发育与地壳运动

大量实践发现溶洞分布有一定的成层性，而且与河流阶地有一定的对应关系，说明其受地壳升降的影响较大。如果地壳长期处于稳定状态，潜水位的季节变化带高度也就变化不大，溶洞发育较彻底，数量多、规模大。稳定期过后，地壳又变动，如果上升，侵蚀基准面下降，溶洞位置相对抬高；如果下降，侵蚀基准面上升，稳定期产生的溶洞被埋在地面以下，成为古溶洞。了解这一点很重要，地下溶洞的分布规律能有效地指导水利工程的规划设计。

三、岩溶地下水

岩溶水的分布形式在我国南方和北方截然不同，南方的岩溶水多以地下暗河的形式出现，不形成层状含水层。如果石灰岩呈条带状分布，地下暗河呈单管状；如果石灰岩呈气状分布，则地下河成树枝状河系。这类地下暗河随季节变化且幅度较大，则地下水与地表水转化迅速。而北方岩溶水的主要贮存空间是溶蚀裂隙，裂隙呈网状并且和小型洞穴交织在一起变成强岩溶水径流带。他与周围弱岩溶化岩层没有明显界限，其分布宽度大小不一，因为径流带地下水畅通，从横剖面看中央较两侧边缘水位要低。岩溶水径流带的出水口多以泉群形式出现。如山西娘子关群泉。

岩溶水的补给主要是大气降水和地面水，南方溶岩发育地区，降水入渗量可达80%以上，北方也在40%～50%左右，高的地方也可达到80%。

岩溶水在流动过程中由于溶蚀的管道断面变化很大，洞穴与溶隙连接，水通过的速度时快时慢，断面大的地方为无压水流，小的地方为有压水流，同一水平测点虽然很近，但水位也不一致。岩溶水对降水反应明显，降水之后水位马上升高，停止后很快降落，水位升降幅度有数十米，大的可达百米。流量也会发生变化。岩溶水动态不规则的变化与含水层的构造有关，基本反映了补给与排泄之间高差大和贮水容积有限、调节能力小的特点。反之，有些岩溶水动态很稳定，说明贮水量大，有调节能力。

水位和水量变化大的岩溶水化学成分较单一，矿化度一般小于1g/L。说明岩溶水流动快速，交替条件良好。动态稳定的岩溶水循环距离较长，水的交替条件较差，矿化度有所提高，可达2.3g/L。

四、泉的类型

泉的类型很多，尚无统一的分类。根据泉的补给、出露等条件，对泉进行如下的分类。

1. 根据水头性质分类

（1）上升泉。

这为承压水补给，在出露口附近，水是自下而上运动（图4-27）。

（2）下降泉。

这为潜水及上层滞水补给，在出露口附近，水自上而下运动（图4-28）。

但是，只根据在泉出口处的水流上升或下降来判断补给泉的含水层性质，往往比较困难。例如有些由自下而上运动水流补给的泉，由于排水畅通，在泉的出口处往往表现出下降性质。因此，在分析上升泉和下降泉时，不仅注意出口处水流性质，而且要对泉的其他特征进行全面分析。

2. 根据泉的出露原因分类

（1）侵蚀泉。

当河流、冲沟切割到潜水含水层时，潜水即出露成泉，这种泉与侵蚀作用有关，因此称为侵蚀下降泉。若切穿承压含水层的隔水顶板时，承压水便喷涌成泉，称为侵蚀上

图 4-27　向外喷涌的上升泉

图 4-28　湖岸边的下降泉

升泉。

（2）溢出泉。

岩石透水性变弱或为阻水断层所隔，潜水因流动受阻而涌溢于地表成泉，此类泉称溢出泉或回水泉。溢出泉的共同特点是：在出露口附近水的运动表现为上升运动，如果不仔细地分析地质条件，很容易将它误认为上升泉。

（3）断层泉。

承压含水层被断层切割，当断层导水时，地下水便沿断层上升，在地面标高低于承压水位处便出现泉。这种泉常沿断层分布，因此称为断层泉，见图 4-29。

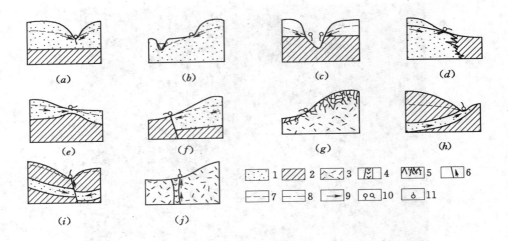

图 4 - 29 泉的类型

1—透水层；2—隔水层；3—坚硬基岩；4—岩脉；5—风化裂隙；6—断层；7—潜水位；
8—侧压水位；9—地下水流向；10—下降泉；11—上升泉

第八节 地下水水质评价

地下水的组成成分是多种多样的，为了适应各种目的，需要规定各种成分含量的一定界限，这种数量界限称为水质标准。国家和地方规定的各项标准，都是根据各种用水的实际需要制定的，它是地下水水质评价的基础和准则。

天然条件下的地下水成分，有的符合某种用水的需要，可以直接利用；有的则必须经过处理。因此，对地下水水质评价时，必须考虑在经济技术可能的条件下，水质是否有改善的可能。经过处理后，可以达到用水标准的，方可列入水质评价的范畴。

地下水的水质评价一般包括饮用水的水质评价，锅炉用水及其他工业用水的水质评价，水的侵蚀性评价，灌溉用水的水质评价等。

一、生活饮用水水质评价

生活饮用水水质评价标准的内容一般包括物理（感官性状）、化学（一般化学、有害有毒物质及放射性物质）、微生物（细菌）等方面指标。制定这种水质标准的基本原则如下：

（1）在流行病学上应保证安全。即要求在饮用水中不含有各种病原体，以防止通过水传播传染病。

（2）所含的化学成分对人体无害。即要求水中所含有害、有毒物质（铅、砷、汞等）的浓度对人体健康不会产生有害影响。

（3）感觉性状良好。要求对人的感官无不良刺激，不产生厌恶感。

一般说来，可以作为城镇居民饮用水的地下水物理性质应当是无色、透明、无悬浮杂质、无异臭、无味，温度在 7～11℃ 为最适宜。当然地下水受上覆地层的保护，物理性质本身不会对人体健康产生显著的有害影响，而且经过一定的水质处理（如过滤沉淀）可大大改善物质性状。在缺水地区混浊与稍有异味的地下水也被饮用，所以，物理性质不应成为主要的评价依据。但通过人的感官,对地下水物理性质获得的感性认识,却可以帮助我们初步判断地下水的埋藏和循环条件、污染情况和某些化学成分,以确定进一步分析地下水水质的项目与要求。

《生活饮用水卫生规范》见表 4−11。

表 4−11　　　　　　　　　　　生活饮用水水质常规检验项目及限值

项　　目		限　　值
感官性状和 一般化学指标	色	色度不超过 15 度,并不得呈现其他异色
	浑浊度	不超过 1 度(NTU)[①],特殊情况下不超过 5 度(NTU)
	臭、味	不得有异臭、异味
	肉眼可见物	不得含有
	pH 值	6.5~8.5
	总硬度(以 $CaCO_3$ 计)	450mg/L
	铝	0.2mg/L
	铁	0.3mg/L
	锰	0.1mg/L
	铜	1.0mg/L
	锌	1.0mg/L
	挥发酚类(以苯酚计)	0.002mg/L
	阴离子合成洗涤剂	0.3mg/L
	硫酸盐	250mg/L
	氯化物	250mg/L
感官性状和 一般化学指标	溶解性总固体	1000mg/L
	耗氧量(以 O_2 计)	3mg/L,特殊情况下不超过 5mg/L[②]
毒理学指标	砷	0.05mg/L
	镉	0.005mg/L
	铬(六价)	0.05mg/L
	氰化物	0.05mg/L
	氟化物	1.0mg/L
	铅	0.01mg/L
	汞	0.001mg/L
	硝酸盐(以氮计)	20mg/L
	硒	0.01mg/L
	四氯化碳	0.002mg/L
	氯仿	0.06mg/L

续表

项　目		限　值
细菌学指标	细菌总数	100CFU/mL③
	总大肠菌群	每100mL水样中不得检出
	粪大肠菌群	每100mL水样中不得检出
	游离余氯	在与水接触30min后应不低于0.3mg/L，管网末梢水不应低于0.05mg/L（适用于加氯消毒）
放射性指标④	总α放射性	0.5Bq/L
	总β放射性	1Bq/L

①　表中NTU为散射浊度单位。
②　特殊情况包括水源限制等情况。
③　CFU为菌落形成单位。
④　放射性指标规定数值不是限值，而是参考水平。放射性指标超过表中所规定的数值时，必须进行核素分析和评价，以决定能否饮用。

二、农田灌溉用水水质评价

灌溉用水的水质评价主要考虑水温、矿化度和水中溶盐成分。

（1）水温。

我国北方地区一般要求10～15℃，或高些，南方水稻区一般以15～25℃为宜。

地下水的水温通常低于农作物要求的温度，因此，用井水灌溉一般采用抽水晾晒等措施以提高水温，但利用温泉水灌溉时，水温不能高于25℃。

（2）矿化度。

灌溉用地下水矿化度小于1g/L时，作物生长良好；1～2g/L时，水稻棉花生长正常，小麦受影响；5g/L时，灌溉水源充足条件下，水稻能生长，棉花受抑制，小麦生长困难；大于5g/L时，农作物基本难以生长。

应当说明，由于矿化度是指水中溶盐的总量，其中有的对作物有害（如钠盐），有的无害（如钙盐），有的有益（如硝酸盐和磷酸盐），其尚具有肥效，有助于作物生长。因此，如有害盐分含量多，尤其碳酸钠含量多时，即便矿化度比较低，也会对作物产生不利影响，反之，无害盐分含量高，水的矿化度上限就可以提高。因此，适用于灌溉的地下水矿化度的上限，很难有一个统一的标准。此外，不同作物的耐盐程度，以及同一作物在不同生长期的耐盐程度也都不同，不同的土质、气候、耕作措施也都使作物对灌溉水的矿化度有不同的适应性。

（3）水中溶盐成分。

水中溶盐成分不同，对作物亦影响不同，一般情况下，$CaCO_3$、$Ca(HCO_3)_2$、$MgCO_3$、$Mg(HCO_3)_2$、$CaSO_4$对作物影响不大，钠盐的危害大，尤其Na_2CO_3危害最大。对透水性良好的土壤进行灌溉时，水中钠盐对作物极限含量值为：Na_2CO_3是1g/L，NaCl是2g/L，Na_2SO_4是5g/L。主要盐类对作物危害程度的相对关系是：$Na_2CO_3 >$ $NaHCO_3 > NaCl > CaCl_2 > MgSO_4 > Na_2SO_4$。

国内外对灌溉水质评价的方法有很多种，下面仅介绍几种。

1. 灌溉系数 K_a 评价

所谓灌溉系数 K_a 的含意是：以英寸表示水层高度，此水层在蒸发后所剩余下来的盐量，能使土壤累积的盐分，从而达到作物难以忍受的程度，即影响作物的正常生长。**灌溉系数 K_a** 的计算方法如表 4-12 所示。

表 4-12　　　　　　　　　　　　灌溉系数计算式

化 学 成 分	灌溉系数
$rNa^+ < rCl^-$ 有 NaCl 存在时	$K_a = \dfrac{288}{5rCl^-}$
$rCl^- < rNa^+ < rSO_4^{2-}$ 有 NaCl 和 Na$_2$SO$_4$ 存在时	$K_a = \dfrac{288}{rNa^+ + rCl^-}$
$rNa^+ < rCl^- + rSO_4^{2-}$ 有 NaCl 及 Na$_2$SO$_4$ 和 Na$_2$CO$_3$ 存在时	$K_a = \dfrac{288}{10rNa^+ - 5rCl^- - 9rSO_4^{2-}}$

注　表中 r 为每升水中的离子毫克当量数。

当 $K_a > 18$ 时，为良好水质；当 $6 \leqslant K_a \leqslant 18$ 时，可以灌溉，但要采取措施，防止盐分积聚；当 $1.2 \leqslant K_a < 6$ 时，不大适于灌溉，但采取措施后，可用作灌溉水源；当 $K_a < 1.2$ 时，不适于直接作为灌溉水源。

2. 钠吸附比值 A 的评价

即

$$A = \frac{Na^+}{\sqrt{\dfrac{Ca^{2+} + Mg^{2+}}{2}}}$$

式中：Ca^{2+}、Mg^{2+}、Na$^+$ 分别为该离子的每升毫克当量数。

当 A 大于 20 时，为有害水（不宜灌溉）；当 A 为 8~20 时，为有害边缘水（可以灌溉但不安全）；当 A 小于 8 时，为无害水（相当安全）。

3. 盐度和碱度指标的综合评价

此种方法是河南省水文地质队豫东组，经过大量的调查研究和试验后提出的。将灌溉水对作物和土壤的危害分为四种类型。

(1) 盐害。指氯化钠和硫酸钠对作物和土壤的危害。水的盐害指标用盐度来表示。盐度即液态条件下氯化钠和硫酸钠的允许含量，单位为 mmol/L，其计算式为：

当 $rNa^+ > rCl^- + rSO_4^{2-}$ 时，盐度 $= rCl^- + rSO_4^{2-}$；

当 $rNa^+ < rCl^- + rSO_4^{2-}$ 时，盐度为 rNa^+。

(2) 碱害。指碳酸钠和重碳酸钠对作物和土壤的危害。水的碱害指标用碱度来表示。碱度即液态条件下碳酸钠和重碳酸钠的允许含量，单位为 mmol/L，其计算式为

$$碱度 = (rHCO_3^- + rCO_3^{2-}) - (rCa^{2+} + rMg^{2+})$$

计算结果为负值时，盐害起作用。上述各式中 r 为每升的离子毫克当量数。如表 4-13 所示。

(3) 盐碱害。即盐害与碱害共存。当盐度大于 10，并有碱度存在时，即称盐碱害。这种危害一方面使土壤迅速盐碱化，一方面对作物有极强的腐蚀作用，可使作物死亡。

(4) 综合危害。水中的氯化钙、氯化镁等有害成分与盐害、碱害同时对作物和土壤的危害称为综合危害。危害程度决定于水中所含盐类的总量，故用矿化度表示。

表 4 - 13　　　　　　　　　**灌溉用水水质评价指标表**

水质评价指标 危害类型及表示方法		水 质 类 型		
		淡　水	中 等 水	盐 碱 水
盐害	碱度为 0 时的盐度	<15	15～25	25～40
碱害	盐度为小于 10 时的碱度	<4	4～8	5～12
综合危害	矿化度	<2	2～3	3～4
灌溉水质评价		长期灌溉时，作物生长无不良影响，可将盐碱地浇成好地	长期灌溉不当，对农作物生长有影响，如合理灌溉可避免这种影响	灌溉不当土壤迅速盐碱化，农作物生长不好，必须注意方法，如方法得当，则作物生长良好

注　1. 本指标适用于非盐碱化土壤，对已知盐碱化土壤，可视盐碱化程度，调整指标使用。
　　2. 本指标仅限于豫东地区作物，对于蔬菜、果树可调整指标使用。

三、地下水对混凝土侵蚀性的评价

各类工程建筑中使用的混凝土，特别是基础部分或地下结构在同地下水接触时，由于物理和化学作用，使硬化后的混凝土逐步遭受破坏，强度降低，最后导致影响建筑物的安全。这种现象称为地下水对混凝土的侵蚀。有以下几种表现形式：

1. 分解性侵蚀

指酸性水溶滤氢氧化钙和侵蚀性碳酸溶滤碳酸钙而使水泥分解破坏的作用。可分为一般酸性侵蚀和碳酸侵蚀两类。

（1）一般酸性侵蚀：当水中含有一定的 H^+ 时，则会产生如下溶滤反应

$$Ca(OH)_2 + 2H^+ \longrightarrow Ca^{2+} + 2H_2O$$

使水泥的氢氧化钙起反应，造成混凝土破坏。水的 pH 值越低，水对混凝土的侵蚀性越强。

（2）碳酸性侵蚀：水中游离二氧化碳的含量增大时，水的溶解能力也相应增强，使碳酸钙溶解，其反应式为

$$CaCO_3 + H_2O + CO_2 \longrightarrow Ca^{2+} + 2HCO_3^-$$

当水中 CO_2 含量较多，大于平衡所需数量时，则可继续溶解 $CaCO_3$，而形成新的 HCO_3^-。这部分多余的游离 CO_2 称为侵蚀性 CO_2。

由上述情况可知，评价分解性侵蚀时，必须考虑 HCO_3^- 的含量、pH 值及 H^+ 的浓度。

1）分解性侵蚀指数 pH_s

$$pH_s = \frac{[HCO_3^-]}{0.15\,[HCO_3^-] - 0.025} - K_1$$

式中：$[HCO_3^-]$ 为水中 HCO_3^- 的含量（mmol/L）；K_1 为按表 4 - 14 查得。当水中的 pH>pH_s 时，水无发解性侵蚀，pH<pH_s 时，水有分解性侵蚀。

2）pH（一般酸性侵蚀指标）：水中 pH 小于表 4 - 14 所列数值，水有酸性侵蚀。

3）游离 CO_2（碳酸性侵蚀指标）：当地下水中游离 CO_2 含量（mg/L）大于表 4-14 中公式的计算值（CO_2）时，则有碳酸性侵蚀，计算式为

$$[2CO_2] = a[2Ca^{2+}] + b + K_2$$

式中：$[Ca^{2+}]$ 为水中 Ca^{2+} 的含量，mmol/L；K_2 为查表 4-14。

上述三个指标，有一项具侵蚀性即为有分解性侵蚀。据资料介绍，在以下不良地质环境时易产生分解性侵蚀：①强透水地层中有硫化矿或煤矿矿水入渗地区；②有大量酸性工业废水渗入区；③pH＜4 时。此外，分解性侵蚀还与混凝土厚度、周围岩土的渗透性及混凝土标号有关。

2. 结晶性侵蚀

所谓结晶性侵蚀是水中过量的 SO_4^{2-} 渗入，会在混凝土孔隙中形成易膨胀的结晶化合物，如石膏体积增加原体积的 1~2 倍，硫酸铝增大原体积的 2.5 倍，造成混凝土胀裂。结晶性侵蚀常与分解性伴生，也与地下水中氯离子含量有关。SO_4^{2-} 含量（mg/L）是结晶性侵蚀评价指标。当地下水中 SO_4^{2-} 含量大于表 4-14 数值时，则有结晶性侵蚀，普通水泥与 Cl^- 含量有关（表 4-14）。

据经验当具备以下地质环境时，易于发生结晶性侵蚀：①重盐渍土及海水侵入的地区；②硫化矿及煤矿矿水渗入区；③地层中含有石膏的地区；④含有大量硫酸盐、镁盐的工业废水渗入的地区。为了防止 SO_4^{2-} 对水泥的破坏作用，在 SO_4^{2-} 含量高的水下建筑中，如果水具弱或中等的侵蚀性，可选用普通抗硫酸盐水泥；如具强侵蚀性，可选用高抗硫酸盐水泥。

3. 结晶、分解复合性侵蚀

当水中 Mg^{2+}、Ca^{2+}、NH_4^+、Fe^{3+}、Fe^{2+} 等弱盐的硫酸离子含量过高，特别是 $MgCl_2$ 与混凝土中结晶的 $Ca(OH)_2$ 反应后，容易对混凝土形成破坏，其反应式为

$$MgCl_2 + Ca(OH)_2 \longrightarrow Mg(OH)_2 + CaCl_2$$

结晶、分解复合性侵蚀的评价指标为弱基硫酸盐离子 Me。当 Me＞1000mg/L，且满足 Me＞$K_3 - [SO_4^{2-}]$ 时，具侵蚀性。式中：K_3 由表 4-14 查得；Me 为水中 Mg^{2+}、Ca^{2+}、NH_4^+、Fe^{2+}、Fe^{3+} 等总量或其中主要离子含量（mg/L）。Me＜1000mg/L 时无侵蚀性，多数地下水 Me 均小于 1000mg/L。

对水的结晶、分解复合性侵蚀的评价，一般多适用于被工业废水污染的地下水。当水中含有大量镁盐和铵盐，且不属于硫酸盐类时，其侵蚀性应进行专门性试验予以判定（表 4-14）。

四、我国地下水资源概况

（一）地下水资源量

水资源是人类赖以生存的最重要的自然资源之一，也是国民经济发展所不可替代的战略资源。我国幅员辽阔，人口众多，水资源总量虽然比较丰富居世界第六位，但人均拥有水量只有世界人均占有量的 1/4，耕地平均拥有的水资源量也相当紧张。因此水资源是我国十分珍贵的自然资源。

表 4-14　　　　　　　　　　　水对混凝土的侵蚀性鉴定标准

侵蚀性类型	侵蚀性指标	大块碎石类土				砂类土				黏性土			
		水　泥　类											
		A		B		A		B		A		B	
		普通的	抗硫酸盐的	普通的	抗硫酸盐的	普通的	抗硫酸盐的	普通的	抗硫酸盐的	普通的	抗硫酸盐的	普通的	抗硫酸盐的
分解性侵蚀	分解性侵蚀指数 pH_s	$pH < pH_s$ 有侵蚀性 $pH_s = \dfrac{HCO_3^-}{0.15HCO_3^- - 0.025} - K_1$								无　规　定			
		$K_1=0.5$		$K_1=0.3$		$K_1=1.3$		$K_1=1.0$					
	pH 值	<6.2		<6.4		<5.2		<5.5					
	游离 CO_2 (mg/L)	游离 $[CO_2] > a\,[Ca^{2+}+b+K_2]$ 时有侵蚀											
		$K_2=20$		$K_2=15$		$K_2=80$		$K_2=60$					
结晶性侵蚀	Cl (mg/L) <1000	>250		>250		>250		>250		>300		>300	
	Cl (mg/L) 1000~6000	>100+ 0.15Cl^-	>3000	>100+ 0.15Cl^-	>1000	>150+ 0.15Cl^-	>3500	>150+ 0.15Cl^-	>3500	>250+ 0.15Cl^-	>4000	>250+ 0.15Cl^-	>5000
	Cl (mg/L) >6000	>1050		>1050		>110		>110		>12		>12	
分解结晶复合性侵蚀	弱盐基硫酸盐阳离子 [Me]	$[Me] > 1000$　$[Ne] > K_3 - SO_4^{2-}$								无规定			
		$K_3=7000$		$K_3=6000$		$K_3=9000$		$K_3=8000$					

地下水具有分布广、储存量大、调蓄能力强、水质水量相对稳定、保证程度高、供水投资少、见效快的特点。从供水的角度看，地下水是缺水山区、水质型缺水地区、城镇地区饮水的重要水源，更是荒漠地区生态用水最可依靠的就地水资源。充分发挥地下水的优势，把有限的地下水纳入合理开发、经济利用和科学管理的轨道，是今后的战略重点。

中国陆地国土面积为 960 万 km^2，山地丘陵和高原占 69%，平原和盆地占 31%。东西向延伸的昆仑山—秦岭，成为南方和北方的天然分界线，对于地下水资源的分布产生主要影响。中国大部分地区的降水受太平洋东南季风控制，多年平均年降水量为648mm，年降水量由东南向西北递减。全国内陆流域约占陆地国土面积的 1/3，外流流域占 2/3。

全国新一轮地下水资源评价已结束，最新评价结果为：多年平均年地下淡水资源量为8837 亿 m^3，约占全国水资源总量的 1/3，其中山区为 6561 亿 m^3，平原为 2276 亿 m^3；多年平均年地下淡水可开采资源量为 3527 亿 m^3，其中山区 1966 亿 m^3，平原为 1561 亿m^3；多年平均年地下微咸水天然资源量（矿化度 1~3g/L）为 277 亿 m^3，半咸水（矿化度 3~5g/L）为 121 亿 m^3。

在全国的地下水资源中，按分布面积统计，有 63% 的地下水资源可供直接饮用，17% 需经适当处理后方可饮用，12% 为不宜饮用但可作为工农业供水水源，约 8% 的地下水资源不能直接利用，需经专门处理后才能利用。南方大部分地区地下水可供直接饮用，可饮用地下水分布面积占各省地下水分布面积的 90% 以上，但一部分平原地区的浅层地下水污染比较严重。北方地区的丘陵山区及山前平原地区水质较好，中部平原区较差，滨海地区水质最差。

各省（自治区、直辖市）不同程度地存在着与饮用水水质有关的地方病。我国北方丘陵山区分布着与克山病、大骨节病、氟中毒、甲状腺肿等地方病有关的高氟水、高砷水、低碘水和高铁锰水等。全国有 7000 多万人仍在饮用不符合饮用水水质标准的地下水。

长江流域、黄河流域等一级水文地质单元的地下水资源量见表 4-15。

表 4-15　　　　　　　　　　全国一级水文地质单元地下水资源量表

编　号	流 域 和 水 系	补给资源 （万 m³/a）	开采资源 （万 m³/a）
1	长江流域	26629557	8709398
2	黄河流域	4586581	2616728
3	黑龙江流域	4595440	2580805
4	辽河、鸭绿江、图们江流域	2423708	1363361
5	海河、滦河流域	2877960	2181157
6	淮河流域	3647689	3558133
7	珠江流域	15483960	3021040
8	东南沿海诸河流域	8274140	1013827
9	澜沧江、红河、雅鲁藏布江流域	10170780	985900
10	甘肃、内蒙古内流区	1402018	290600
11	青藏内流区	1633300	182900
12	新疆内流区额尔齐斯河流域	5704129	2518649
	合计	87429262	29022498

（二）我国地下水的类型及分布特征

1. 我国水文地质分区

目前，我国地下水开发利用主要是以孔隙水、岩溶水、裂隙水三类为主，其中以孔隙水的分布最广，资源量最大，开发利用的最多，岩溶水在分布、数量开发均居基次，而裂隙水最小。在以往调查的 1243 个水源地中，孔隙水类型的有 846 个，占 68%；岩溶水类型的有 315 处，占 25%；而裂隙水类型的只有 82 处，仅占 7%。

按水文地质学观点，我国可分为 7 个水文地质区，主要是根据影响潜水的性质、动态等自然条件，如气候条件、地形及岩石成分等划分的。这 7 个区分别为：①亚寒带多年冻土带水文地质；②寒温带湿润气候的水文地质区；③半干旱气候的水文地质区；④内陆干旱气候下的沙漠与干旱草原地带水文地质区；⑤暖温带潮湿气候水文地质区；⑥亚热带强烈潮湿气候的水文地质区；⑦内陆干寒气候条件的青藏高原水文地质区。

2. 我国地下水的分布特点

我国自然条件的地区差异导致地下水资源分布的地区差异。地下水资源分布与降水的区域变化规律一致。南方水资源丰富，北方水资源贫乏。约占全国总面积 60% 的北方 15 省（自治区、直辖市）地下水补给资源约为 2600 亿 m³/a，占全国 30%。特别是约占全国 1/3 面积的西北地区，地下水补给资源和开采资源分别为 1125 亿 m³/a 和 430 亿 m³/a，各占全国地下水补给资源量和开采资源量的 13%。而占全国面积 40% 的南方地区，地下水补给资源为 6100 亿 m³/a，约占全国的 70%。东南及中南地区，面积仅占全国的 13%，地下水补给资源为 2600m³/a，占全国的 30%。全国地下水开采近 1000 亿 m³/a。北方是我国地下水开采量和开采强度最大的地区，西北大部分地区地下水开采程度低，尚有潜力。我国地下水资源的分布在宏观上具有由北向南，由西向东逐渐增加的规律。

从目前的供水情况看，全国地下水的利用量占全国水资源利用总量的 16%，其中地下水开发利用程度最高的是华北地区，其地下水供水量占全区总用水量的 52%。预计在 21 世纪，我国淡水资源供需矛盾突出的地区仍是华北、西北、辽中南地区及部分沿海城市。

受我国水资源及人口分布、经济发达程度、开采条件等诸多因素的影响，我国城市特别是北方城市地下水资源的供需矛盾尤为突出。目前全国有近 400 个城市开采地下水作为城市供水水源，300 多个城市存在不同程度缺水，每年水资源缺口大约为 1000 万 m³。据不完全统计其中以地下水水源地作为主要供水水源的城市超过 60 个，如石家庄、太原、呼和浩特等；以地下水与地表水联合供水的城市有 17 个，如北京、天津、大连、上海等。

目前城市地下水资源遭受污染的情况较为严重，据不完全统计全国已有 136 个大中城市的地下水受到不同程度的污染，其中比较严重的有包头、长春、郑州、鞍山、太原、沈阳、哈尔滨、北京、西安、兰州、乌鲁木齐、上海、无锡、常州、杭州、合肥、武汉等城市，主要污染源均为工业和生活污染，局部农业区地下水也受到污染，主要分布在城近郊区的污灌区，目前有污水灌溉农田约 134 万 hm²，直接污染了地下水，也有的还受到农药和化肥的污染。

五、淡水资源危机

20 世纪 70 年代，联合国就"人类环境"问题发出警告："水不久将成为一项严重的社会危机，石油危机之后的下一个危机便是水。"世界资源研究所就此也发出警告，告诫人类社会面临的水资源危机，不能不说是人类社会生存和发展的一个重大瓶颈。为此，世界上一方面在积极寻找新水源，进行各种尝试，并取得了一些成果。

南极洲的冰，约有 1350 万 km²，相当于整个地球上所有河流在 650 年间的总流量。南极大陆的冰层，集中了全球淡水资源的 70%，如全部融化成水，将可供应全世界人口需用数万年。为此，一些国家的科学家们正在进行这项宏伟工程的科学规划。此项工作虽然较为遥远，但终究可以给人类带来希望。海洋水量丰富，只要加以提炼，亦可造福人类。目前一些国家（地区）已投入大量资金建立海水淡化厂，如中东地区建立的海水淡化厂有 1000 多家，全世界建成的海水淡化厂多达近 8000 家。海水淡化已成为一些国家（地区）工业用水和生活用水的主要来源。与此同时，一些水利专家在积极进行寻找海底淡水的研究和开发工作。在巴林群岛，人们从海底的涌泉中汲取淡水；在爱琴海，一些国家用钢筋混凝土筑起大坝，将海底的淡水加以开发，供农田灌溉和工业、生活用水。科学家们还试图采用钻石油的技术，用于海底的淡水开发。从沙漠地下取水已成现实，不少国家从沙漠的深层开采出可供生活饮用的幸福水。科学家们还在非洲的北部撒哈拉大沙漠地下 1000 多米的深层，发现蕴藏有大量的淡水。截雾取水已不是天方夜谭，一些科学家根据雾中含水的理论，提出了截雾取水时方法，并用于实践，收到较好的效果。如加拿大一个雾水处理厂，平均每天可供水 1 万多 L，在浓雾季节每天可供水达 10 万多 L。这项技术不仅经济，而且技术含量不高，便于在一些国家（地区）推行。

另一方面，人们也开始反思自工业革命以来不注重环境保护的经济增长方式，开始花大力气治理由于工业发展而受到严重污染变得不适宜饮用的水体，大力开发城市污水资源。同时，为了减缓用水的矛盾，一些国家（地区）还调整供水布局结构、调整产业结构、调整地下水开采布局；搞防渗工程等。这些措施已取得积极的效果。很显然，最终解决淡水资源的问题还须依赖对水资源的科学管理和保护，保障人类对水的需求如图 4 -30。

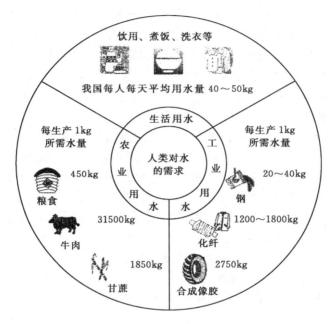

图 4-30 人类对水的需求图

六、水资源综合管理

水管理是使水资源通过各类工程和措施发挥最优效益和减缓不利影响与副作用的关键，未来一个时期，水资源综合管理的主要研究目标包括：形成适合于中国可持续发展的水资源需求管理的政策框架、水资源需求管理的技术体系、水资源需求管理信息系统建设的框架和水资源需求管理的能力建设规划等。基于上述目标，水资源管理包括行政机制研究，重点是水资源的规划技术，特别是水资源价值核算技术、需水预测技术、水资源承载能力计算技术和水资源论证技术；水资源的权属管理技术，包括用水权分配方法与技术，总量控制与定额管理技术研究、水市场建立与水权交易规则研究等；水资源、管理的经济机制研究，包括水资源价格体系研究、各项调控措施的经济效益分析技术研究、水资源费和排污费构成与标准制定研究；水资源管理体制与政策研究，包括涉水事务管理体制研究、节水激励政策研究、虚拟水研究、节水法律法规制定以及节水的公众参与研究等；水资源实时管理技术研究，重点是水情监测和预报技术、计划用水管理、水资源实时调度技术以及应急和突发事件的管理技术等。

七、数字流域建设

"数字流域"就是借助全数字摄影测量、遥测、遥感（RS）、地理信息系统（GIS）、全球定位系统（CPS）等现代化手段及传统手段，采集基础数据，通过微波、超短波、光缆、卫星等快捷传输方式，对流域及其相关地区的自然、经济、社会等要素，构建一体化的数字集成平台和虚拟环境。在"数字流域"建设中，重点发展和应用的关键技术包括：3S技术、通信和计算机网络技术、数据库技术、计算机辅助设计和管理技术、在线事务处理、在线分析技术、数据仓库技术、空间数据库技术、数据挖掘和知识发现技术、人工智能与专家系统和决策支持技术。"数字流域"的本质是计算实验，数学模拟系统是"数字流域"的核心引擎，因此，在"数字流域"建设过程中，除大力建设和完善多元化的信息采集体系、数字流域虚拟现实系统以及基于CIS技术的数字流域基础数据库外，关键要研发分布式流域二元水循环数学整体模拟系统，在此基础上，建立流域和区域的水资源统一管理系统、防洪减灾系统、水环境信息系统等应用系统，为流域水资源开发、利用、节约、保护和管理提供技术手段和工具。

八、面向21世纪特别是未来15年的优先研究方向和领域

21世纪特别是未来15年，地下水科学发展的总体思路是：围绕着"地下水环境的演化和发展趋势"、"地下水循环和地下水资源的可持续利用"和"人类活动与地下水环境、人类健康"三个主题，确定优先研究的科学问题。选择确定的原则包括：①优先支持对基础科学问题的探索；②优先支持迫切需要回答的科学问题的研究；③优先支持基础较好、条件较成熟的科学探索。力图从全球视野出发，选择兼具中国特色与全球意义的课题，以便有所突破，做出与我国国际地位相称的贡献。

未来15年的优先研究方向和研究领域有：

（1）不同地域单元地下水循环过程与地下水环境的演化及其自然因素与人为驱动因素。

（2）人类活动、气候变化对区域地下水循环的影响；人类活动干扰下流域地下水的循环模式；大幅度降低地下水位后包气带水分运移的特征。

（3）浅层地下水变化的地表生态效应和对深层承压水的补给机制。

（4）深层承压水的补给、循环过程，开采后的演化以及深层承压水的可持续利用。

（5）地下水污染的形成机理、各类污染物（包括微生物）在地下水中的运移过程与控制、修复技术。

（6）介质非均质性对水流和溶质运移的影响、随机理论及其在实践中应用的研究。

（7）地下水开发利用所引起的各类环境地质问题的形成机理及防治技术。

（8）区域性地下水动态监测网的优化及监测技术研究与数据管理软件的研制和开发，包括同位素示踪技术在内的各种先进技术的应用。

第九节 地 震

一、地震的基本概念

地震是一种自然现象。引起地震的原因很多，地壳构造运动可引起构造地震，火山喷

发可引起火山地震，地下溶洞或矿山采空区塌陷可引起陷落地震，山崩、陨石坠落等也可引起地震。但以地壳构造运动引起的构造地震为数最多达总数的 90％以上。

地壳构造运动可产生巨大的作用于地壳的力，在力的长期作用下，岩层会发生倾斜、弯曲变形，开始是很缓慢的，但是当不断积累起来的力超过岩石强度极限时，岩层就会在很短促的刹那间发生突然破裂错动，这种长期积累的能量一下释放出来，可产生震撼山岳的地震波。岩层振动以地震波的形式，把能量向四周传播。当地震波到达地表，地面受震动而成地震。

世界各地有记载的大地震有：

1755 年 11 月 5 日，葡萄牙里斯本市发生一次大地震，使靠海市区的房屋几乎全部毁坏了，同时有海浪灌入市区，大约有 6 万人丧命。

1920 年 10 月 16 日，我国甘肃海源（现属宁夏）发生一次大地震，极震区是狭长地带，包括海源、靖远等七个县，地震波及十一省。地震后，地面出现七十多公里长的大断裂。震级为 8.5 级。

1928 年 9 月 1 日，东京大地震使东京、横滨、横须贺三大城市遭受极大的破坏，约有 14 万人死亡。

1960 年 5 月 22 日，智利发生了全球最大的一次地震，灾情极为严重，由地震引起的"海啸"浪高 20m，一直波及到日本。

1966 年 3 月 8 日，河北省邢台大地震，由于强震来得突然，使震中区遭受很大破坏。震级 6.8 级。

1975 年 2 月 4 日，海城——营口发生 7.3 级地震，由于震前有预报，所以，人员伤亡极小，受到许多国家的称赞。

1976 年 7 月 28 日，唐山发生 7.8 级大地震，震级高，波及范围广，而且没有做好防震、抗震准备，人民的财产损失较大，人员伤亡较多。

2008 年 5 月 12 日四川汶川发生 7.8 级大地震，震级高，波及范围广，人民财产损失较大，人员伤亡较多。

2010 年 4 月 14 日，甘肃玉树发生 7.8 级地震。由于震级高、范围广，造成较大损失。

2011 年 3 月 11 日，日本发生 9.0 级地震。震级高，破坏性极大，地震引发海啸，造成日本福岛核电站泄漏，危害很多国家。

2013 年 7 月 22 日甘肃岷县、漳县发生 6.6 级地震。

可见，地震是自然现象中最严重的自然灾害之一。

（一）地震波

地震的能量主要以弹性波的形式向四周传播，这种振动的波叫地震波。根据地震波传播的特点可分为体波和面波，在地球内部传播的波称为体波，沿地面（界面）传播的波称为面波。体波又包括纵波和横波：纵波（P 波）使物体密度发生变化而形状不变，是压缩波。它在固体、液体中都能传播，传播速度最快，能量散失也快。横波（S 波）使物体形状改变而体积不变，是剪切波。因为液体没有固定形状，故横波只能在固体中传播而不能在液体中传播。横波传播速度比较慢，能量散失也慢，其影响范围比纵波大。纵波和横波在物体界面处可产生速度变化，并出现散射和反射现象。

面波是体波在地表界面反射而成的次生波，它在地面作来回振动和向前滚动，使地表出现波状起伏，面波传播速度最慢，但引起的振动最强烈，破坏作用最大。发生地震时，在震中附近，因纵波先到，人们首先感到上下跳动，然后横波到来，感到左右水平晃动。在离开震中较远的地方，由于纵波、横波和面波以不同角度与地表接触，振动情况较为复杂。

（二）震源和震中（图4-31）

地震的发源地称为震源。震源在地面的垂直投影位置为震中，震中附近的区域称为震中区。震源到震中的垂直距离为震源深度。根据震源深度，地震可分为浅源地震、中源地震和深源地震（表4-16）。地面上某一点到震中的距离为震中距。

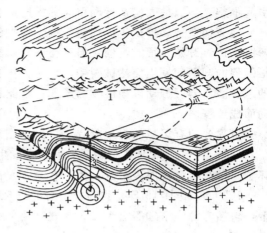

图4-31　地震名词解释示意图
1—等震线；2—震中距；3—震源
深度；4—震中；5—震源

（三）震级和烈度

1. 震级（M）

震级是表示地震本身强度大小的等级。每次地震只有一个震级，震级的大小是根据震源发震时地震波释放能量的大小来划分的，震源释放能量愈大，震级愈高。目前国际通用的震级划分标准是美国地震学家里克特（C. F. Richte）制定的，称为里氏震级。震级与能量（E）的关系见表4-17，可用下式表示

$$\lg E = 11.8 + 1.5M$$

表4-16　根据震源深度的地震分类

分类	震源深度（km）	占释放总能量（%）	占发震总次数（%）	成灾次数
浅源地震	<70	85	72	很多
中源地震	70～300	12	23.5	较少
深源地震	300～720	3	4.5	一般不成灾

表4-17　震级（M）与能量（E）的关系

M	E（J）	M	E（J）
1	2.0×10^6	6	6.3×10^{13}
2	6.3×10^7	7	2.0×10^{15}
3	2.0×10^9	8	6.3×10^{16}
4	6.3×10^{10}	8.5	3.6×10^{17}
5	2.0×10^{12}	8.9	14×10^{18}

震级增高一级，能量约增大32倍，见表4-17。目前世界上记录到的最大震级是8.9级。5级地震相当于爆炸2万t级（TNT）的原子弹所释放的能量，对震中区具有破坏性。7级大地震相当于爆炸60万t级（TNT）的原子弹所释放的能量。8.5级地震相当于100万kW大型发电厂连续10年发出电能的总和。可见，强烈地震具有很大的破坏性。

2. 烈度（I）

烈度表示地震对地面影响和破坏的程度。烈度是根据人体的感觉、不同类型的建筑物

及地面遭受地震影响和破坏的现象等情况来确定的。各个国家都可以根据自己的情况制定烈度划分标准。我国采用 12 度烈度表，见表 4-18。

表 4-18　　　　　　　　　　地 震 烈 度 表

烈度	现　　　象
1	人无感觉，只有仪器能记录到
2	个别静止中的人有感觉
3	室内少数静止中的人有感觉
4	室外少数人有感觉，门窗作响，吊物摇动
5	多数人有感觉，睡者惊醒，屋架尘土落下，家畜不宁
6	人从室内逃出，屋瓦掉落，墙体微裂
7	很多人逃出，房屋开裂，地裂缝
8	人行走困难，房屋结构和工厂烟囱损坏，地裂缝
9	人坐立不稳，墙体龟裂，房屋局部倒塌，基岩可出现裂缝，滑坡
10	人有抛起感，房屋大部分倒塌，山崩，地裂出现
11	房屋普遍破坏，铁轨弯曲，大规模山崩地裂
12	地面剧烈变化，山河改观

同一次地震发生后，不同地区受地震影响和破坏程度不同，故地震烈度也不同。震中区是烈度最大的地区。地面上烈度相同各点的连线称为等震线。影响烈度大小的因素有震级、震源深度、震中距、地质构造和建筑物性能等。一般说来，震级愈高、震源愈浅、震中距愈小、地质构造活动性愈大、土质愈松，烈度也愈大。反之，烈度愈小。

（四）地震序列

地震有其孕育、发生和衰减的过程。在一定时间内（几天或几个月）发生在同一地质构造带上，且具有成因联系的一系列地震，称为地震序列。在一个地震序列中，能量最大的一次地震称为主震。主震之前发生的地震称为前震，主震之后发生的地震称为余震。根据地震频度和能量分布特点，地震序列一般可分为三个基本类型。

1. 主震型

此类主震突出，释放的能量占整个地震序列能量的 90% 以上。主震前可能有大量的前震，也可能没有明显的前震。余震多，但持续时间短，活动范围小。此类地震在强烈地震中常见，如 1976 年 7 月 28 日唐山 7.8 级地震，1988 年 11 月 6 日云南澜沧——耿马 7.6 级地震。

2. 震群型

此类由多次震级相近的地震所组成，主震不突出，前震和余震次数多，震级也较大。其特点是频度高、衰减慢。如 1960 年 5 月 21 日至 6 月 22 日的智利地震，1986 年 4 月 16 日至 5 月 4 日的四川巴塘地震。

3. 孤立型

此类又称为单发型，地震能量基本是通过主震一次释放，前震和余震很少，且与主震的震级相差悬殊。如 1967 年 3 月的山东临沂地震。

除上述三种类型外，有时还可观测到其他特征的地震序列类型，如1971年四川马边地震是由若干孤立型、主震型和震群型所组成。

研究地震序列的目的是判断地震发展趋势，以便监测地震，及时采取抗震防灾的对策。

二、地震的成因类型

地震的成因多种多样，通常分为人工地震和天然地震两大类。由人为原因造成的地震即为人工地震。例如打桩、爆破和核爆炸等产生的地震，人工地震除核爆炸外，一般不会造成很大危害。由自然作用造成的地震即为天然地震，主要有构造地震、火山地震和塌陷地震。一般所说的地震即指天然地震，其中构造地震是研究的主要对象。

（一）构造地震

由于地壳的构造运动，在岩层中逐渐积累了巨大的地应力，当地应力超过某处岩层强度时，就会突然发生断裂和断层错动，岩层中积累的能量便急剧地释放出来，从而引起周围物质振动，并以弹性波（即地震波）的形式向四周传播，待地震波传至地面，地面就振动起来，这种地震称为构造地震。构造地震是地壳发生构造运动后变形的结果，此种地震占地震总数的90%。其中有72%发生于地表以下70km以上的地壳中，属浅源地震，影响范围最广，破坏性最大，世界上所有灾害性地震都是浅源地震。

在某些构造应力接近平衡的地区，由于某些外在因素的激发作用而产生一系列较小的连续地震，称为诱发地震。激发的因素主要有：

（1）水库蓄水。建于活动断裂带、库底岩石破碎的大型水库，蓄水后，经过一段时间，在库区或坝前常发生一系列小震或破坏性地震。其原因可能是由于水体的静压作用、渗透作用和润滑作用诱发原有断裂的活动，导致了地震的发生。

（2）注水或抽水。向地下深处大量注水或抽水，可能引起地下压力变化，破坏了构造应力平衡，从而激发断裂活动而发生地震。受此启发，人们设想采用注水或抽水的办法来触发地震，化大震为小震，逐渐释放应变能，从而达到人工控制地震的目的。此法目前尚处于实验阶段。

（3）太阳黑子活动。在太阳黑子活动高峰期，大地震增多，其原因可能与太阳黑子活动增强引起地球气压场和电磁场的变化，从而改变地壳构造应力的分布状态有关。

（4）潮汐。阴历朔、望时，日、月对地球的引潮力最大，所产生的液体潮、气体潮和固体潮也可能触发断裂活动而发生地震。例如1976年唐山7.8级地震发生于阴历七月初二，1966年河北邢台7.2级地震发生于阴历三月初一，1966年云南东川6.5级地震发生于阴历正月十五等。

各种诱发地震的规律都有待进一步研究。

（二）火山地震

在火山活动地区，由于地下岩浆猛烈膨胀，冲出地壳形成火山喷发，引起附近地区岩石断裂造成的地震称为火山地震。火山地震约占天然地震总数的7%，多为浅源地震，世界上多火山国家如日本、印度尼西亚、意大利等此类地震较多，我国火山地震很少。

（三）塌陷地震

地表或地下岩石突然发生大规模的崩塌或陷落，产生强大冲击波而导致的地震称为塌陷地震。

岩石产生塌陷的原因很多，例如石灰岩地区由于地下水侵蚀形成地下大溶洞，洞顶塌陷冲击洞底造成地震；矿山采空，顶板崩塌造成地震；此外还有山崩地震、塌方地震、泥石流地震、陨石冲击地震等。塌陷地震约占天然地震总数的 3％，其震源浅，震级低，影响范围小，研究防止的办法比较容易，但在人口特别稠密的工矿区应特别引起重视。

三、地震的地理分布

绝大部分地震震中呈带状分布，世界地震带与火山带、地热带基本一致，都分布于巨型活动构造带附近。世界上主要的四条地震带如下。

1. 环太平洋地震带

环太平洋地震带位于太平洋四周大陆边缘和附近海底。大致沿南、北美洲西海岸经阿留申群岛、堪察加半岛、千岛群岛、日本、中国台湾、菲律宾、伊里安岛至新西兰。此带与太平洋"火环"相伴随，是构造运动最强烈的地带，因而地震也最频繁而强烈。全世界约80％的浅源地震、90％的中源地震和几乎全部深源地震发生在这里，释放的能量占世界地震总能量的80％以上。智利和日本都是著名的多地震国家。

2. 地中海——喜马拉雅山地震带

地中海——喜马拉雅山地震带大致呈东西走向，从地中海沿岸经土耳其、伊朗、喜马拉雅山脉、缅甸至印度尼西亚与环太平洋地震带连接。以浅源地震与中源地震为主，释放的地震能量约占世界地震总能量的15％。

3. 大洋中脊地震带

大洋中脊地震带主要分布在大洋中脊、海岭上，如大西洋中脊、印度洋中脊、东太平洋中隆及北冰洋海岭。以浅源地震为主，地震释放的能量很小，其中以大西洋中脊地震较为强烈。

4. 大陆裂谷系地震带

大陆裂谷系地震带分布于大陆裂谷地带，如东非裂谷、莱茵地堑和贝加尔湖地堑等。皆为浅源地震，地震释放能量也很小，震级大多小于 5 级。

我国位于环太平洋地震带与地中海——喜马拉雅地震带的交汇处，因此是一个多地震的国家。在 19 世纪 80 多年的记录中，5 级以上地震有 2600 多次，6 级以上地震有 500 多次（平均每年 6～7 次）。大部分为浅源地震，台湾海域和喜马拉雅山脉附近有部分中源地震，深源地震只出现于黑龙江省及吉林省的东部。

我国地震活动主要集中于下列地带。

（1）华北区：郯城——庐江带、燕山带、山西带、渭河平原带和河北平原带。

（2）东南区：台湾带和东南沿海带。

（3）西南区：武都——马边带、康定——甘孜带、安宁河谷带、滇东带、滇西带、腾冲——澜沧带、西藏察隅带和西藏中部带。

（4）西北区：天山南北带、塔里南缘带、河西走廊带、银川带、六盘山带和天水——兰州带。

四、地震预报

地震预报是对破坏性地震发生的时间、地点、震级和对地震影响的预测[1]。

地震预报按时限有下列四种。

（1）长期预报：指对几年甚至几百年时间内地震危险性及其影响的预报。

（2）中期预报：指对几个月至几年内破坏性地震的预报。

（3）短期预报：指对几天至几个月内破坏性地震的预报。

（4）临震预报：指对几天内将要发生破坏性地震的预报或警报。

中、长期预报是对某一地区作出地震活动的趋势分析，进行地震区划和烈度分析，圈定地震危险区。它虽然不能指出发震的具体地点和时间，但对国家规划和建设有重大参考价值，并能指导短期、临震预报。

短期、临震预报则要求明确指出发震的时间、地点和震级，以便采取相应的防震、抗震措施。目前地震预报还处于探索阶段，我国已成功地预报了1975年2月4日辽南的海城大地震，对龙陵、松潘——平武、盐源——宁蒗等地震也作出了较好的预报。

现将关于地震预报的主要工作简述如下。

1. 地震地质构造分析

地震地质构造分析即为调查分析发震的地质构造背景。大断裂构造和强烈活动的断裂带往往也是地震带。据李四光研究，在活动断裂带的下述部位应力最易集中，常导致大地震发生：

（1）拐点。活动断裂带曲折最突出部位的外侧。例如云南通海一带。

（2）端点。活动断裂带的两端。例如鲜水河断裂两端的甘孜、康定。

（3）交叉点。两条断裂带会而不交的地方。

（4）闭锁段。活动断裂带的中断部位。

2. 历史地震资料分析

通过对历史上地震资料的统计和分析，找出地震发生和发展的规律，是中、长期地震预报的依据之一。我国有3000多年的地震记载历史，是世界上地震历史记录时间最长、资料最丰富的国家，这些资料是研究地震规律的宝贵财产。

历史资料研究表明，许多地区的地震活动存在周期性，一个周期由较长时间的相对平静期和较短时间的活跃期所组成。它反映了地震能量积累和释放的全过程，这个过程大体分为四个阶段，即能量积累阶段（相对平静期）、局部释放阶段（出现地震前兆）、能量大释放阶段（出现最强地震）和剩余释放阶段（活动期的尾声）。表4-19是华北地区近1000年以来的地震活动周期情况。

表 4-19　　　　华北地区地震活动周期

活动期	始终时间（年）	延续时间（年）
第一活跃期	1011～1076	66
第一平静期	1077～1289	213
第二活跃期	1290～1368	79
第二平静期	1369～1483	115
第三活跃期	1484～1730	247
第三平静期	1731～1811	81
第四活跃期	1812～	

---

[1] 《发布地震预报的规定》，见《中国地震报》，1988年9月1日。

从各地区地震活动的周期性和强度，可以大体估计今后该地区地震发生的时间和强度。

通过对地震地质构造和历史资料的分析，划分地震带，定出当地可能出现的最大地震烈度，并据此编制地震区划图，这种图件不仅是进行中、长期预报的重要依据，而且也是指导短、临期预报的必要基础。

3. 地震前兆分析

地震之前出现与地震有关的自然现象的异常变化称为地震前兆。地震前兆是短、临震预报的主要依据。可供分析地震前兆的种类很多：①以小震预报大震。②有地应力异常。③地形变增强（陆地升温、水平位移和地倾斜）。④地下水异常（水位涨落、变味、变色、变温、发浑、冒泡、翻花以及水中氡气含量的变化等）。⑤动物惊恐不安。动物震前的异常反应实际上是源于地震前地下的各种物理、化学条件的变化，如温度、压力、地下水状态变化等。这些变化会使穴居动物的生存环境发生改变，尤其是一些低级动物，对这种变化尤为敏感。虽然，人类对这种变化尚未察觉，但却会引起动物的异常表现。唐山地震前的1976年7月25日上午，抚宁县有人看到一百多只黄鼠狼，大的背着或叼着小的挤挤挨挨地从古墙洞钻出，向村内大转移。天黑时分，有十多只在一棵核桃树下乱转，当场被打死五只，其余的则在不停地哀嚎，有面临死期的恐慌感。26日、27日，这群黄鼠狼继续向村外转移，一片惊慌气氛（图4-32）。还有一些动物对某些特定的地球物理异常，如电磁异常、小振幅的地震等有敏感反应，使动物本能地作出异常反应。这些异常反应往往是大震的前兆。⑥地磁、地电、地温和重力异常。⑦出现特殊地声和地光。⑧天气异常等。这些前兆是地震前地应力加强引起地球物理、化学等一系列变化的反映，而地应力异常是地震最直接的反映。故注意观察前兆，有时可以做出较准确的地震短、临震预报。

图4-32 1976年唐山地震前黄鼠狼成群向外逃窜

不过，有许多前兆是由与地震无关的其他原因所造成的，而且至今没有一种异常现象在所有地震前都被观测到，也没有一种异常现象出现后就必然要发生地震。所以必须排除干扰因素，综合分析各种观测资料，揭示异常现象的本质和它们与地震的内在联系，才能较好地预报地震。

第十节 数字地震观测系统

新一代中国地震观测系统由国家数字地震台网、区域数字地震台网、火山地震台网和流动地震台网4部分组成。

一、国家数字地震台网

国家数字地震台网（图4-33）在已有的48个国家数字地震台站基础上新增104个甚宽频带数字地震台站，台站总数达152个。至此，除青藏高原部分地区外，在全国大部分地区，国家数字地震台网的台距（台站的间距）达到了250km左右。在国家数字地震台网的152个台站中有16个台站采用频带为3000s—360Hz（加速度平坦型）和360s—20Hz（速度平坦型）的超宽频带地震计，其余台站均安装120s—20Hz甚宽频带地震计。

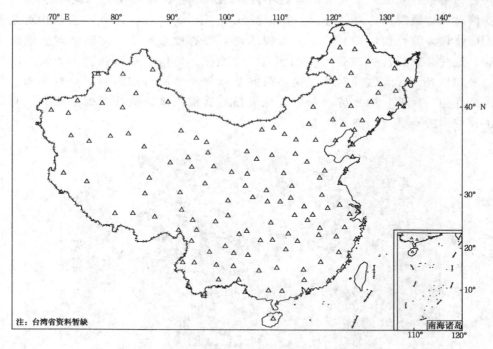

图4-33 中国国家数字地震台网台站分布图

为了加强中国西部的地震监测能力，在西藏那曲、新疆和田建设了2个小孔径地震台阵。每个地震台阵均由9个子台组成，孔径为3km。台阵中心台站采用120s—20Hz甚宽频带地震计，其余台站则采用2s—50Hz的短周期地震计。

此外，在渤海、东海海域建设了2个海底试验地震台站，为今后开展海洋地震观测积累经验。

二、区域数字地震台网

区域数字地震台网（图4-34）是以省、自治区、直辖市为主的地震台网（阴朝民，2001），它是在对已经建成的267个数据字长为16位的区域数字地震台站进行升级改造，并新建411个区域数字地震台站的基础上建立起来的。区域数字地震台网的建成使我国31个省、自治区和直辖市都有一个区域数字地震台网，其台站总数为685个。加上已经建成的首都圈107个区域数字地震台站，现在全国区域数字地震台总数已达792个。在地震重点监视防御区、人口密集的主要城市以及东部沿海地区，区域数字地震台网的台距达到了30～60km；在新疆及青藏高原等部分地区，台距也达到了100～200km左右。

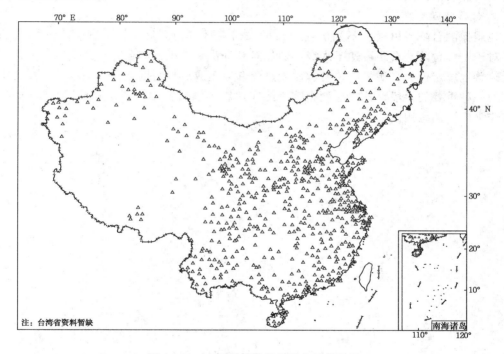

图4-34 中国区域数字地震台站分布图

在685个地震台站中，一部分台站安装60s—40Hz的宽频带地震计，另一部分台站安装2s—50Hz的短周期地震计。

三、火山监测台网

建设了6个火山监测台网。这6个台网共有33个数字地震台站，其中吉林省长白山火山监测台网10个台站，吉林省龙岗火山监测台网4个台站，云南省腾冲火山监测台网8个台站，黑龙江省五大连池火山监测台网3个台站，黑龙江省镜泊湖火山监测台网4个台站，海南省琼北火山监测台网4个台站。在这些台站，安装了60s—40Hz的宽频带地震计或2s—50Hz的短周期地震计。

四、流动数字测震台网

流动数字地震台网主要用于地震现场的临时观测或为特定的科研目的开展的野外观

117

测。流动数字测震台网建设分为地震现场应急流动台网和地震探测台阵两部分，地震仪器的总数达 800 套。

1. 地震现场应急流动台网

地震现场应急流动台网主要用于大震前的前震观测和震后的余震监测。在大地震前作为地震的加密观测，进行高精度的地震定位，对可能发生大地震的区域地震活动背景作动态跟踪监测，为开展区域地震活动性研究和地震预测研究服务。在大地震后用于现场的余震监测，记录大地震后的余震活动变化，为判断地震的发展趋势提供依据，也为进一步研究震源特征、探索地震的发生和发展过程积累基础资料。

组建了 19 个地震应急现场流动数字地震台网。这 19 个台网有总数达 200 套的流动数字地震仪。仪器采用 60s—40Hz 的宽频带地震计或 2s—50Hz 的短周期地震计。

2. 地震探测台阵

地震探测台阵可以根据不同的科学目的在研究区域内开展不同方式、不同规模的观测。对于密集台阵，台距可达千米级。通过对高分辨率地震探测台阵记录资料的分析可以大大改善地震定位、震源机制、震源破裂过程和地震成像的精度。作为地球深部高分辨率探测的一种重要的手段，地震探测台阵不但在地震科学研究中，而且在地球科学研究中，都有非常广泛的应用。

第五章　岩体的工程地质性质分析

岩体是工程地质学科的重要研究领域，得到了飞速的发展，建立了自己的理论体系和分析方法，成为水利工程地质学的特色之一。

所谓岩体，就是地壳表部圈层，经建造和改造，而形成的具一定组分和结构的地质体。把它作为工程建设的对象时，即可称之为"工程岩体"（简称岩体）。它赋存于一定的地质环境之中，并随着地质环境的演化和地质作用的持续，仍在不断地变化着。

岩体是地质体的一部分，它由各种各样的岩石组成，并在其发展过程中经受了构造变动、风化作用及卸荷作用等各种内外力地质作用的破坏和改造。因此，岩体经常被层面、节理、断层等各种地质界面（通常把这些地质界面称为结构面）所切割，使岩体成为一种多裂隙的不连续介质。

通常将岩体中存在的各种不同成因、不同特征的地质界面，包括物质分异面和各种破裂面（如层面、沉积间断面、片理和断层等）以及软弱夹层等称为结构面。结构面在空间按不同的组合可将岩体切割成不同形状和大小的岩块，这些被结构面所围限的岩块称为结构体。

结构面和结构体统称为岩体结构单元或岩体结构要素。岩体的工程性质，首先取决于这些结构面的性质，其次才是结构体的性质。岩体稳定问题、岩体的变形与破坏，主要取决于岩体内各种结构面的性质及其对岩体的切割程度。此外，岩体的工程性质还受到地下水、地应力等赋存环境的影响。因此，本章着重探讨岩体的结构特征、岩体的力学特性及地应力分布特征。

第一节　岩体的结构特征

一、结构面的成因类型

结构面的成因不同，其性质及形态特征也不同。按地质成因，结构面可分为原生的、构造的和次生的三大类。

（一）原生结构面

在成岩阶段形成的结构面称为原生结构面，可分为沉积、火成和变质三种类型。

（1）沉积结构面。

这是沉积岩在成岩作用过程中形成的各种地质界面，如层理面、沉积间断面及原生软弱夹层等。这些结构面的特征能反映出沉积环境，标志着沉积岩的成层条件和岩性、岩相的变化，如海相沉积，其结构面延展性强，分布稳定；陆相及滨海相沉积易于尖灭，形成透镜体、扁豆体。

一般层面结合良好，原始抗剪强度较高，但其性能常因构造或风化作用而恶化。沉积间断面包括假整合面和不整合面，它们反映了在沉积历史中经历了一段风化剥蚀过程。这些面一般起伏不平，并有古风化残积物，常常构成一个形态多变的软弱带。对岩体稳定影响最显著的是原生软弱夹层。如碳酸盐类岩层中的泥灰岩夹层，火山碎屑岩系中的凝灰质页岩夹层，砂岩、砾岩中的黏土岩及黏土质页岩夹层等。它们分布广泛，力学强度低，遇水易软化，并在一定条件下会产生泥化，最容易引起滑动。因此，原生软弱夹层常常是岩体中最薄弱的环节，对岩体稳定起着极为重要的控制作用。

（2）火成结构面。

这为岩浆侵入、喷溢及冷凝过程中形成的各种结构面，包括岩浆岩中的流层、流线、原生节理、侵入体与围岩的接触面及岩浆间歇喷溢所形成的软弱接触面等，这些结构面的产状受侵入岩体与围岩接触面所控制。

火成结构面的工程地质性质极不均一。一般流层和流线不易剥开，但一经风化便形成了易于剥离和脱落的弱面。侵入体与围岩的接触面有时融合得很好，有时则形成软弱的蚀变带或接触破碎带。岩浆岩的原生节理一般多具张性破裂面的特征，对岩体的透水性及稳定性都有重要的影响，蚀变带和挤压破碎带是岩体中最薄弱的部位。

（3）变质结构面。

这为岩体在变质作用过程中所形成的结构面，如片理、片麻理、板理及软弱夹层等，变质结构面的产状与岩层基本一致，延展性较差，但它们一般分布密集。

在变质岩体中所夹的薄层云母片岩、绿泥石片岩和滑石片岩等，由于岩性软弱，片理极发育，易于风化，其抗剪强度低，遇水后性质更加恶化，常构成相对的软弱夹层。

（二）构造结构面

在构造应力作用下在岩体中形成的各种破裂面或破碎带称为构造结构面，主要包括劈理、节理、断层和层间错动带等。

（1）劈理和节理。

这是规模较小的构造结构面，其特点是比较密集，且多呈一定方向排列，常导致岩体的各向异性。

（2）断层。

这为规模较大的构造结构面，常具有一定的厚度，形成各种软弱的构造岩，如断层泥、糜棱岩、角砾岩、压碎岩等。因此，它是最不利的软弱结构面之一。

（3）层间错动。

这系指岩层在发生构造变动时，在派生力的作用下使岩层间产生相对的位移或滑动。其产状一般与岩层一致，延展性较好。结构面中的物质，因受构造错动的影响，多呈破碎状、鳞片状，且含泥质物。在黏土岩夹层中还可以看到由于层间剪切所造成的光滑镜面，并在地下水作用下产生泥化现象。实践证明：岩体中的破碎夹层及泥化夹层多与层间错动有关。

（三）次生结构面

在地表条件下，由于外力（如风化、地下水、卸荷、爆破等）的作用而形成的各种界面，如风化裂隙、卸荷裂隙、风化夹层及泥化夹层等。

风化裂隙。一般呈无次序状，连续性不强并多为泥质碎屑所充填。风化裂隙还常沿原有的结构面发育，可形成不同的风化夹层，风化沟槽或风化囊以及地下水淋滤沉淀形成的次生夹泥层等。

卸荷裂隙。是由于岩体受到剥蚀、侵蚀或人工开挖，引起垂直方向卸荷和水平应力的释放，使临空面附近岩体回弹变形，应力重分布所造成的破裂面。在河谷地区分布比较普遍，在卸荷过程中，平行谷坡常常产生一系列张性破裂面，如图 5-1（a）、（b）所示；在高地应力地区，当人工开挖坝基过程中，由于垂直卸荷，在水平应力作用下会使谷底产生隆起变形，并形成一些近水平的张性板状节理和倾斜的剪切裂隙（或逆断层），如图 5-1（c）所示，恶化了坝基的工程地质条件。

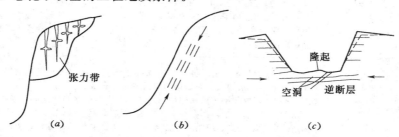

张力带　　　　　（a）　　　　（b）　　　隆起　空洞　逆断层　（c）

图 5-1　河谷地区卸荷裂隙的主要类型

可见，岩体由于卸荷作用，可以产生新的裂隙或使原有的结构面张开或错动，从而导致岩体松弛，增加了岩体的透水性和降低了岩体的强度。因此，卸荷裂隙是不利的软弱结构面之一。

上述几种结构面的类型及其主要特征总结见表 5-1。

表 5-1　　　　　　　　　　岩体结构面的成因类型及其主要特征

成因类型		地 质 类 型	主 要 特 征
原生结构面	沉积结构面	层面、层理、沉积间断面（不整合面、假整合面）和原生软弱夹层等	（1）产状与岩层一致，随岩层变化而变化，为层间结构面； （2）一般呈层状分布，延展性强，海相沉积中分布稳定，陆相及滨海相沉积中易于尖灭，形成透镜体、扁豆体，原生层面具波浪起伏状； （3）一般层面结合良好，层面新鲜时只能显示黯淡或黑白条纹，风化后才能剥开，若经后期构造运动常形成层间错动带； （4）层面特征多样，一般平整，常见有典型的泥裂、波痕、交错层理、缝合线等，在沉积间断面中常有古风化残积物； （5）层间软弱物质在构造及地下水作用下易软化、泥化，强度降低，对岩体稳定不利
	火成结构面	流层、流线、火山岩流接触面、蚀变带、挤压破碎带、原生节理等	（1）产状受岩体与围岩接触面控制，随侵入岩体或岩脉的形态而异； （2）流层、流线在新鲜岩体中不易剥开，但经风化后易剥离或脱落，接触面延伸较远，原生节理延续性不强，但往往密集； （3）冷凝原生节理常常是平行或垂直接触面的，为平缓或高倾角张裂面，较不平整，且粗糙。在浅层岩体及火山岩岩体内常发育有特殊的节理及柱状节理； （4）火山熔岩流间充填物松散，原生节理常被软弱物质充填，对稳定不利； （5）蚀变带和挤压破碎带的形态、产状、规模及特性均受侵入岩体及围岩性质所控制
	变质结构面	片理、板理、片麻理、软弱夹层等	（1）产状与岩层一致，或受其控制； （2）片理面延展性较差，一般分布密集； （3）片理结构面光滑，但形态是波浪起伏的。在新鲜岩体中片理面多呈闭合状，但一般能剥开，片理面常呈凹凸不平状，面粗糙； （4）软弱夹层中主要是片状矿物，如黑云母、绿泥石、滑石等富集带，抗剪强度低，是岩体中的薄弱部位

成因类型	地质类型	主要特征
构造结构面	劈理	为短小、密集的剪切破裂面，影响局部地段岩体的完整性及强度
	节理	(1) 在走向延展及纵深发展上其范围是有限的； (2) 一般分为张节理和剪节理，张节理延续性弱，剪节理延伸较长； (3) 张节理一般具陡立或陡倾产状，常垂直岩层走向。剪节理斜交岩层走向，其倾角随岩层倾角变陡而变缓； (4) 张节理面粗糙，参差不齐，宽窄不一。剪节理平直光滑，有的面见擦痕镜面，常有各种泥质薄膜，如高岭石、绿泥石、滑石、石墨等，尽管接触面紧闭，但易于滑动
	断层	(1) 规模悬殊，有的深切岩石圈几十千米，有的仅限于地表数十米。断层为延续性较强的结构面，对岩体稳定性的影响较大； (2) 大多数断层为剪切作用所形成，也有为引张脆性破裂所形成； (3) 一般断层带内都存在有构造岩，如断层泥、糜棱岩、角砾岩、压碎岩等，构造岩后期被侵染、胶结，如方解石或石英脉网络的形成，对岩体稳定有利
	层间破碎夹层	(1) 在层状岩体中沿软弱夹层发育，产状与岩层一致； (2) 一般呈层状分布，延展性较强，有时也呈透镜状或尖灭； (3) 结构面物质破碎，呈鳞片状，含泥质物，呈条带状分布
次生结构面	卸荷裂隙	(1) 产状与临空面有关，一般近水平，多为曲折不连续状态； (2) 延续性不强，常在地表 20～40m 内发育； (3) 结构面粗糙不平，常张开，充填物有气、水、泥质碎屑，宽窄不一，变化多样
	爆破裂隙	(1) 这种裂隙在边坡岩体中最为常见； (2) 产状与边坡走向近于平行，延展有一定范围，视爆破力大小而异； (3) 多为张开型，松散、破碎，其状态受上述各种结构面及岩性控制，但一般多呈弧状分布
	风化裂隙及风化夹层	(1) 一般沿原生夹层和原有结构面发育，短小密集，延续性弱，仅限于地表一定深度； (2) 风化夹层产状与岩层一致，在风化带内延展性强； (3) 充填物多松散、破碎，含泥质物
	泥化夹层	(1) 产状与岩层一致，沿软弱岩层表部发育； (2) 延展性强，但各段泥化程度可能不一，视地下水作用条件而异； (3) 泥质物多呈塑性状态，甚至流态，强度低，是导致边坡岩体失稳破坏的常见因素

二、结构面的特征

结构面的特征包括结构面的几何特征（包括结构面的规模、密集程度、结构面的产状及组合等）和性状特征（包括结构面的形态、结构面的张开、充填及胶结情况等），它们对结构面的物理力学性质有极大的影响。

（一）结构面的几何特征

1. 结构面的规模

实践证明：结构面对岩体力学性质及岩体稳定的影响程度，首先取决于结构面的延展性及其规模。中国科学院地质研究所将结构面的规模分为以下五级。

（1）一级结构面。一般泛指对区域构造起控制作用的断裂带，它包括大小构造单元接壤的深大断裂带，是地壳或区域内巨型的断裂破碎带，延展数十千米以上，破碎带的宽度从数米至数十米。它直接关系到工程所在区域的稳定性，一般在规划选点时，应尽量避开一级结构面。

（2）二级结构面。一般指延展性较强，贯穿整个工程地区或在一定工程范围内切断整个岩体的结构面，主要包括断层、层间错动带、软弱夹层、沉积间断面及大型接触破碎带等，其长度可由数百米至数千米，宽由一米至数米，它们的分布和组合，控制了山体及工程岩体的破坏方式及滑动边界。

（3）三级结构面。一般为局部性的断裂构造，主要指延伸在数十米至数百米范围内的小断层、大型节理、风化夹层和卸荷裂隙等。这些结构面控制着岩体的破坏和滑移机理，常常是工程岩体稳定的控制性因素及边界条件。

（4）四级结构面。包括延展性差，一般在数米至数十米范围内的节理、片理及劈理等，它们的存在将岩体切割成不均匀体，破坏了岩体的完整性，并且与其他结构面组合可形成不同类型的岩体破坏方式，大大降低岩体工程的稳定性。它是岩体结构研究的重点问题之一。

（5）五级结构面。主要包括微小的节理、劈理、隐微裂隙、不发育的片理、线理、微层理等，它们的发育受上述诸级结构面所限制。这些结构面的存在，降低了岩块的强度，使岩块的破坏由于微裂隙的存在而具有随机性。

2. 结构面的密集程度

结构面的密集程度直接控制了岩体的完整性和力学性质，它决定着岩体变形和破坏的力学机制，也影响岩体的透水性。试验证明：岩体内结构面愈密集，岩体变形愈大，强度愈低，而渗透性愈高。衡量岩体密集程度主要有以下指标。

（1）结构面间距 d。指同一组结构面间的平均间距。

目前，国内外对结构面间距的分级很不一致。表 5-2 是我国水电部门推荐的节理间距分级情况。

表 5-2　　　　　　　　　节 理 发 育 分 级

间距（m）	＞2	0.5～2	0.1～0.5	＜0.1
描述	不发育	较发育	发育	极发育
完整性	完整	块状	碎裂	破碎
分级	Ⅰ	Ⅱ	Ⅲ	Ⅳ

（2）线密度 K。指单位长度（m）上结构面的条数，它与结构面间距成倒数关系。一般线密度是取一组结构面法线方向上，平均每米长度上的结构面数目。如以 L 代表测线长度，以 n 代表在 L 长度内结构面的总数，则有

$$K = \frac{n}{L} \quad （条 / m）\qquad\qquad (5-1)$$

在实际测定线密度时，测线的长度可取 $20\sim50\text{m}$，如果测线不能沿结构面法线方向布

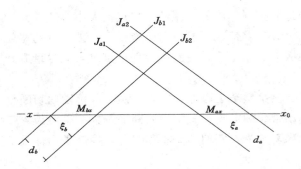

图 5-2 多组结构面时线密度计算图

设时，应使测线水平并与结构面走向垂直。

如果在测线方向上有数组结构面时，则用如图 5-2 所示的方法进行测量。图中有两组结构面 J_a 和 J_b，x 为测线方向，则 J_a 和 J_b 两组结构面在测线方向的平均间距为

$$M_{ax} = d_a/\cos\xi_a$$

故第 n 组结构面时 $M_{nx} = d_n/\cos\xi_n$

$$M_{bx} = d_b/\cos\xi_b$$

则该测线方向上的线密度为

$$K = \frac{1}{M_{ax}} + \frac{1}{M_{bx}} + \cdots + \frac{1}{M_{nx}} \tag{5-2}$$

线密度的数值愈大，结构面愈密集。不同量测方向的 K 值往往不等，故两垂直方向的 K 值之比，可以反映岩体的各向异性程度。

3. 结构面的连续性

结构面的连续性不仅控制了岩体的强度和完整性，影响岩体的变形，而且还控制了工程岩体的破坏方式和滑动边界。结构面的连续性通常采用切割度来表示。

切割度 x_e 是指岩体被结构面割裂分离的程度。有些结构面可以将岩体完全切割，而有些结构面由于其延展尺寸不大，只能切割岩体的一部分。当岩体仅含一个结构面时，可沿着结构面在岩体中取一个贯通整体的假想平直断面，则结构面面积 a 与该断面面积 A 之比，即称为该岩体的切割度 x_e。可见，当 $0 < x_e < 1$ 时，说明岩体是部分地被切割，研究断面的抗剪强度，受结构面和岩块性质的双重控制。当 $x_e = 1$ 时，说明岩体被整个地切割，此时，所研究的断面抗剪强度，完全取决于结构面的性质。$x_e = 0$ 时，岩体为完整的连续岩体，研究断面的抗剪强度则完全取决于岩块的性质。

如果沿岩体某断面上同时存在面积为 a_1，a_2，$\cdots$，a_n 的几个结构面，则岩体沿该断面的切割度为

$$x_e = (a_1 + a_2 + \cdots + a_n)/A \tag{5-3}$$

上述的切割度只能说明岩体沿某一平面被割裂的程度，有时为了研究岩体内部某组结构面切割的程度，可用指标 x_v 来表示

$$x_v = x_e K \tag{5-4}$$

式中：x_v 表示岩体内由一组结构面所产生的实际切割度，单位为 m^2/m^3。

4. 结构面的产状及组合

除裂隙极为密集的松散岩体或结构面极不发育的完整岩体外，其余岩体的力学性质一般受结构面产状、结构面的组合形式及受力作用方向控制。由于结构面产状不同，岩体在单向受压情况下的破坏机制和强度也不相同，如图 5-3 所示，其中，图 5-3（a）为沿结构面滑动，图 5-3（b）为岩石剪切破坏，图 5-3（c）为沿轴向张裂。可见，岩体破坏机制不同，故其抗压强度也不一样。

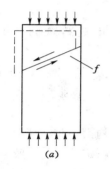 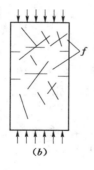 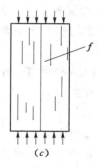

(a)　　　　　　　　　　(b)　　　　　　　　　　(c)

图 5-3　结构面的产状对破坏机制的影响（f 为结构面）

（据孙广忠）

岩体内存在多组结构面时，其产状和密度可用玫瑰图和极点图表示；结构面的组合及其力学效应可用赤平极射投影图进行分析。玫瑰图、极点图和赤平极射投影图的绘制及阅读可参阅有关书刊。

（二）结构面的性状特征

1. 结构面的形态

结构面的平整、光滑和粗糙程度对结构面的抗剪性能有很大的影响。自然界中结构面的几何形状非常复杂，大体上可分为以下四种类型（图 5-4）。

（1）平直的：包括大多数层面、片理和剪切破裂面等。

（2）波状起伏的：如波痕的层面、轻度揉曲的片理、呈舒缓波状的压性及压扭性结构面等。

（3）锯齿状的：如多数张性或张扭性结构面。

（4）不规则的：结构面曲折不平，如沉积间断面、交错层理及沿原有裂隙发育的次生结构面等。

工程上通常用起伏度和粗糙度来表征结构面的形态特征。

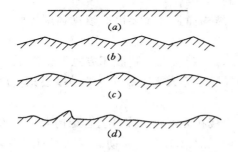

图 5-4　结构面起伏形态

（a）平直的；（b）锯齿状的；（c）波浪
状的；（d）不规则形状的

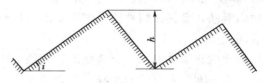

图 5-5　结构面的起伏程度

i—起伏角；h—起伏高度

起伏度是衡量结构面总体起伏的程度，常用起伏角和起伏高度来描述（图 5-5）。

粗糙度是结构面表面的粗糙程度。一般多根据手摸时的感觉而定，很难进行定量的描述，大致可分为极粗糙、粗糙、一般、光滑和镜面五个等级。

125

2. 结构面的张开、充填及胶结情况

结构面的张开、充填及胶结情况对其力学性质的影响极大，是结构面的重要特征之一。

(1) 按结构面的张开度，可将结构面分为四级，即密闭型（张开度小于 0.2mm）、微张型（张开度为 0.2～1.0mm）、张开型（张开度为 1.0～5.0mm）、宽张型（张开度大于5.0mm）。

(2) 结构面经过胶结，可使岩体力学性能发生变化。研究结构面的胶结情况，鉴定胶结物的成分，可以预测岩体在自然或人工营力作用下力学性能的稳定性。由于胶结物成分不同，其强度差异大。

1) 泥质胶结。脱水的泥质胶结结构面其强度高于未脱水的。未脱水的黏土质胶结，其强度有水时常呈可逆反应，很不稳定。

2) 可溶盐类胶结。干时有一定强度，湿时（尤其在渗透水作用下）易溶蚀，稳定性差，强度易变。

3) 钙质胶结。强度和对水的稳定性都较高，但不耐酸的作用。

4) 铁质胶结。强度较高，但易风化，不甚稳定。

5) 硅质胶结。强度高，力学性质稳定。

(3) 结构面充填情况。对张开型结构面，其充填程度和充填物成分不同，对其力学性能有很大影响。结构面按其充填程度分为：

1) 干净的。无充填物的结构面，其力学性质主要取决于结构面两侧岩石的性质及结构面的粗糙程度。

2) 薄膜。厚度一般小于 1mm，多为次生蚀变矿物构成，如叶蜡石、滑石、蛇纹石、绿泥石、绿帘石、方解石、石膏等。这种薄膜一般使结构面强度大为降低，特别是含水蚀变矿物更显著。

3) 夹泥。其厚度多小于结构面的起伏高度，它对结构面强度有显著降低的作用，但结构面强度仍然受上下盘岩性及结构面形态的控制。

4) 薄层夹泥。充填物厚度略大于起伏高度，结构面强度主要由充填物强度控制，常构成岩体的主要滑动面。

5) 厚层充填。厚度较大，由几十厘米至几米，如断层泥。其破坏方式不仅沿上下软弱结构面滑动，且还以塑性流动方式挤出，从而导致岩体大规模破坏。这种厚层充填常视为一软弱夹层。

结构面的充填情况除了充填物的厚度外，还表现在充填物的成分上。结构面常见的充填物有：结构面间常见的充填物成分有黏土质、砂质（多为层间错动碎屑）、角砾（多为断层角砾）、钙质及石膏质沉淀物、含水蚀变矿物（如叶蜡石、滑石、蛇纹石等）等，其相对强度的次序为：钙质≥角砾>砂质>石膏>含水蚀变矿物≥黏土。

(三) 结构面的强度特征

岩体中由于结构面的存在，使其抗剪强度大为复杂化。岩体的抗剪强度多数取决于软弱结构面的强度。因此，研究岩体的抗剪强度，必须研究岩体中结构面的抗剪强度。岩体中结构面的抗剪强度及剪切机制，与其形状、连续性及张开、充填及胶结程度密切相关。

1. 无充填物结构面

结构面的形态对无充填物结构面的抗剪强度具有很大影响。一般平直光滑的结构面有较低的摩擦角；而粗糙起伏的结构面则有较高的抗剪强度。

帕顿（F. D. Patton）和戈尔茨坦（M. Goldstein）等人在对岩石裂隙的抗剪强度研究中发现，存在于结构面上的凸起体对裂隙的抗剪强度具有较大影响。

平直光滑结构面的摩擦强度曲线为一通过原点的斜线，如图 5-6 中①线所示，其表达式为

$$\tau = \sigma\tan\varphi \tag{5-5}$$

对于粗糙起伏的结构面，当正应力较小时，在滑移过程中允许岩体向上膨胀，结构面的凸起部分可以互相骑越，其强度曲线如图 5-6 中②线所示，结构面的抗剪强度为

$$\tau = \sigma\tan(\varphi + i) \tag{5-6}$$

式中：i 为起伏角。

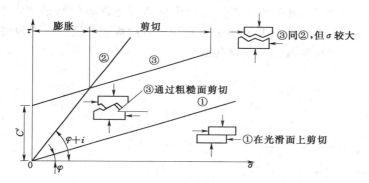

图 5-6 不同摩擦特征结构面的强度曲线（据帕顿）

①—$\tau = \sigma\tan\varphi$；②—$\tau = \sigma\tan(\varphi + i)$；③—$\tau = C + \sigma\tan\varphi$

当正应力较大时，剪切滑移可以使结构面凸起部分剪断，其强度曲线如图 5-6 中③线所示，其表达式为

$$\tau = C' + \sigma\tan\varphi \tag{5-7}$$

式中：C' 为因粗糙面凸起部分被剪断而呈现的似黏聚力。

2. 具有充填物的结构面

具有充填物的结构面的强度常与充填物的物质成分、结构及充填程度和厚度等因素有关。

研究表明：充填物的颗粒成分不同，结构面的抗剪强度及变形破坏机制也不相同。图 5-7 为不同颗粒成分夹层的剪切变形曲线，表 5-3 为不同充填夹层的抗剪强度指标。由图 5-7 知，黏粒含量较高的泥化夹层，其剪切变形（曲线Ⅰ）为典型的塑性变形，强度低且随位移变化小，屈服后无明显的峰值和应力降。随着夹层中粗碎屑成分的增加，夹层的剪切变形逐渐向脆性变形过渡（曲线Ⅱ～Ⅴ），峰值强度逐渐增高。综上所述，充填物质的颗粒成分对结构面

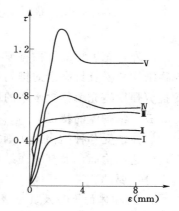

图 5-7 不同颗粒成分 τ-ε 曲线（Ⅰ～Ⅴ粗碎屑增加）

的剪切变形机理及抗剪强度具有明显的影响。表5-3中的数据也说明了结构面的抗剪强度随黏粒含量的增高而降低，随粗碎屑含量的增多而增大的规律。

表5-3　　　　　　　　**不同夹层物质成分的结构面抗剪强度（据孙广忠）**

夹层成分	泥化夹层和夹泥层	碎屑夹泥层	碎屑夹泥层	含铁锰质角砾碎屑夹泥层
摩擦系数 f	0.15～0.25	0.3～0.4	0.5～0.6	0.6～0.85
黏聚力 C（kPa）	5～20	20～40	0～100	30～150

试验表明：结构面内充填物厚度的变化，对结构面的抗剪强度有重大影响。一般当充填物的厚度很薄时，结构面具有较高的抗剪强度；随着充填物厚度的增加，抗剪强度迅速降低，当厚度达到一定值后，充填物则起控制作用，结构面的抗剪强度趋于稳定。

充填物起控制性作用的厚度，因充填物的颗粒组成、矿物成分、含水量不同而不同。如拉玛（Lama）用劈裂法制备的砂岩结构面内夹高岭土试验的结果，此厚度约为0.2～0.5mm（图5-8）。中国科学院地质研究所利用平直结构面夹泥进行模拟试验，当夹泥厚超过2mm以上时，摩擦系数趋于稳定（图5-9）。

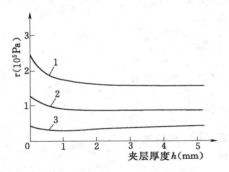

图5-8　结构面内充填高岭土对抗
剪强度的影响（Lama，1978）

1—$\sigma_n=3.47\times10^5$Pa；2—$\sigma_n=1.73\times10^5$Pa；
3—$\sigma_n=0.37\times10^5$Pa

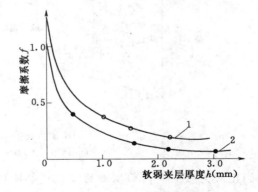

图5-9　软弱夹层厚度对结构面
强度的影响（孙广忠等）

1—淋滤沉积黏土夹层塑性指数 $P=18$；
2—溶蚀残积黏土夹层塑性指数 $P=40$

此外，充填物的结构特征及含水情况对结构面的强度也有明显的影响。一般来说，充填物结构疏松且具有定向排列时，结构面的抗剪强度较低，反之，抗剪强度较高。结构面的抗剪强度随充填物含水率的增高而降低。

三、结构体的特征

岩体中受各种结构面切割并包围的岩石块体称结构体。尽管在岩体稳定分析中起控制作用的是结构面，尤其软弱结构面，但是结构体的作用也不能忽视，而且在一定条件下还是十分重要的。

1. 结构体的大小及其分级

结构体形态、大小不一，力学性质不同，它们对岩体稳定性所起的作用也各不相同。结构体按其大小通常可划分为如下四级。

（1）一级结构体（地质体）。系指在区域范围内，由区域性大断裂相互组合所包围的地质体。它是由不同的时代、多种建造类型的岩层所组成的，其中发育有褶皱、断裂以及为数众多的更次级结构面。这种结构体是不均质的、各向异性的，但在构造运动的破坏过程中，开始时主要是受其周边软弱结构面（大断裂）所制约，其次才是受不均质性影响，使次级或更次级结构面也相应产生不均匀的变形破坏。因此，从宏观上看，在开始变形破坏瞬间可将之视为一个坚硬的刚性体，尔后再研究其内部应力分布的不均一性。在工程实际中，除线路工程（如铁路、公路、运河及渠道）和巨型水利工程等可能跨越两个以上的一级结构体外，一般工程总是置于一级结构体范围内的某一局部部位。所以，一级结构体的稳定性实际上是区域稳定性问题，也就是对区域地质结构特征和深大断裂特性的研究。

（2）二级结构体（山体）。是指由次级结构面的相互组合所包围的山体。它是由不同时代、不同特性的工程地质岩组所组成的，其内部发育有褶皱、断裂以及众多的更次级结构面。一般工程多坐落在同一山体内，有的也可能延伸或跨越相邻两个二级结构体，如水利工程及线路工程等。所以，研究二级结构体实际上就是研究山体结构特征及其稳定性问题。

（3）三级结构体（块体）。是指在地质体或山体中，由更次级结构面所切割包围的块体，内部可发育有更微小的结构面。各个块体的稳定性，实质上就是岩体稳定的问题，并涉及山体的稳定性。这说明在研究工程岩体稳定性时，应分区段地研究其结构特征，并做到不同地段区别对待。对块体的研究重点，主要是研究软弱结构面的特征及其组合，同时也要研究块体的大小、形状、组合以及地下水的活动情况对各级结构面的软化、泥化和潜蚀等作用。

（4）四级结构体（岩块）。是存在于上述各级结构体之中，它与微小结构面一起是组成工程岩体的最基本单元。通常，它的岩性单一，内部仅可能存在有很细微的结构面，其物理力学性质就是一般所谓的岩石（岩块）物理力学性质。

2．结构体的形状

这里所说的结构体形状，主要指三级和四级结构体，即块体和岩块的形状。它们的基本形状可分为块状、柱状、板状、楔形、菱形、锥形等六种，如图5-10所示。此外，由于岩体强烈变形和破碎，也可形成片状、碎块状、碎屑状等。

结构体的形状影响岩体的稳定程度，一般说来，板状结构体较块状及柱状为差，而楔形的比菱形及锥形的差。当然，还要结合其产状及与工程力的相对关系作具体分析。

结构体的形状，可用赤子极射投影方法进行分析，然后用立体比例图或实体投影图将其表现出来，也可用几何方法定量分析。

四、岩体的结构类型

由于结构面的切割，岩体结构十分复杂，其复杂性主要表现在它的不连续性和不均一性，因此，概括岩体的力学特性及评价岩体稳定性，除考虑岩体的结构面和结构体情况外，还应根据岩体的不连续性和不均一性，将岩体划分不同类型。目前，对岩体结构类型的划分标准尚不统一。表5-4是GB 50287—99《水利水电工程地质勘察规范》中推荐的对岩体结构类型的划分，各类岩体的工程地质特征也列于表中。

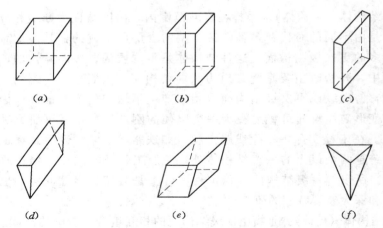

图 5-10 结构体的基本形状

(a) 块状；(b) 柱状；(c) 板状；(d) 楔形；(e) 菱形；(f) 锥形

表 5-4 岩 体 结 构 分 类

类 型	亚 类	岩 体 结 构 特 征
块状结构	整体状结构	岩体完整，呈巨块状，结构面不发育，间距大于 100cm
	块状结构	岩体较完整，呈块状，结构面轻度发育，间距一般 100～50cm
	次块状结构	岩体较完整，呈次块状，结构面中等发育，间距一般 50～30cm
层状结构	巨厚层状结构	岩体完整，呈巨厚层状，结构面不发育，间距大于 100cm
	厚层状结构	岩体较完整，呈厚层状，结构面轻度发育，间距一般 100～50cm
	中厚层状结构	岩体较完整，呈中厚层状，结构面中等发育，间距一般 50～30cm
	互层状结构	岩体较完整或完整性差，呈互层状，结构面较发育或发育，间距一般 30～10cm
	薄层状结构	岩体完整性差，呈薄层状，结构面发育，间距一般小于 10cm
碎裂结构	镶嵌碎裂结构	岩体完整性差，岩块镶嵌紧密，结构面较发育到很发育，间距一般 30～10cm
	碎裂结构	岩体较破碎，结构面很发育，间距一般小于 10cm
散体结构	碎块状结构	岩体破碎，岩块夹岩屑或泥质物
	碎屑状结构	岩体破碎，岩屑或泥质物夹岩块

第二节 岩体的力学特性

在多数情况下，岩体的力学性质首先取决于结构面的性质，其次取决于组成岩体的岩块的性质。岩体的力学性质与岩块的力学性质有很大的差异。一般来说，岩体较岩块易于变形，并且其强度显著低于岩块的强度。关于岩体变形与强度的理论，将在"岩石力学"课程中讲述。这里主要介绍岩体变形与破坏的特征。

一、岩体的变形特征

（一）岩体的变形特征

岩体的变形特征，主要是通过现场的原位岩体变形试验确定。岩体变形的现场试验方法很多，主要是静力法和动力法两大类，其中，静力法有承压板法、单轴压缩法、夹缝法、协调变形法及钻孔弹模计测定法等；而动力法主要分为地震法、声波法及超声波法等。目前，广泛应用的是承压板法和动力法岩体变形试验。

若将坚硬岩石、软弱结构面及岩体的应力—应变曲线绘于一起 。如图 5-11 所示。由图可知，三条曲线的特征不同：坚硬岩石曲线的特点是弹性变形显著；软弱面曲线的特征表明了以塑性变形为主，而岩体的曲线则比它们要复杂得多。

根据岩体的应力—应变曲线，可大体将岩体的变形划分为四个阶段，第一阶段为结构面压密闭合阶段，变形曲线呈凹状缓坡，如图 5-11 中的 OA 段；AB 段为第二阶段，是结构面压密后的弹性变形阶段，变形曲线近于直线；BC 段为第三阶段，变形曲线呈曲线形，表明岩体产生塑性变形或开始破裂，C 点的应力值就是岩体的极限强度。最后阶段（CD 段）曲线开始下降，表明岩体进入全面的破坏阶段。

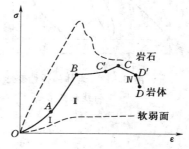

图 5-11 岩石、岩体与软弱结构面的应力—应变关系曲线

试验表明：岩体结构类型不同，岩体的应力—应变曲线也不同。通过对各类岩体变形试验发现，岩体的应力—应变曲线可以划分为直线型、上凹型、下凹型和复合型几种类型，如图 5-12 所示。对坚硬完整无裂隙或裂隙分布均匀的岩体，其变形曲线常呈直线型，如图 5-12（a）所示，曲线在一定压力范围内呈直线关系；若岩体较坚硬、裂隙较发育，且多呈张开而无充填物时，其变形曲线常呈上凹型，如图 5-12（b）所示，曲线斜率逐渐增大，反映了裂隙逐渐闭合或岩体因镶嵌作用而挤紧的过程；若岩体节理裂隙很发育且有泥质充填或岩体的岩性软弱（如泥岩、风化岩等）或在岩体的较深部埋藏有软弱夹层等，它们的变形曲线常呈下凹型，如图 5-12（c）所示；当岩体性质及结构不均匀时，其变形曲线一般为复合型，如图 5-12（d）所示。

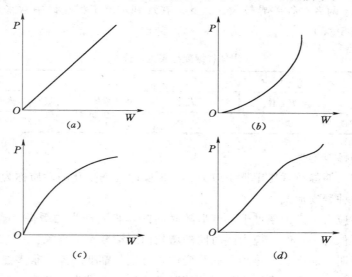

图 5-12 岩体变形曲线类型

（a）直线型；（b）上凹型；（c）下凹型；（d）复合型

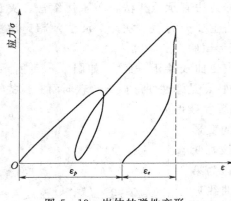

图 5-13　岩体的弹性变形 ε_e
与残余变形 ε_p

此外，由于岩体中发育有各种结构面，所以岩体变形的弹塑性特征较岩石更为显著。如图 5-13 所示，岩体在反复荷载作用下，对应于每一级压力的变形，均由弹性变形 ε_e 和残余变形 ε_p 两部分组成。

（二）岩体的变形指标

变形模量或弹性模量是表征岩体变形的最重要的参数。

（1）变形模量 E_0，为岩体在无侧限受压条件下的应力与总应变的比值。对于采用承压板法进行岩体变形试验。则岩体的变形模量 E_0 可采用下式计算

$$E_0 = \frac{pa\,(1-\mu^2)\,\omega}{W_0} \qquad (5-8)$$

式中：p 为压应力（承压板单位面积上的压力），MPa；W_0 为相应于各级压力 p 条件下岩体试件的总变形值，cm；a 为承压板的边长或直径，cm；ω 为与承压板形状及刚度有关的系数。

（2）弹性模量 E，为岩体在无侧限受压条件下的应力与弹性应变的比值。若采用承压板法进行岩体变形试验，则可将各级压力 p 及其相应的弹性变形值 W_e 采用下式计算，即

$$E = \frac{pa(1-\mu^2)\omega}{W_e} \qquad (5-9)$$

一般来说，坚硬完整岩体的变形模量高，软弱破碎岩体则低。另外，用静力法测得的坚硬完整岩体的弹性模量 E 和变形模量 E_0 数值较接近。而软弱破碎岩体，因残余变形大，所以 E 和 E_0 两者往往差异较大。因此，在水利水电工程建设中常采用变形模量区别岩体的好坏（表 5-5）。

表 5-5　　　　　　　　　　　　　岩体根据变形模量的分类

类　　型	Ⅰ	Ⅱ	Ⅲ	Ⅳ	Ⅴ
	好岩体	较好岩体	中等岩体	较坏岩体	坏岩体
变形模量（$\times 10^9$Pa）	>20	10～20	2～10	0.3～2	<0.3

二、岩体的蠕变特性

固体介质在长期静荷载作用下，应力、变形随时间而变化的性质称为流变性。流变性有蠕变和松弛两种表现形式。

蠕变是指在应力一定的条件下，变形随时间的延长而产生的缓慢、连续的变形现象。松弛是指在变形保持一定时，应力随时间的增长而逐渐减小的现象。

工程实践证明：岩石和岩体均具有流变性，特别是蠕变现象。很多建筑物的失事，往往不是因为荷载过高，而是在应力较低的情况下，岩体即发生了蠕变。

由软弱岩石组成的岩体、软弱夹层和碎裂岩体变形的时间效应明显。而坚硬完整的岩

体变形的时间效应不显著。

试验表明：一般岩体的典型蠕变曲线可分为三个阶段（图 5－14）。第一阶段（OA）段，称初始蠕变阶段，其特点是变形速度逐渐减小，至 A 点达到最小值。该阶段在任一应力值下均可发生。第二阶段（AB）段，称平缓蠕变阶段，其变化缓慢平稳，变形速度保持常量，一直持续到 B 点。第三阶段（BC）段，称加速蠕变阶段，其特点是变形速度加快直至岩体破坏。

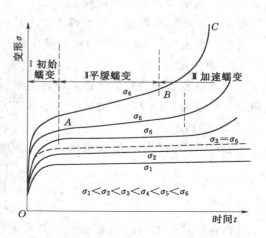

图 5－14　不同条件下岩体的蠕变曲线

岩体的三个蠕变阶段，并不是在任何应力条件下都全部出现。当恒定的应力值较小时，只出现第一或第一与第二阶段的蠕变，并不引起岩体的破坏。当应力等于或超过某一数值时才出现加速蠕变阶段而导致岩体破坏。

通常把出现蠕变破坏的最低应力值，称为长期强度。

岩体的长期强度取决于岩石及结构面的性质，含水量等因素。根据原位剪切流变试验资料，软弱岩体和泥化夹层的长期剪切强度 f_c 与短期剪切强度 f_0 的比值，约为 0.8，大体相当于快剪试验的屈服极限与强度极限的比值。

三、岩体的破坏方式与机制

岩体的破坏、破坏判据及强度，目前还未形成系统的理论，这主要是因为岩体比岩石复杂得多。岩体的破坏方式与破坏机制与受力条件及岩体的结构特征有关。岩体结构类型不同，其破坏方式也不同。一般地，岩体的破坏方式主要有：①脆性破裂，块体滑移；②层状弯折；③追踪破裂；④塑性流动等几种类型。

岩体的剪切破坏大致有三种情况：其一是沿着软弱结构面的剪切破坏，此时软弱结构面的抗剪强度代表了岩体的抗剪强度；其二是受结构面控制的剪切破坏，破裂面追踪结构面的不利组合面发育，岩体强度取决于结构面和结构体两个方面；其三是因整个岩体的抗剪强度不高而发生的破坏。

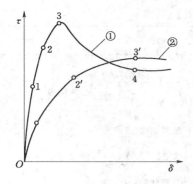

图 5－15　岩体两种典型剪应力——
剪位移曲线
①—脆性破坏；②—塑性破坏

通过剪应力—剪位移曲线的分析，岩体的剪切破坏有脆性破坏和塑性破坏两种类型。

1. 脆性破坏型

坚硬完整岩体多属此种类型，其剪应力—剪位移曲线的主要特征是岩体在剪切破坏前剪位移较小，破坏后有明显的应力降，变形曲线可分为三个阶段（如图 5－15 中①所示）：第一阶段剪应力—剪应变呈线性关系，终止于点1，该点的强度称为比例极限强度。剪力如继续施加，即进入第二阶段。岩体部分出现微裂隙，剪应力—剪应变曲线开始向横轴弯曲，该阶段终止于点2，与2点相应的应力称为屈服极限。第三阶段位移速率明显增加，当剪应力达到峰值点3后，试件全部剪断，剪应力骤然下降，直至点4后才趋于一个定值。3点的应力称为破坏极限或峰值强度。4点以后的应力值称残余强度。

2. 塑性破坏型

半坚硬或软弱破碎岩体多属此种类型。其剪应力—剪位移曲线类型特征是在峰值破坏前剪位移较大，过峰值后剪应力基本保持不变，试件以一定的位移速率沿剪切面滑移（如图5-15②所示）。

上述的比例极限、屈服极限、峰值强度及残余强度为岩体剪切的特征强度值。

第三节　岩体的质量评价

在岩体结构类型研究基础上，仍需进行岩体的质量评价或以稳定性为目的的岩体分级，以满足工程建设的需求。鉴于问题的重要性，自1976年以来，先后提出近80个岩体分类与评价的方案。基本为二大类，即单因素、单指标和多因素、多指标。或者说，一类是单因素分级评分，多因素综合求代数和，以分数总和对照岩体类别评分，最后判断归属；一类是单因素分级赋值，多组双因素求比而后求积，以积数对照岩体分类值，判别归属。由于岩体的复杂性，因素的随机与可变性，一个最突出的问题就是各因素在系统中权的大小及其取值。目前我国学者针对上述问题以及评判方法等仍在深入研究。

谷德振等提出了采用岩体质量系数 Z 作为岩体质量评判的尺度为

$$Z = I \cdot f \cdot s \tag{5-10}$$

式中：I 为岩体完整性系数 $I = V_m^2/V_r^2$；V_m 为岩体声波速度；V_r 为岩石声波速度；f 为结构面摩擦系数，$f = tg\varphi$；φ 为结构面摩擦角；s 为岩块的坚强系数，$s = R_c/100$；R_c 为岩块饱和单轴抗压强度。

他们着重考虑了岩体的完整性、结构面的抗剪特性和岩块的坚强性，基本抓住了岩体质量的控制因素，可以应用于一般工程。他们还进行了岩体质量分级（表5-6），岩体质

表 5-6　　　　　　　　　　　　岩体质量系数与分级表

岩体质量系数 Z	0.002　0.005　0.01　0.02　0.05　0.1　0.2　0.5　1　2　5　10　20
岩体结构类型	0.002 ├────散体结构（Ⅳ）────┤ 0.1　0.3 ├────块状结构（Ⅰ₂）────┤ 10 　　　　　　0.05 ├──碎裂结构（Ⅲ₂、Ⅲ₂）──┤1　2.5 ├─整体结构（Ⅰ₁）─┤ 20 　　　　　　　　　　0.2├镶嵌结构（Ⅲ₁）┤2.5 　　　　　0.08├─薄层状结构（Ⅱ₂）─┤3 　　　　　　　0.2├─层状结构（Ⅱ₁）─┤5
岩体质量优劣分级	极坏　0.1　坏　0.3　一般　2.5　好　4.5　特好

量系数 Z 值的变化范围为 $0.002\sim20$。分五级：即特好（Ⅰ，>4.5）、好（Ⅱ，$2.5\sim4.5$）、一般（Ⅲ，$0.3\sim2.5$）、坏（Ⅳ，$0.1\sim0.3$）、极坏（Ⅴ，<0.1），并与岩体结构类型紧密结合起来。

由于声波测量在我国已有广泛应用，采用声波速度各项指标进行岩体质量评价可能是一种比较简便的方法。我们建议的岩体质量声波综合指标为

$$Z_w = f_1(v_r) f_2\left(\frac{v_m}{v_r}\right) f_3(v_m) f_4(s) \qquad (5-11)$$

式中：$f_1(v_r)$ 为岩石声波速函数，反映岩石结构体的强度；$f_2\left(\dfrac{v_m}{v_r}\right)$ 为岩体的完整性；$f_3(v_m)$ 为岩体波速的函数，表达岩体的变形性质；$f_4(s)$ 为岩体中低波速测点（小于 $1500\text{m}\cdot\text{s}^{-1}$）占全段总测点的百分数 S 的函数，表征对岩体强度有影响的含泥质物程度。

根据若干工程实际资料的统计分析，确定 Z_w 式各函数的表达形式为

$$f_1(v_r) = \frac{v_r}{100};\; f_2\left(\frac{v_m}{v_r}\right) = \frac{v_m^2}{v_r^2};$$

$$f_3(v_m) = v_m;\; f_4(s) = \frac{1}{\dfrac{s}{2}+1}$$

因此，Z_w 式或写为

$$Z_w = \frac{v_m^3}{1000 v_r}\left[\frac{1}{\dfrac{s}{2}+1}\right] \qquad (5-12)$$

岩体质量分级如下

$Z_w > 10000$，岩体质量优；

$Z_w = 5000\sim10000$，岩体质量良；

$Z_w = 500\sim5000$，岩体质量中等；

$Z_w = 50\sim500$，岩体质量差；

$Z_w < 50$，岩体质量劣。

鉴于中国现状，国家制定了一个对各行业和各类工程都适用的统一的工程岩体分级方法，作为全国通用的国家标准，即工程岩体分级标准。岩体基本质量按岩石坚硬程度（表 5-7）和岩体完整程度（表 5-8）确定。

表 5-7   **岩石坚硬程度的定性划分**

名　称		定 性 鉴 定	代 表 性 岩 石
硬质岩	坚硬岩	锤击声清脆，有回弹，震手，难击碎； 浸水后，大多无吸水反应	未风化—微风化的花岗岩、正长岩、闪长岩、辉绿岩、玄武岩、安山岩、片麻岩、石英片岩、硅质板岩、石英岩、硅质胶结的砾岩、石英岩、硅质石灰岩等
	较坚硬岩	锤击声较清脆，有轻微回弹，稍震手，较难击碎； 浸水后，有轻微吸水反应	1. 弱风化的极坚硬岩、坚硬岩； 2. 未风化—微风化的熔结凝灰岩、大理岩、板岩、白云岩、钙质胶结的砂岩等

续表

名　　称		定　性　鉴　定	代　表　性　岩　石
软质岩	较软岩	锤击声不清脆，无回弹，较易击碎； 浸水后，指甲可刻出印痕	1. 强风化的极坚硬石、坚硬岩； 2. 弱风化的较坚硬岩； 3. 未风化—微风化的凝灰岩、千枚岩、砂质泥岩、泥灰岩、泥质砂岩、粉砂岩、页岩等
	软岩	锤击声哑，无回弹，有凹痕，易击碎； 浸水后，手可掰开	1. 强风化的极坚硬岩、坚硬岩； 2. 弱风化—强风化的较坚硬岩； 3. 弱风化的软弱岩； 4. 未风化的泥岩等
	极软岩	锤击声哑，无回弹，有较深凹痕，手可捏碎； 浸水后，可捏成团	1. 全风化的各种岩石； 2. 各种半成岩

表 5 - 8　　　　　　　　　　　　　岩体完整程度的定性划分

名称	结构面发育程度		主要结构面的结合程度	主要结构面类型	相应结构类型
	组数	平均间距（m）			
完整	1～2	＞1.0	结合好	节理、裂隙	整体状或巨厚层状结构
较完整	2～3	1.0～0.4	结合好	节理、裂隙	块状或厚层状结构
较破碎	≥3	0.4～0.2	结合好	构造节理、小断层	镶嵌碎裂结构
			结合一般		中、薄层状结构
破碎	＞3	≥0.2	结合差	构造断裂包括小断层，构造节理，软弱层面等	裂隙块状结构
		＜0.2			碎裂结构
极破碎	—	—	结合差	—	散体状结构

此外，还建立了定量与定性的对应关系，见表 5 - 9、表 5 - 10、表 5 - 11。

表 5 - 9　　　　　　　　R_c 与定性划分的岩石坚硬程度的对应关系表

R_c（MPa）	＞60	60～30	30～15		＜5
坚硬程度	坚硬岩	软坚硬岩	较软岩	软岩	极软岩

注　R_c 为饱和单轴抗压强度。

表 5 - 10　　　　　　　　　　　　J_v 与 K_v 对照表

J_v（条/m³）	＜3	3～10	10～20	20～35	＞35
K_v	＞0.75	0.75～0.55	0.55～0.35	0.35～0.15	＜0.15

注　J_v 为岩体体积节理数；K_v 为岩体完整性系数。

表 5 - 11　　　　　　　　K_v 与定性划分的岩体完整程度的对应关系

K_v	＞0.75	0.75～0.55	0.55～0.35	0.35～0.15	＜0.15
完整程度	完整	较完整	较破碎	破碎	极破碎

岩体基本质量级别是根据定性特征和岩体基本质量指标 Q 二者相结合确定的（表 5 -

12)。

岩体基本质量指标 Q 计算公式为

$$Q = 93 + 3R_c + 250K_v \qquad (5-13)$$

并指明了限制条件：

(1) 当 $R_c > 82K_v + 30$ 时，应以 $R_c = 82K_v + 30$ 和 K_v 代入公式计算 Q 值。

(2) 当 $K_v > 0.0382R_c + 0.4$ 时，应以 $K_v = 0.03R_c + 0.4$ 和 R_c 代入公式计算 Q 值。

规范中还就影响岩体质量的相关因素，即地应力、地下水、结构面产状等提供了修正系数，以便对工程岩体作出正确的评价。

表 5-12 岩体基本质量分级表

基本质量级别	岩体基本质量的定性特征	岩体基本质量指标 Q
I	岩石坚硬，岩体完整	>550
II	岩石坚硬，岩体较完整 岩石较坚硬，岩体完整	550～450
III	岩石坚硬，岩体较破碎 岩石较坚硬或软硬岩互层，岩体较完整 岩石为较软岩，岩体完整	450～350
IV	岩石坚硬，岩体破碎 岩石较为坚硬，岩体较破碎，且以软岩为主 岩体较完整—较破碎 岩石为软岩，岩体完整—较完整	350～250
V	岩石为较软岩，岩体破碎 岩石为软岩，岩体较破碎—破碎 全部极软岩及全部极破碎岩	<250

第六章　坝基岩体稳定性的工程地质分析

为满足防洪需求并获得发电、灌溉、供水、航运等方面的综合效益，需要在河流的适宜地段修建不同类型的建筑物，用来控制和支配水流，这些建筑物通称为水工建筑物。由不同功能的水工建筑物组成的综合体称为水利枢纽。水工建筑物种类繁多，依其作用可分为挡水建筑物（水坝或水闸）、取水或输水建筑物（扬水站、渠系建筑和隧洞等）、泄水建筑物（溢洪道或泄洪洞等）、附属建筑物（水电站、船闸、鱼道等）。对大多数水利水电工程而言，挡水坝、引水渠和泄水道是最重要的"三大件"，而挡水坝又是所有水工建筑物中最重要的建筑物。三峡工程是当今世界最大的水利枢纽工程（图6-1）。由拦江大坝和水库、发电站、通航建筑物等部分组成。大坝总长3035m，坝顶高185m，蓄水位初期156m，后期175m；总库容393亿m^3，防洪库容221.5亿m^3。装机32台，装机总量2250万kW，双线五级船闸一座，可通过万吨级船队；垂直升船机一

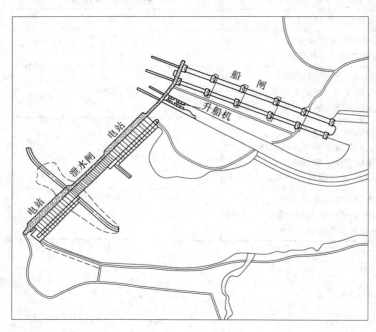

图6-1　三峡工程示意图

座，可快速通过3000t级轮船，年单向通航能力5000万t。

挡水坝因其用材和结构型式的不同，可以划分为很多种类型，如按筑坝材料分为土坝、堆石坝、干砌石坝、混凝土坝、橡胶坝等，按坝体结构分为重力坝、拱坝和支墩坝等，按坝高H分为低坝（$H<30m$）、中坝（$H=30\sim70m$）、高坝（$H>70m$）。不同类型的坝，对坝基的要求是不同的。

土石坝是利用当地土石料堆筑而成的一种广泛采用的坝型，结构简单、施工简便，对坝基的强度和变形适应性强，无论山区或平原区、岩基或土基均可建坝。

拱坝是采用钢筋混凝土等材料建造的凸向上游的拱形坝，通过拱的作用把大部分外荷传递到两侧山体（坝肩）上，坝基只承受较小的荷载。具有厚度小、重量轻的特点，但对地质条件及施工技术要求较高，尤其是对坝肩岩体的强度要求。

混凝土重力坝采用混凝土作为坝身材料，是一种整体性较好的刚性坝。中、高坝常采用这种坝型。按混凝土施工工艺分为常态混凝土坝和碾压混凝土坝两种。水库蓄水后，坝体通常要承受库水的水平推力、地下水扬压力、风浪压力、泥沙压力等，这些力连同坝体自身的重量又通过坝体传递到地基岩体上，因而坝基岩体所承受的压力是很大的。通常100m高的混凝土重力坝，对坝基岩体产生的压力可达2MPa，这就要求坝基岩体要有足够的强度和刚度，满足稳定性的要求。

因此，在水库大坝的设计和施工中，需对坝基岩土体的稳定性进行专门的分析研究，内容包括坝基岩体的承载力、压缩变形指标和抗滑稳定性分析等。

第一节 坝基岩体的压缩变形与承载力

大坝所承受的各种载荷，通过基础传递到下面的地基岩体中，引起岩体的变形，导致大坝沉降。当沉降变形量超过允许范围时，就会影响大坝的安全。如果岩体承受的荷载超过地基的承载能力，地基岩体就会遭受破坏，进而危及大坝的安全。如美国的圣弗朗西斯重力坝就因坝基黏土石膏胶结的砂砾岩泡水软化造成沉降和滑移，发生溃坝，冲毁下游两岸村镇，造成400余人伤亡。

一、坝基岩体的压缩变形

坝基岩体的压缩变形通常有均匀沉降和不均匀沉降两种形式，如图6-2所示。当地基由均质岩层组成时，坝基的变形与沉降往往也是均匀的，如图6-2（a）所示。当地基由非均质岩层组成，且岩性差异显著时，则将产生不均匀变形，如图6-2（b）所示。如果变形量、特别是不均匀变形量超过了允许限度，则坝基岩体将会遭受破坏，进而可导致坝体裂缝，甚至发生漏水或失稳。因此，在进行坝址选择时，应尽量选择均质岩层地基，地基的变形量要小于坝的设计要求。特别是支墩坝、拱坝这类对不均匀沉降极为敏感的坝型，对其坝基的沉陷、水平变形、向河床中心的侧向变形都要注意研究。

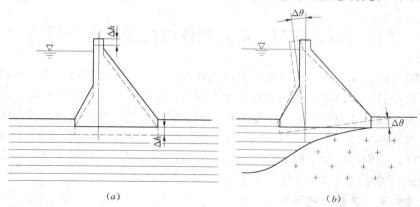

图 6-2 坝基沉降变形方式
（a）均匀沉降变形；（b）不均匀沉降变形

坝基的沉降变形还是一个非常漫长的过程，一般从坝体施工开始，一直持续到大坝建成，甚至在水库蓄水后的相当长时间内仍在继续。因此，大坝的沉降变形观测也是水库监测的一项重要内容。

二、坝基岩体的沉降量计算

坝基岩体的沉降变形量：一方面决定于坝高和坝型（实质是应力条件）；另一方面也取决于坝基岩体受力后的变形性质。在弹性变形阶段，岩石的变形量可用虎克定律计算，即

$$\Delta S = \frac{\sigma H}{E} \tag{6-1}$$

式中：ΔS 为变形量，m；σ 为压应力，MPa；H 为岩层厚度，m；E 为弹性模量（或变形模量），MPa。

一般来说，混凝土坝底面积小，应力集中，地基变形量相对较大。土坝底面积大，应力分散，地基变形量相对较小。地基受力后的变形量还取决于弹性模量 E 的大小（反比关系），岩基的弹性模量一般为 $10^3 \sim 10^4$ MPa，土基的弹性模量一般小于 10^2 MPa。因此土基的变形量较大，一般不适于建较高的混凝土坝。如果必须兴建，应采取有效措施。如采用深基础（桩基）施工方案。

三、坝基容许承载力

坝基的容许承载力是指坝基能够承受最大荷载的能力。一般把坝基丧失整体稳定时的临界荷载，叫做极限荷载。坝基的承载力应能满足上部建筑荷载的要求并且应有一定的安全储备。一般以容许承载力 $[R]$ 表示，它是指在保证建筑物安全稳定条件下，允许承受的最大荷载压力。它既要保证不产生过大的沉陷变形，也不能产生破裂、剪切滑移等，因此它是个综合概念。

坝基的容许承载力不仅取决于岩体强度、风化程度，还受到结构面强度及其空间组合形态的控制。因此，坝基的容许承载力是岩体的综合强度，而不是单个岩块的单轴抗压强度。岩体强度主要是指结构面的结合强度。目前对此尚缺乏测试手段。

岩质坝基的容许承载力一般较高，除岩体特别破碎、软弱或工程重要，需做试验论证外，一般根据经验数值选定允许承载力均能满足设计要求。但是，当岩体内部存在软弱夹层或某些软弱构造带时，需进行相应的试验，最终确定允许承载力。

第二节　坝基（肩）岩体的抗滑稳定分析

建于岩基上的混凝土坝（重力坝、支墩坝和拱坝等）为刚性坝体，坝基（肩）抗滑稳定问题是最重要的工程地质问题。混凝土重力坝是依靠其自身重量来抵抗库水的水平推力而维持稳定的，因此必须对坝基抗滑稳定性做出切实可靠的评价。美国的圣弗朗西斯重力坝、法国马尔帕塞拱坝的破坏，都是因坝基产生滑移造成的。我国约有 1/3 的已建和正在设计的大坝，因为存在坝基抗滑稳定问题而不得不改变设计、延长工期、增加工程量或进行后期加固，可见研究这一问题意义十分重大。

一、影响坝基滑移稳定的因素

影响坝基滑移稳定的因素是多方面的，综合起来可分为如下两方面。

（1）岩体的内在因素。即岩体组成物质及组织结构所决定的强度和结构特性，控制着地基滑移形式及其可能性，是地基滑移的根本条件。包括岩体中的软弱夹层、构造破碎带、风化带等，并当它们在一定的组合形式下，又与一定地形相配合而形成不利条件。

（2）岩体的外在因素。如渗流、地震、滑坡作用等，它们是坝基滑移的促进因素。坝基渗流的作用，可引起渗透破坏或由于渗透压力引起软弱夹层和构造破碎带的进一步软化。另外，地震、滑坡、风化作用和工程开挖中的震动和卸荷等因素，也对坝基的滑移稳定产生不利影响。

二、坝基滑移破坏的类型

坝基岩体的滑移破坏类型，根据滑动面位置的不同，可划分为表层滑移、浅层滑移和深层滑移三种类型。

1. 表层滑移

表层滑移指坝体混凝土底面与基岩接触面之间发生剪切破坏所造成的滑动，如图6-3（a）所示。当坝基岩体完整坚硬，无可能引起滑移的软弱结构面存在，且岩体强度远大于混凝土与基岩接触面的强度时，就有可能发生此种类型的滑移破坏。另外，此类滑移也可由施工质量原因引起，如基岩风化带清理不彻底，混凝土底面浇筑不牢固等。

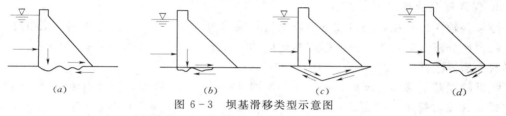

（a）　　　　　　（b）　　　　　　（c）　　　　　　（d）

图6-3　坝基滑移类型示意图

（a）表层滑移；（b）浅层滑移；（c）深层滑移；（d）混合滑移

2. 浅层滑移

浅层滑移指沿着坝基岩体浅部的软弱结构面或夹层发生的滑移。当坝基浅部岩体的抗剪强度低于混凝土与基岩接触面的强度，又低于深部岩体的强度时，便可能发生这种类型的滑移破坏，滑移面往往参差不齐，如图6-3（b）所示。浅层滑移的发生大多是由于软弱夹层未清除干净或地基处理方法不当所致。

3. 深层滑移

当坝基深部的基岩中存在软弱夹层或软弱结构面时，坝体和软弱层之上的基岩作为一个整体，沿软弱面发生的滑移叫深层滑移，如图6-3（c）所示。这种滑移形式多发生于修建在岩基之上的重力坝中，因此，它是工程地质学的重点研究对象。

另外，有时还发生上述几种类型组合而成的混合滑移，如图6-3（d）所示。

三、坝基抗滑稳定性分析

1. 表层滑移

重力坝表层滑移稳定性分析的受力情况如图6-4所示，包括库水的水平推力、坝的自重

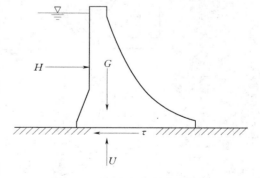

图6-4　坝基表层滑移受力图

压力及靠摩擦产生的水平抗滑力及坝底面扬压力。重力坝表层滑移稳定性可利用下式计算

$$K = \frac{f(\sum G - U)}{\sum H} \tag{6-2}$$

或
$$K_c = \frac{f'(\sum G - U) + CA}{\sum H} \qquad (6-3)$$

式中：K、K_c 为抗滑稳定系数；$\sum G$ 为垂向力之和；U 为作用在滑移面上的扬压力之和；$\sum H$ 为水平力之和；f 为坝体与坝基接触面的抗剪摩擦系数；f' 为坝体与坝基接触面的抗剪断摩擦系数；C 为坝体与坝基接触部位的黏聚力；A 为坝体底面积。

稳定系数大于 1 时是稳定的，但在实际应用中要考虑一定的安全系数，按水利部门的有关规定，一般 K 取 $1.0 \sim 1.2$，K_c 取 $3 \sim 5$。

2. 浅层滑移

如前所述，坝基浅层滑移往往沿分布于坝体与基岩接触面以下较浅部位的近于水平的软弱结构面或风化破碎岩体而发生，因此，可采用表层滑移的稳定性计算公式。但应注意的是，此时应采用软弱岩体或破碎岩体的抗剪强度指标，而不能采用混凝土与岩石间的抗剪强度或抗剪断强度指标。

3. 深层滑移的稳定性分析

当坝基较深处存在着三组或三组以上的软弱结构面时，往往发生坝基的深层滑移。在进行稳定性分析时，首先应查明软弱结构面的埋藏条件、产状和组合关系，即确定滑移体的形状和边界条件。

常见的坝基滑移体有楔形、棱柱形和锥形（图 6-5），其边界条件由滑动面、临空面和拉裂面（或切割面）组成。

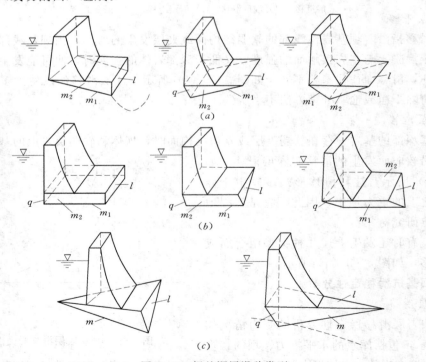

图 6-5　坝基深层滑移类型

（a）楔形；（b）棱柱形；（c）锥形

l—临空面；m—滑移面；m_1—底滑移面；m_2—侧滑移图；q—拉裂面

（1）滑移面。是控制坝基滑移的主要结构面。多为缓倾角（<30°）的软弱结构面，如软弱夹层面、泥化夹层面、断层面等。滑移面可以是单一的平面或曲面，也可以是由几个平面组成的楔形、梯形等。

（2）临空面。坝基滑移体的临空面主要是坝趾下游的河床地面，通常都是近似水平或微倾斜的。但当河床中有深槽或溢洪冲刷坑、坝后式电站厂房的深挖基坑时，就可能构成陡立的临空面。这种陡立的临空面与倾向下游的滑动面结合在一起，则可形成危险的滑移体。此外，坝趾下游如有横穿河谷的断层破碎带、裂隙密集带、不整合面、风化囊等软弱破碎岩体时，都有可能构成潜在的陡立临空面，在进行坝基的稳定性分析时都应充分予以注意。

（3）拉裂面。一般与滑动方向垂直，多产生于上游坝踵附近，此处常为拉应力区。坝基在拉裂面和其他结构面的共同作用下，往往被切割成分离体。垂直于河床方向的岩层层面、裂隙、断层、片理等，皆为形成拉裂面的地质因素。

只有在确定了坝基深层滑移的边界条件以后，方可进行稳定性的计算。目前大多采用刚体极限平衡方法。

取垂直于坝轴线方向的单宽剖面，不计侧向滑移面及拉裂面的抗滑作用，通常分以下三种情况：

1）倾向下游的单斜滑动面。如图 6-6（a）所示，抗滑稳定系数的计算公式为

$$K_c = \frac{抗滑力}{滑动力} = \frac{f(G\cos\alpha - U - H\sin\alpha) + Cl}{H\cos\alpha + G\sin\alpha} \qquad (6-4)$$

式中：G 为坝体和滑移体重量等垂向力之和；U 为作用在滑移面上的扬压力；H 为库水推力等水平力之和；f 为滑移面摩擦系数；C 为滑移面黏聚力；α 为滑移面倾角；l 为滑移面长度。

2）倾向上游的单斜滑动面。如图 6-6（b）所示，抗滑稳定系数的计算公式为

$$K_c = \frac{f(G\cos\alpha - U + H\sin\alpha) + Cl}{H\cos\alpha - G\sin\alpha} \qquad (6-5)$$

式中符号意义同前。

3）双斜滑动面。如图 6-6（c）所示，这时可将滑移体分成倾向上游和倾向下游的两部分来考虑，上半段向下滑，下半段为抗力体。先计算上游段的下滑力与抗滑力的合力，即

$$P = (H\cos\alpha + G\sin\alpha) - [f_1(G\cos\alpha - U_1 - H\sin\alpha)] + C_1 l_1$$

式中：G 为坝体重量与滑移体上半段重量之和；U_1 为作用在滑移面上半段上的扬压力；H 为库水推力等水平力之和；f_1、C_1 为倾向下游滑移面抗剪强度指标；α 为倾向上游滑移面倾角；l_1 为倾向上游滑移面长度。

然后进行判断，如果 $P \leqslant 0$，不会发生下滑；如果 $P > 0$，再计算下半段的抗滑稳定系数，公式为

$$K_0 = \frac{f_2[P\sin(\alpha + \beta) - U_2 + G_2\cos\beta] + C_2 l_2}{P\cos(\alpha + \beta) - G_2\sin\beta} \qquad (6-6)$$

式中：G_2 为滑移体下半段重量；U_2 为作用在滑移面下半段上的扬压力；f_2、C_2 为倾向下游滑移面抗剪强度指标；β 为倾向下游滑移面的倾角；l_2 为倾向下游滑移面长度；其余

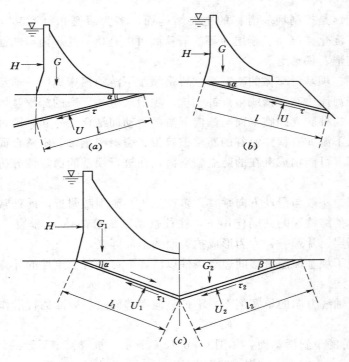

图 6-6　坝基深层滑移计算图

(a) 滑移面倾向上游单斜滑移；(b) 滑移面倾
向下游单斜滑移；(c) 双斜滑移

符号意义同前。

四、坝肩的抗滑稳定性分析

坝肩的抗滑稳定问题，一般在拱坝中比较突出。拱坝的结构特点在于利用拱的作用，将上游水压力等荷载传递到两岸岩体上来维持稳定。拱坝一般选择在河谷狭窄、河谷断面对称、岸坡平顺的地段上宽下窄的位置。对两岸岩体坚硬程度和完整性的要求较高，岩体中存在的软弱岩夹层或各种结构面等，往往成为拱坝坝肩是否稳定的关键因素。

（一）拱坝坝肩稳定性的地质条件分析

由于拱坝坝体薄，不但能节省大量的建筑材料，而且抗震及超载能力较强，所以成为现代水利工程建设中的常用坝型。目前已建成的拱坝为数甚多，但发生破坏的也较多。工程实践表明：拱坝的破坏多始于坝肩的失稳。常见的可能导致坝肩失稳的地质条件主要如下。

（1）坝肩岩体内存在（或潜在）滑裂面，如各种原生或次生的裂隙面、断层面、软弱岩夹层、片理面、不整合面等。它们的延伸方向与拱坝推力方向的夹角愈小，对坝肩稳定愈不利。

（2）坝肩岩体内存在着大变形量的岩层，如厚度较大的软弱岩夹层、断层破碎带、张性裂隙密集带、喀斯特溶蚀带、风化囊等，它们的分布方向与拱坝端点推力方向的夹角越大，产生的变形量越大。如果变形量超过了坝体的允许范围，就可能引起拱坝的破坏。

（3）坝肩岩体内存在管涌通道，在地下水的潜蚀作用下，也有可能造成拱坝的破坏。

（二）拱坝坝肩稳定的力学分析方法

与前面讲的坝基稳定性计算方法原理相同。先将拱坝以不同高度的水平面切成若干个独立的拱圈（高度可取 5～10m），分别计算各拱圈拱端岩体的稳定性。如果逐层的计算结果稳定，则认为坝肩稳定。如果部分拱圈计算结果不稳定，那么再作整体稳定性计算。

对于双曲拱坝则需进行三维计算，比较复杂，多利用计算机采用有限元法计算。也可用实验方法测定。

第三节　坝基渗漏与渗透变形

一、坝基渗漏

坝基渗漏是指水库蓄水后，库水通过坝基或坝肩的渗透通道或透水地层向河谷下游渗漏。前者叫坝基渗漏，后者叫绕坝渗漏。长期大量的坝基或绕坝渗漏，会给水库的运行带来不良后果。一方面，它可以使库水大量漏失，严重者甚至使水库不能蓄水；另一方面，还会使坝基产生渗透变形，危及大坝安全。

（一）坝基渗漏的地质条件

坝基中存在渗漏通道是产生渗漏的首要条件。坝基中的渗漏通道主要有岩溶通道、裂隙通道、断层破碎带等。它主要受坝基岩石的透水性和河谷构造等因素的控制。

1. 岩石的透水性

坝基岩体的透水性，主要取决于岩石中孔隙、裂隙、溶隙的发育程度及连通情况，而这些又受岩石性质和构造发育程度的制约。渗透系数 K 是衡量岩石透水性的定量指标，在水工建筑中，通常将 $K<10^{-7}$cm/s 的岩石定为隔水层，大于此值的定为透水层，$K>10^{-2}$cm/s 的定为强透水层。

2. 河谷构造

常见的河谷，有下列三种构造类型。

（1）纵谷。岩层走向与河流流向平行或近于平行的河谷称为纵谷。这种河谷构造，如有渗漏岩层或顺河道方向的断层，都可构成良好渗漏通道，容易造成库水的大量渗漏。

（2）横谷。岩层走向与河流流向垂直或近于垂直的河谷称为横谷。这种河谷构造因岩层走向往往与坝轴线平行，故移动坝的位置，就可避开渗漏通道。但仍需注意岩层的倾向与倾角，一般倾向下游、倾角较小的岩层比倾向上游、倾角较大的岩层更易形成渗漏。

（3）斜谷。岩层定向与河流流向斜交的河谷称为斜谷，这种河谷是上述纵谷和横谷的过渡类型。岩层走向与河流流向间夹角的大小，是影响渗漏的重要因素。一般情况下，交角愈小（接近纵谷），形成坝基或坝肩渗漏的可能性愈大。

（二）坝基渗漏量计算

1. 单层透水坝基

一般是应用卡明斯基公式计算，即

$$q = K \frac{H}{2b+T}T \qquad\qquad (6-7)$$

式中：q 为坝基的单宽渗漏量，$\mathrm{m^2/d}$；K 为坝基的渗透系数，m/d；H 为坝上下游的水位差，m；$2b$ 为坝底宽度，m；T 为透水层厚度，m。

坝基的总渗漏量按下式计算

$$Q = qB \tag{6-8}$$

式中：Q 为坝基的总渗漏量，m^3/d；B 为坝轴线方向渗漏带的宽度，m。

该方法适用于 $T \leqslant 2b$ 的情况，$T \geqslant 2b$ 时，计算结果偏小。

2. 双层透水坝基

即坝基由透水性不同的两层透水层构成（带下角码 1 者为上层，带上角码 2 者为下层）。当 $K_2 > K_1$ 时，应用下式计算

$$q = \cfrac{H}{\cfrac{2b}{K_2 T_2} + 2\sqrt{\cfrac{T_1}{K_1 K_2 T_2}}} \tag{6-9}$$

式中符号意义同前。

当 $K_1 > K_2$ 时，可用单层公式近似计算。

3. 多层透水坝基

分两种情况：当各层的 K 值相差 10 倍以下时，按单层公式近似计算，K 值可按透水层厚度取加权平均值；当各层的 K 值相差 10 倍以上时，可先将地层分成两组，每组的 K 值同样按透水层厚度取加权平均值，然后按双层透水坝基公式近似计算。

实际工作中，如果坝基地层在横剖面上岩性有变化时，应将坝基横断面分成若干段进行分段计算。

二、坝基渗透变形

水库蓄水后，由于库水位同地下水位形成了很大落差，当坝基发生渗漏时，会产生很大的渗透压力，形成有压渗透水流。这种在有压渗透水流作用下，坝基岩土体中的细小颗粒或裂隙充填物发生移动、结构变形甚至破坏的现象叫做渗透变形（或渗透破坏）。它不仅影响水利工程效益，严重者甚至危及大坝的稳定。

（一）坝基渗透变形的表现形式

坝基渗透变形可分为管涌和流土两种形式。

1. 管涌

管涌是指充填于大颗粒之间的小颗粒物质在渗透水流的动水压力作用下，随水流运动的现象。管涌一般发生在渗流出口处，由于管涌可将坝基中的细小颗粒带走，造成地基的局部架空，严重者可酿成严重的坝基安全事故。管涌一般由机械潜蚀引起，但在可溶岩类分布区，由化学潜蚀作用引起的管涌也很常见。此外，还有由生物原因引起的，称为生物潜蚀，如鼠洞、蚁穴等。

2. 流土

流土多发生在坝基岩土体颗粒比较均匀细小的地带，如黏性土质坝基和岩基中软弱泥岩夹层等。这是因为细小颗粒之间具有黏聚力，在渗透水流的作用下，颗粒不易被冲走，而是整体地同时运动或隆起，就像土在流动，因此称为流土。这种渗透变形常发生在坝趾处，特别是当岩土体具有上部为黏性土层、下部为砂性土层的"二元结构"时，更易发生。如果不进行处理，将直接威胁大坝的安全。

（二）坝基渗透变形的原因分析

渗透变形实质上是渗透水流作用在岩土体上的结果。它一方面取决于岩土体的结构和性质，另一方面与渗透水流的动水压力这个外在因素有关。

1. 岩土体结构因素分析

岩土体结构因素包括粒度成分、颗粒级配、裂隙性质、结构构造、致密程度、胶结情况和透水性等。其中，粒度成分和颗粒级配的影响最为明显。

（1）当岩土体中粗、细颗粒直径相差很大时（大、小颗粒直径的比值 $d_大/d_小 > 20$），易发生管涌。

（2）受颗粒不均匀系数（不均匀系数 $\eta = d_{60}/d_{10}$）的影响。当 $\eta < 10$ 时，易发生流土；当 $\eta > 20$ 时，易发生管涌；当 $10 < \eta < 20$ 时，既可能发生流土，也可能发生管涌。

（3）与岩土体渗透性的变化有关。从上游到下游，当渗透能力逐渐变大时，不易发生渗透变形；而当渗透能力逐渐变大时，易发生渗透变形。

2. 动水压力的影响

动水压力是渗透水流作用在单位面积岩土体上的压力，可利用下式计算

$$D_动 = \gamma_w I \tag{6-10}$$

式中：$D_动$ 为动水压力；γ_w 为水的容重；I 为渗透水流的水力坡度。

由式（6-10）可知，动水压力与水力坡度成正比，也就是说水头差越大或渗透距离越小，则动水压力越大，发生渗透变形的可能性也就越大。

渗透水流在坝前段的流动方向是由上向下的，使岩土体压实。而在坝后（下游坡脚处）则是由下向上，使土体向上托起，故此处最易产生渗透变形。

（三）渗透变形的判别

1. 确定临界水力坡度

将刚好发生渗透变形时的水力坡度称为临界水力坡度 I_{cp}，可用下列近似公式计算

$$I_{cp} = (1-n)(\rho - 1) + 0.5n \tag{6-11}$$

式中：I_{cp} 为临界水力坡度；n 为岩土体的孔隙度；ρ 为土粒的比重。

另外，临界水力坡度也可用现场试验的方法测得。

2. 允许水力坡度的选择

为安全考虑，一般是将临界水力坡度乘以一个安全系数 K。一般规定，砂性土 K 值取 $0.3 \sim 0.5$，黏性土 K 值取 $0.3 \sim 0.4$。

3. 判别

将水库坝基附近各地点的实际水力坡度与允许水力坡度进行比较，如果实际水力坡度大于允许水力坡度，则说明有发生坝基渗透变形的危险，必须采取相应措施降低实际水力坡度或动水压力。

第四节　工 程 实 例 分 析

一、工程概况

小浪底水利枢纽位于河南省洛阳市以北约 40km 的黄河干流上，坝址上距三门峡水利

枢纽大坝 130km，下距郑州京广铁路大桥 115km，控制流域面积 69.4 万 km²，占黄河流域总面积的 92.2%。工程位于黄河中游最后一段峡谷的出口，处于承上启下、控制黄河水沙的关键部位，是黄河中游三门峡水库以下唯一能取得较大库容的坝址。1994 年 9 月主体工程开工，2001 年 12 月完工。兼有防洪、防凌、减淤和发电、灌溉、供水等综合效用。可控制黄河下游洪水，又可利用其库容拦蓄泥沙，长期进行调水调沙，减缓下游河床淤积抬高，为综合治理黄河赢得宝贵时间，在治理开发黄河的总体布局中具有重要的战略地位。

二、枢纽总体布置

1. 设计标准和要求

小浪底水利枢纽最高蓄水位 275m，最大坝高 154m，总库容 126.5 亿 m³，是黄河三门峡以下唯一可以取得较大库容的、治黄战略地位十分重要的工程。枢纽由斜心墙堆石坝、孔板消能泄洪洞、排沙洞、明流泄洪洞、正常溢洪道、北岸灌溉洞以及装机容量 180 万 kW 的引水式电站等建筑物组成。枢纽为Ⅰ等工程，主要建筑物为 1 级建筑物，采用千年一遇洪水设计，可能最大洪水同万年一遇洪水校核。

2. 枢纽建筑物的组成

枢纽建筑物的组成如图 6-7 所示。

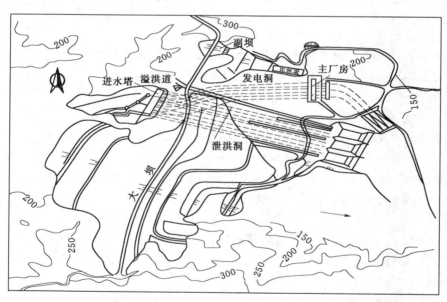

图 6-7 黄河小浪底水利枢纽建筑物布置图（高程：m）

三、坝址工程地质条件及其处理

1. 坝址工程地质条件

小浪底工程拦河大坝坝高 154m，坝顶高程为 281m，坝顶长 1666.29m，坝体填筑总量为 5185 万 m³，开挖总量为 750 万 m³。小浪底大坝有三个主要特点：一是采用了以垂直防渗为主、水平防渗为辅的双重防渗体系；二是右岩滩地设计了目前我国最深的混凝土防渗墙，最大造孔深度达 81.90m，墙厚 1.2m；三是大坝体积大，总填筑方量为 5185 万

m³，成为我国目前大坝填筑方量最大的当地材料坝（图 6-8）。

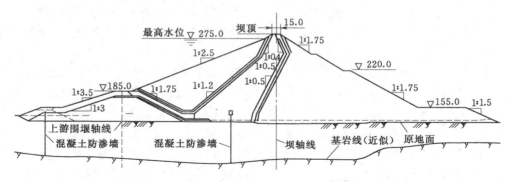

图 6-8 黄河小浪底大坝横剖面图（单位：m）

小浪底坝址河床存在深覆盖层，有较强透水性。且河床坝基岩层不仅夹有中厚层或厚层软岩，还有泥化夹层，抗剪强度低。大坝坐落在深达 80m 左右的覆盖层上，河床深覆盖层大致分为表砂层、上部砂砾石层、底砂层和底部砂砾石层。左岸基岩岩性以砂岩为主，右岸基岩以黏土岩为主。砂岩为黏土岩呈互层分布。两岸山体岩性均倾向下游，且岩层之间泥化夹层较为发育，对坝体及山体稳定极为不利。所以拦河坝只宜采用当地材料坝。坝址附近有丰富的土石料，经多种方案的比较，最后采用带内铺盖的斜心墙堆石坝，以垂直混凝土防渗墙为主要防渗幕，并利用黄河泥沙淤积作天然铺盖，作辅助防渗防线，提高坝基的防渗可靠性。

有 F_1 断层位于右岸坡角下，走向与河流方向一致，倾向北，倾角 80°左右，断距达 200m，断层带宽度变化幅度大。

2. 坝基处理

（1）河床砂卵石覆盖层处理。

河床砂卵石覆盖层采用混凝土防渗墙截渗，墙厚 1.2m，插入斜心墙的高度为 12.0m。为改善墙顶周围土体的应力状态，墙体上部做成高 3.5m、顶部抹圆的弹头形形式。

大坝心墙区基岩面不论砂岩还是黏土岩都浇筑了混凝土盖板或采用挂网喷混凝土进行了保护。在帷幕线上都浇筑了宽 8m、厚 0.80m 的钢筋混凝土。对大的冲沟采用浇筑混凝土回填的方法。填土之前在整个基础面上涂刷一层泥浆，并在泥浆未干之前上土，以确保心墙和基础面结合良好。

（2）左右岸岩基处理。

两岸采用阻排结合的处理措施，以满足坝基防渗和坝体、山体稳定的要求。左右岸心墙岩基均采用灌浆帷幕防渗，经现场灌浆试验验证、三维渗流计算分析和工程类比，采用一道灌浆帷幕，帷幕孔孔距 2.0m。在遇断层等透水性较大的地质构造时，灌浆孔的排数适当增加。基础排水分左右布置，左岸排水幕轴线与帷幕轴线大致平行布置，南端始于岸边附近。北端止于 F_{461} 断层，共设置了两层排水隧洞，右岸排水幕分为两部分，第一部分自 F_1 断层沿帷幕线至 F_{230} 断层北侧为 50m，第二部分沿 F_{230} 断层向东延伸为 400m，两部分排水总长 850m。排水孔为斜孔，孔距为 3m。

幕体的防渗设计标准为不大于 5.0Lu，幕体底部进入相对不透水层（小于 5.0Lu）的深度不小于 5.0m。在整个心墙底宽范围内的岩石地基上均布置有固结灌浆，灌浆孔按 3m×3m 网格布置，孔深 5m 垂直基岩面布置。大坝帷幕灌浆分左右岸及河床段两个部分，帷幕灌浆为单排孔，孔距为 2m，在地质条件复杂的区域，根据实际情况增加了灌浆排数。

（3）F_1 断层处理。

右岸 F_1 断层是顺河向断层，断层带及两侧影响带宽度变化较大，断层带最宽约 10.0m，两侧影响带最宽各约 10.0m。断层带内分布有多条宽度不足 1.0m 的断层泥。断层带内的断层泥透水性很小，但断层影响带透水性较强，是贯穿上下游的主要渗漏通道。

在断层带及断层影响带处加强了帷幕灌浆，灌浆增至 3～5 排，孔排距均为 2.0m，幕底高程 65m。断层带及影响带范围内的固结灌浆孔深度 10.0m。为了能在工程投入应用后根据运行情况对 F_1 断层灌浆进行补强处理，特将 2 号灌浆洞延长至断层南侧影响带内。

为防止沿断层和斜心墙接触面和断层上部形成管涌破坏，在断层带及影响带顶面与斜心墙接触面范围内，设置厚 1.0m 的混凝土盖板，以隔断坝体和基础的渗流。在下游坝壳范围内的断层顶面铺设反滤层，厚度各为 1.0m。

第七章 岩质边坡稳定性的
工程地质分析

边坡包括自然边坡和人工边坡，是地壳表面具有露天侧向临空面的地质体，是广泛分布于地表的一种地貌形态，是人类工程活动最普遍也是极为重要的地质环境。

自然边坡是指在各种自然地质作用下形成的山体斜坡、河谷岸坡等天然斜坡。

人工边坡是指由于人类的工程活动开挖所形成的具有较规则的几何形态，如路堤边坡、采石场开采边坡、人工渠道边坡、船闸边坡、深基坑边坡、土石坝边坡等人工斜坡。

边坡在形成过程中，由于各种内、外动力地质作用使坡体内原有应力状态分布发生变化，出现边坡体应力重新分布，当边坡岩土体强度不能适应此应力变化时，就产生了边坡的变形破坏作用。边坡的变形破坏给人类和工程建设带来了很大的危害。

1980年6月，湖北远安盐池河磷矿发生灾难性大崩塌，当地岩层中发育两组垂直节理使山顶部厚层白云岩三面临空，地下采矿巷道使两组垂直节理进一步发展加剧，再加上连日暴雨的触发，使山体岩层面滑出形成崩塌。崩塌体高160m，约100万 m^3 的山体突然崩落，造成一栋4层大楼被气浪冲击抛到对岸，约284人丧生。

1982年7月，川东暴雨，四川云阳县城东发生了巨型的鸡扒子滑坡。滑坡面积0.77km²，滑坡土石方达1500万 m^3，包括云阳县冷冻库，卫生院在内的1730间房屋及设备全部葬入长江，损毁耕地775亩。滑坡体推入长江后，导致航道变窄，形成急流险滩，给通航带来困难。滑坡与大暴雨密切相关，1982年7月16日4时开始到7月18日2时，46h内降雨331.3mm，而滑坡开始于17日2~8时，20时滑坡体开始向下部缓慢推移，18日2时开始剧滑，3时其前缘推入长江洪流中。

1983年3月7日，甘肃东乡县洒勒山发生巨型滑坡，由黄土及其下伏的新第三系红色泥岩组成的洒勒山主峰及南坡突然下滑，滑坡总体积达5000万 m^3，瞬间前缘前冲约1500m，堵塞巴谢河河床240m，滑坡面积约1.6km²，4个村寨被毁灭，死亡237人，造成中外瞩目的重大地质灾害。

意大利瓦依昂水库大坝为265.5m高的双曲拱坝，库岸由白垩系及侏罗系的石灰岩组成，其中有泥灰岩和夹泥层，河谷岸坡陡峭，节理发育。1960年开始蓄水后，左岸岸边岩体下滑，在顶部出现一条长近2000m的"M"形裂缝，以后位移逐渐加快。1963年10月9日，大范围的岩体突然急速下滑，滑坡体的体积达到2.4亿~2.8亿 m^3，部分滑坡体将坝前2km多长的河谷全部掩埋，并高出原库水位约200多m。约有1200万~1500万 m^3 的水被挤过坝顶，漫到坝顶的水深，左岸在100m以上，右岸达200多m。下游一个村镇被冲毁，共死亡2400多人，在电厂工作的60名人员也无一幸存。虽大坝结构坚固，安然无恙，但水库已成为永远存蓄堆石的废库。

从上述实例中可以看出，边坡稳定的工程地质分析的重要意义。一方面要对边坡的稳定性做出预测和评价；另一方面要为设计合理的工程边坡及制定有效的防治措施提供地质依据。因此，要研究边坡变形和破坏的规律、边坡变形与破坏的演变过程、影响因素，建立边坡变形与破坏的地质模式，并进行定性和定量的评价与计算。

我国面临的边坡稳定问题十分复杂，也非常艰巨。1949 年新中国成立以来，在大型崩塌、滑坡灾害的勘察治理中，在长江三峡等大型水利水电工程建设中，在宝成、成昆、南昆等铁路、道路的建设和维护中，在大型矿山的开发和城市建设中，我国科技工作者已在斜坡、边坡的勘察、评价预测、施工监测和治理等方面，取得了十分丰富的经验和宝贵资料，先后成功预报了新滩滑坡（1985）和黄茨滑坡（1995），逐步建立了具有我国特色的理论与研究系统。研究系统的分析思路和研究程序大体可归纳为图 7-1 所示框图。本章侧重介绍边坡稳定问题分析系统中地质分析方面的几个基本理论问题。

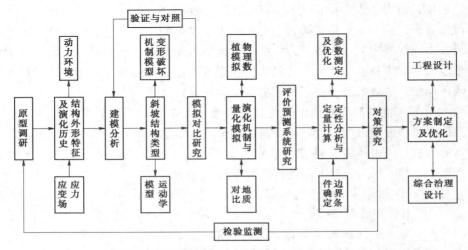

图 7-1　边坡稳定问题工程地质分析系统框图

第一节　边坡岩体应力分布的特征

自然边坡受到侵蚀、切割以及人工边坡在开挖过程中，边坡岩体的应力方向和大小在不断发生调整和变化，边坡中的应力分布特征决定了边坡变形破坏的形式，分析边坡应力分布的变化情况对分析边坡变形与破坏起着重要作用，同时，也有助于正确评价边坡的稳定性，对边坡设计和治理提出合理的方案。

天然岩土体内部应力状态分布较复杂，除自重应力外，还可能存在区域性的水平构造应力、温度应力等。为了建立边坡应力分布的初步概念，我们假定岩体为均质连续弹性介质，一般认为在自重应力作用下，未形成边坡前水平地面下某点的应力分布如下（图 7-2）

$$\sigma_1 = \sigma_z = \gamma h \tag{7-1}$$

由于泊松效应产生的侧向水平应力为

$$\sigma_2 = \sigma_3 = \sigma_x = \sigma_y = \frac{\mu}{1-\mu}\sigma_z \tag{7-2}$$

式中：h 为研究点水平面下深度；γ 为厚度为 h 的岩土体平均重度；μ 为岩土体泊松比。

在边坡形成过程中，由于岩土体产生卸荷，引起边坡应力重分布，有限元计算和光弹性试验结果表明边坡应力重分布主要有以下四方面特征。

（1）无论是在以自重应力为主，还是以水平构造应力为主的构造应力场条件下，边坡岩体的主应力迹线发生明显的偏转，越接近边坡坡面，最大主应力 σ_1 越接近平行于边坡临空面；而原来为水平方向的最小主应力 σ_3 则与坡面近乎正交，远离坡面则趋于天然应力场状态（图7-3）。

（2）在坡脚形成应力集中带。随着河谷下切，坡面附近的最大主应力（近平行于谷坡倾斜方向）显著增高，最小主应力显著降低，至坡面降为零。边坡愈陡，应力集中也愈严重。

（3）最大剪应力迹线也发生偏转，呈凹向临空面的弧线。在最大、最小主应力差值最大的部位（一般在坡脚附近），相应形成一个最大剪应力区，因而在这里容易发生剪切变形破坏（图7-3）。

（4）在坡顶和坡面的靠近表面部位，由于垂直于坡面的水平应力 σ_3 显著减小，甚至可出现拉应力，因而可形成一个拉应力带。其范围随边坡坡角 α［图7-4（a）］和平行于河谷的水平应力 σ_2 的增加而增大［图7-4（b）］，因此坡肩附近最易产生拉裂破坏。

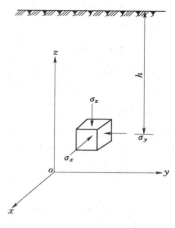

图7-2 岩土体内自重应力

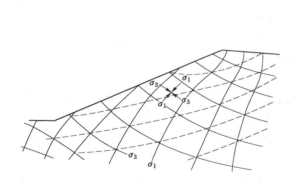

图7-3 边坡中最大剪应力迹线（虚线）
与主应力迹线（实线）

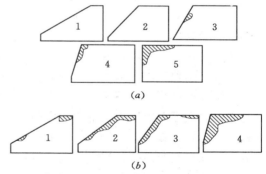

图7-4 斜坡张力带分布示意图
（阴影部分为张力带）

1—$\alpha=30°$；2—$\alpha=45°$；3—$\alpha=60°$；
4—$\alpha=75°$；5—$\alpha=90°$

第二节 边坡变形破坏的类型

边坡变形一般是指边坡体只产生局部的位移和轻微的破裂，没有显著的剪切位移或滚动，边坡破坏是指边坡体以一定的速度出现较大的位移，边坡岩体产生整体滑动、滚动或转动。边坡的变形与破坏是边坡发展形成的两个不同阶段。变形是渐变；逐渐累积转变为破坏，这就是质变。根据边坡不同的岩性、构造及水文气象条件，边坡由变形到破坏的过程是不同的。

一、边坡变形

边坡的变形按其形成机制可分为松弛张裂、蠕动等形式。

（一）松弛张裂

在边坡形成过程中，由于在河谷部位的岩体被冲刷侵蚀掉或人工开挖，从而可能使某些边坡岩体出现拉应力区，形成与坡面近乎平行的张裂隙，上宽下窄，由坡面向坡里逐渐减少，该张裂隙可追踪早期陡倾结构面发育而成。根据边坡应力分布特点，边坡越陡张裂带分布范围越宽。

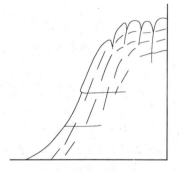

图 7-5　边坡松弛张裂

另外，松弛张裂还可因边坡形成过程中岩土体卸荷，造成应力释放而使岩土体发生向临空面方向的回弹变形及产生近平行于边坡坡面的张裂隙，一般称作边坡卸荷裂隙。这种裂隙多呈层状向坡体内发育，形成松弛张裂带或称卸荷带，其宽度和深度均可达百米以上，它主要取决于河谷下切深度、水平残余应力及岩体结构等。在河谷底部也可出现卸荷裂隙，形成大致平行于谷底的松弛张裂带，深也可达数十米（图 7-5）。

松弛张裂的危害性在于其破坏了岩土体的稳定性，使岩土体渗透性加大，造成坡面地表水、雨水渗入边坡内部，加剧了风化作用的强度，促成边坡进一步破坏。

（二）蠕动

蠕动变形，是指边坡岩体主要在重力作用下向临空方向发生长期缓慢的塑性变形的现象，有表层蠕动和深层蠕动两种类型。

表层蠕动也称弯折倾倒，主要表现为边坡表部岩体发生弯曲变形，多是从下部未经变动的部分向上逐渐连续向临空方向弯曲，甚至倒转、破裂、倾倒。在塑性较强的岩层中如页岩、千枚岩、板岩、片岩中，多表现为连续的弯曲变形；而在脆性的岩层中，如砂岩、石英岩等则常在弯曲的过程中被拉断（图 7-6）。

深层蠕动是坚硬岩层组成的边坡底部存在较厚的软弱岩层时，由软弱岩层发生塑性流动而引起的长期缓慢的边坡蠕动变形。它可引起上部脆性岩层发生张裂隙，沿软弱层面向临空面缓慢滑移，以及软弱岩层向临空面一侧塑流挤出（图 7-7）。

二、边坡破坏

边坡破坏的形式主要为崩塌和滑坡。

（一）崩塌

在陡坡地段，岩土体被陡倾的拉裂面破坏分割，在重力作用下岩块突然脱离母体翻滚、坠落于坡下称为崩塌，按岩性可分为岩崩和土崩。

崩塌的形成机理一般有下列几种。

（1）崩塌一般易发生于厚层坚硬的脆性岩石中，主要是坚硬岩石可形成较陡的边坡，坡顶易产生张裂缝，张裂缝与其他结构面组合，可形成分离体，产生崩塌（图 7-8）。

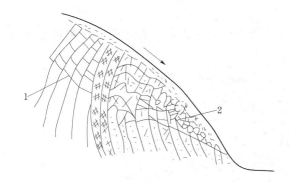

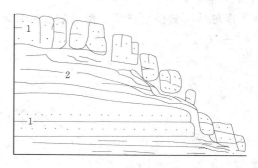

图 7 - 6　五强溪水电站杨五庙坝址
左岸倾倒蠕动变形边坡示意图
1—蠕变带界面；2—倾倒蠕动

图 7 - 7　边坡蠕动阶梯状沉陷变形
1—砂岩；2—泥岩

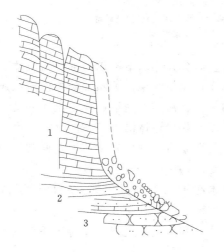

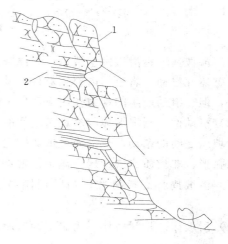

图 7 - 8　坚硬岩石斜坡卸荷裂隙导致崩塌
1—灰岩；2—砂页岩互层；3—石英岩

图 7 - 9　软硬互层陡坡局部崩塌
1—砂岩；2—页岩

　（2）崩塌与边坡陡倾有很大关系，发生崩塌的边坡坡角一般大于 45°，尤其是大于 60°的陡坡，地形切割越剧烈、高差越大，越易形成崩塌。

　（3）坚硬岩层下部存在有软弱岩层，当软弱岩层发生塑性流动时，可导致上部坚硬岩层沉陷、下滑拉裂，形成崩塌（图 7-9）。

　（4）边坡下部有洞穴或采空区引起岩体沉陷、倾倒崩塌。

　此外，风化的差异性、地下水状态的变化，以及地震、爆破等，都可引起崩塌。

　（二）滑坡

　滑坡是指在重力作用下边坡岩土体沿某一剪切破坏面发生剪切滑动破坏的现象。滑坡在我国山区发育广泛，规模较大，尤以西南、西北山地和黄土高原为最，其次是华南、长江中下游等地区。滑坡有较大的水平位移，在滑动中虽然滑坡体也发生变形和解体，但一般仍能保持相对的完整性。

155

1. 滑坡体的形态特征

滑坡体一般由滑坡体、滑动带、滑坡床、滑动面、滑坡台阶、滑坡壁、滑坡舌等组成（图7-10）。

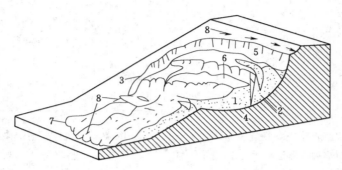

图7-10 滑坡形态示意图

1—滑坡体；2—滑动面；3—滑坡周界；4—滑坡床；5—滑坡后壁；
6—滑坡台阶；7—滑坡舌；8—滑坡裂隙

（1）滑坡体。指滑坡发生滑动后与原来的岩土体分开，向下滑动的部分岩土体。一般滑坡呈整体性滑动，岩土体内部相对位置基本不变，原来的层位关系和结构面产状还能基本保持，但在滑动产生的动力作用下产生了新的裂隙、褶皱，使滑坡体岩土体松动。

（2）滑动面。指滑坡体与滑坡床之间的分界面，是滑坡体沿着下滑的表面，由于滑坡体与滑坡床之间的错动，滑动面可形成一定厚度的滑动带，均质岩土体滑动面常呈曲面或近似圆弧形；非均质或层状岩土体中最常见的滑动面是平面、阶梯形等。

（3）滑坡周界。指滑坡体与其周围原岩土体在平面上的分界线。它确定了滑坡的范围。

（4）滑坡床。指滑坡体下固定不动的原岩土体，基本上未变形，保持了原有的岩土体结构。

（5）滑坡壁。指滑坡体后缘与周围未滑动岩土体的分界面，平面上多呈 U 形，形成陡壁，陡坡多为 60°～80°。

（6）滑坡台阶。滑坡体下滑时，由于各段滑体运动速度的不同，在滑坡体上部常常形成错台，每一错台都形成一个陡坎和平缓台面，叫做滑坡台阶或台坎。

（7）滑坡舌。指滑坡的前部形如舌状的部位。

（8）滑坡裂隙。指由于滑坡体各部位受力不同而形成的具有各种力学性质的裂隙。主要有：

1）拉张裂隙。分布在滑坡体的上部，长数十米至数百米，多呈弧形，和滑坡壁的方向大致吻合或平行。

2）剪切裂隙。分布在滑体中部的两侧，因滑坡体和滑坡床相对位移而在分界处形成剪力区，在此区内所形成的裂隙为剪切裂隙。

3）扇状裂隙。分布在滑坡体的中下部，以舌部为多，作放射状分布，呈扇形。

4）鼓张裂隙。指分布在滑体的下部，因滑体下滑受阻土体隆起而形成的张裂隙。其方向垂直于滑动方向。

2. 滑坡的分类

我国幅员广大，滑坡、崩塌类型比较齐全。目前已有的滑坡、崩塌分类多种多样，分类的目的、原则以及方法很不一致。我们知道，滑坡发生于不同的地质环境中，并表现为各种不同的形式和特征。滑坡分类的目的在于对形成滑坡的地质环境和滑坡特征以及产生滑坡的各种因素进行概括，以便正确反映滑坡作用的某些规律性。在实践方面，还可利用滑坡分类去指导滑坡的勘察和防治工作，衡量和鉴别类似地区产生滑坡的可能性，制定保持斜坡稳定的防滑原则及措施。

美国地质调查所 D·J·伐尔乃斯（1978）的分类突出了滑坡体的物质组成和移动特征，已得到国际滑坡学术委员会的公认和采纳。

遵循上述原则，我国目前对滑坡有如下一些分类：

（1）按滑坡、崩塌体的规模划分。以滑动、崩塌土石的体积计，分为：

小型滑坡（崩塌）　＜10 万 m³；

中型滑坡（崩塌）　10 万～100 万 m³；

大型滑坡（崩塌）　100 万～1000 万 m³；

巨型滑坡（崩塌）　＞1000 万 m³。

（2）按滑坡、崩塌体的物质组成划分。有岩质滑坡（崩塌）；土质滑坡（崩塌）；黄土滑坡（崩塌）；除黄土外不细分土质滑坡（崩塌）；岩性不明滑坡（崩塌）。

（3）按滑坡、崩塌的主要诱发因素划分。有水库蓄水诱发的滑坡（崩塌）；地震诱发的滑坡（崩塌）；暴雨诱发的滑坡（崩塌）；人为活动（包括矿山开采，道路、桥梁及水渠工程建筑开挖等）诱发的滑坡（崩塌）；诱发因素不明的滑坡（崩塌）。

（4）按滑动面与岩土体层面关系的分类。这是应用较广的一种分类，可分为均质滑坡、顺层滑坡、切层滑坡三类（图 7-11）。

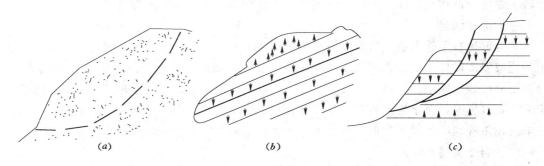

(a)　　　　　　　　　(b)　　　　　　　　　(c)

图 7-11　滑坡分类

(a) 均质滑坡；(b) 顺层滑坡；(c) 切层滑坡

1）均质滑坡。指发生在均质的、没有明显层理的岩体或土体中的滑坡。滑坡面不受层面控制，而是受边坡的应力状态和岩土体的抗剪强度控制，滑动面近似于圆柱形。

2）顺层滑坡。发生在非均质的成层岩体中，沿层面、产状与层面相近的软弱结构面（断层面、裂隙面）的滑动或者残积坡积物顺下伏基岩面的滑动即为顺层滑动。

3）切层滑坡。指滑坡面穿切岩土层面，发生在岩层产状较平缓和与坡面反倾向的非均质岩层中。滑动面在顶部常是陡直的，沿裂隙面发育，一般呈圆柱形或对数螺旋曲线。

（5）按滑坡的滑动力学特征划分。

1）推动式滑坡。始滑部位位于滑动面的上部，因坡上堆积重物或进行建筑，引起边坡上部不稳或压力增加，促使边坡下滑，如图 7-12（a）所示。

2）平移式滑坡。始滑部位分布于滑动面的许多点，同时局部滑移，然后逐步发展连接起来，如图 7-12（b）所示。

3）牵引式滑坡。始滑部位位于滑动面的下部，由于坡脚受河流冲刷或人工开挖等原因，首先在边坡下部发生滑动，引起由下而上的依次下滑，如图 7-12（c）所示。

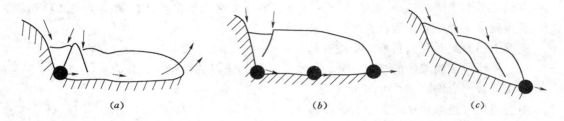

图 7-12　按滑动力学特征分类
（a）推动式滑坡；（b）平移式滑坡；（c）牵引式滑坡
●→始滑部位

第三节　影响边坡稳定性的因素

影响边坡稳定性的因素有很多，可分为自然因素和人为因素两类，自然因素包括岩土类型和性质、地质构造、岩体结构、地应力、地震、地下水等，它们常常对边坡稳定与否起着主要的控制作用，人工挖掘、爆破以及工程荷载等为外在的人为因素。

一、地形地貌

从地形地貌条件来看，边坡变形和破坏主要发育于深山峡谷地区，陡峭的岸坡最易发生的边坡变形破坏。例如我国西南山区，沿金沙江、峨江、雅砻江及其支流等河谷地区，边坡松动破裂、蠕动、崩塌、滑坡等现象十分普遍。地貌条件决定了边坡形态，对边坡稳定性有直接影响，对于均质岩坡，其坡度愈陡、坡高愈大则稳定性越差。对边坡的临空条件来讲，工程地质条件相类似的情况下，平面呈凹形的边坡较呈凸形的边坡稳定。

二、岩土类型和性质

岩性对边坡稳定性的影响很大，软硬相间，并有软化、泥化或易风化的夹层时，最易造成边坡失稳。地层岩性的不同，所形成的边坡变形破坏类型及能保持稳定的坡度也不同。斜坡岩、土体的性质及其结构是形成滑坡、崩塌的物质基础。

一般易形成滑坡、崩塌的岩石，大都是碎屑岩、软弱的片状变质岩。岩性多为泥岩、页岩、板岩、含碳酸盐类软弱岩层、泥化层、构造破碎岩层。这些软岩经水的软化作用后，抗剪强度降低，容易出现软弱滑动面，形成崩滑体。例如，成昆铁路铁西车站南侧牛日河岸坡发生的大型岩质顺层滑坡，滑坡体主要是坚硬的砂岩及软弱的页岩。该斜坡三面临空，坡度较陡，滑坡体沿软弱的页岩产生顺层滑动。

在我国，黏性土滑坡在四川成都平原分布密集，在中南、闽、浙、晋西、陕南、河南等地亦较密集，在长江中下游、东北等地亦有一定分布；半成岩类黏土岩滑坡在青海、甘肃、川滇地带、山西几个断陷盆地中分布密集；黄土滑坡在黄河中游、青海等省较密集；泥岩、千枚岩、砂质板岩形成的滑坡在湖南、湖北、西藏、云南、四川、甘肃等地十分发育。

形成崩塌的岩石多为坚硬的块状岩体，如石灰岩、厚层砂岩、花岗岩、玄武岩等。

三、岩体结构与地质构造

岩体结构类型、结构面性状及其与坡面的关系是岩质边坡稳定的控制因素。

（一）只有一组结构面（图7－13）

1. 顺向坡

即软弱结构面的走向、倾向与边坡面的走向、倾向大致平行，或比较接近。按结构面倾角 α 与坡角 β 的大小关系又可分为两种情况：

$\alpha < \beta$，边坡稳定性最差，极易形成顺层滑动。

$\alpha > \beta$，这时软弱结构面延伸至坡脚以下，不能形成滑出的临空面，所以比较稳定。

2. 逆向坡

逆向坡软弱结构面与边坡面的走向大致相同，但倾向相反，即结构面倾向坡内。这种情况的结构面是稳定的，一般不会形成滑坡，仅在有切层的结构面发育时，才有可能形成折线破裂滑动面［图7－13（d）］或崩塌倾倒破坏。

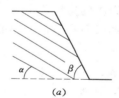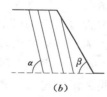

图7－13 一组结构面发育的边坡情况

（a）顺向坡 $\alpha < \beta$；（b）顺向坡 $\alpha > \beta$；（c）、（d）逆向坡

3. 斜交坡

斜交坡软弱结构面与边坡面走向呈斜交关系，一般情况下交角越小，对边坡稳定的影响越明显。当交角小于 40° 时，可按平行于边坡走向考虑；大于 40° 时，稳定性较好；当近于 90° 直交时，称横向坡，边坡最稳定。

（二）有多组结构面

边坡岩体发育有两组或更多的软弱结构面时，它们互相交错切割，可形成各种形状的滑移体。如图7－14两组结构面的交线，即为滑体的滑动方向。但若一组结构面产状陡倾，则只起切割作用，而由较平缓的结构面构成滑动面。若两组结构面都陡倾，则往往由另一组顺坡向产状平缓的结构面构成滑动面，形成槽形体、棱形体状的滑动破坏。

结构面较多时，为地下水活动提供了较多的通道，地下水的出现，降低了结构面的抗剪强度，对边坡稳定不利。另外，结构面的数量影响到被切割岩块的大小和岩体的破碎程

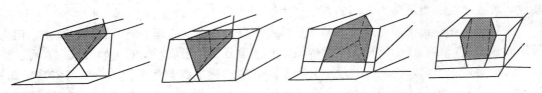

图 7-14　多组结构面构成的滑移体

度，它不仅影响边坡的稳定性，而且影响到边坡的变形破坏的形式。

对边坡稳定性有影响的岩体结构还包括：结构面的连续性、粗糙程度及结构面胶结情况、充填物性质和厚度等方面。

构造条件是形成滑坡、崩塌的基本条件之一。断裂带岩体破碎，并为地下水渗流创造了条件。此外，活动断裂带上易发生构造地震。因此，断裂带控制着滑坡、崩塌的发育地带的延伸方向、发育规模及分布密度。滑坡、崩塌体成群、成带、成线状分布的特点几乎都与断裂构造分布有关。例如成昆铁路沿线，滑坡常集中分布于与线路近似平行的毕吱山、普雄河和越西河等断裂带及其附近。其中有些地段岩体破碎带宽达 200～500m。著名的甘洛滑坡群、乃托滑坡群、尔赛河滑坡、东武一红峰滑坡群等，均与大断裂破碎带密切相关。

四、地下水的作用

地表水和地下水是影响边坡稳定性的重要因素。地表水的冲刷，地下水的溶蚀和潜蚀也直接对边坡产生破坏作用。地下水对岩质边坡稳定性的影响是十分显著的，大多数岩质边坡的变形和破坏与地下水活动有关。一般情况下，地下水位线以下的边坡透水岩层，受到浮力的作用，而不透水岩层的坡面受到静水压力的作用；充水的张开裂隙承受裂隙水静水压力的作用；地下水的渗流，将对边坡岩土体产生动水压力。水对边坡岩体还产生软化或泥化作用，在寒冷地区，渗入裂隙中的水结冰，产生膨胀压力等，使岩土体的抗剪强度大为降低，促使边坡产生变形破坏。例如四川云阳县鸡扒子滑坡明显地受地下水作用的控制。滑坡的发生，是因为西侧石板沟被小型崩塌物堵塞，在其上游形成积水塘，使大量降雨所形成的地表径流无法沿石板沟下泄，而被迫沿泥岩滑面渗透，改变了岩土体的水文地质条件，从而使上部岩土体产生急剧的大规模滑动。该滑坡西部近石板沟的滑体部分呈现饱水塑流状态，充分显示地下水的作用及影响。

五、其他因素

对岩质边坡稳定性有影响的因素还有：地应力、地震、爆破震动、气候条件、岩石的风化程度、人类活动等。人类活动对边坡的影响主要表现在修建各种工程建筑物、乱挖乱采，引起原始应力场发生改变，造成边坡的破坏，这些因素也对边坡的稳定性带来影响，有时其产生的影响甚至会起到重要作用。

第四节　边坡稳定性的评价方法

随着人类工程活动向更深层次发展，在经济建设过程中，遇到了大量的边坡工程，在我国，目前的露天采矿的人工边坡已高达 300～500m，而水电工程中遇到的天然边坡高度已超过 1000m，规模越来越大，重要程度越来越高，故边坡稳定性研究一直是重中之重。

边坡稳定性分析与评价的目的，一是对与工程有关的天然边坡稳定性作出定性和定量评价，核算与工程有关的边坡现状及在施工期间、工程完工后的稳定状态；二是要为合理地设计人工边坡和边坡变形破坏的防治措施提供依据。

边坡稳定性分析评价的方法主要有：自然历史分析法（历史成因分析法）、力学计算法、工程地质类比法、图解法、有限单元法、边界元法、离散元法等，大体上归为定性评价和定量评价两类。简要归纳如下。

一、自然历史分析法

自然历史分析法是一种定性的地质分析法，主要从地质学的角度分析研究斜坡形成的地质历史及边坡的地形地貌、地质构造、岩性组合及水文气象条件等自然地质环境，通过分析这些地质条件，了解边坡变形的基本规律，预测边坡变形发展的趋势和变形破坏方式，从而对边坡的演变阶段和稳定状况作出定性评价。

自然历史分析法首先应当分析边坡的区域地质背景，注意研究当地地壳运动规律及强烈程度、区域性构造情况、区域的应力场等，分析斜坡变形破坏与区域地质背景之间的关系。

分析边坡周围的地形地貌特征、岩土结构类型、岩性组合特点，通过观察、监测边坡的变形情况，对边坡的成因及演化历史进行分析，以此评价边坡稳定状况及其可能的发展趋势。

分析当地水文、气象、地震等一些周期性影响因素与边坡变形破坏之间的相关关系，特别是一些引起边坡变形破坏的主导因素。

应当指出，自然历史分析法是基础的地质工作、最初步的定性分析方法，是一切分析评价的基础。

二、力学分析法

力学分析法是应用现代土力学、岩石力学理论，也可采用弹塑性理论或刚体极限平衡理论，按照库仑定律或由此引申的准则进行。计算时将滑坡体视为均质刚性体，不考虑滑坡体本身的变形，简化边界条件及受力条件，如：极限平衡法在工程中应用最为广泛，这个方法以莫尔—库仑抗剪强度理论为基础，将滑坡体划分为若干条块，建立作用在这些条块上的力的平衡方程式，求解安全系数。这个方法，没有像传统的弹、塑性力学那样引入应力—应变关系来求解本质上为非静定的问题，而是直接对某些多余未知量作假定，使得方程式的数量和未知数的数量相等，因而使问题变得静定可解。根据边坡破坏的边界条件，应用力学分析的方法，对可能发生的滑动面，在各种荷载作用下进行理论计算和抗滑强度的力学分析。通过反复计算和分析比较，对可能的滑动面给出稳定性系数。刚体极限平衡分析方法很多，在处理上，各种条分法还在以下几个方面引入简化条件。

（1）对滑裂面的形状做出假定，如假定滑裂面形状为折线、圆弧、对数螺旋线等。

（2）放松静力平衡要求，求解过程中仅满足部分力和力矩的平衡要求。

（3）对多余未知数的数值和分布形状作假定。

该方法比较直观、简单，对大多数边坡的评价结果比较令人满意。该方法的关键在于对滑体的范围和滑动面的形态进行分析，正确选用的滑动面计算参数，正确地分析滑体的各种荷载。基于该原理的方法很多，如：条分法、圆弧法、毕肖普（Bishop）法、传递系数法、剩余推力法等。

目前，刚体极限平衡方法已经从二维计算发展到目前的三维计算。

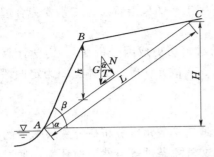

图 7-15　边坡计算剖面图

针对土质边坡的稳定性计算，可参考土力学具体章节，这里主要介绍岩质边坡的稳定性分析。

（一）简单单一滑动面边坡稳定性计算

当岩质边坡有一组软弱结构面，且软弱结构面倾向与边坡倾向一致，走向大致相同，结构面倾角小于边坡倾角时，该边坡为可能的不稳定边坡，进行边坡稳定分析时一般只考虑滑移体自重，不考虑侧向切割面的摩阻力，沿可能的边坡滑移方向取一单宽剖面按平面问题计算。如图 7-15 所示。

AC 为软弱滑动面，其长度为 L，可能滑移的滑体 ABC 的重量为 G，下滑力为 $T=G\sin\alpha$，抗滑力为 $N=G\cos\alpha\tan\varphi+CL$，（$\varphi$ 为滑动面的内摩擦角；C 为滑动面的黏聚力），稳定安全系数 K 可按下式计算

$$K = \frac{G\cos\alpha\tan\alpha + CL}{G\sin\alpha} = \frac{\tan\varphi}{\tan\alpha} + \frac{CL}{G\sin\alpha} \tag{7-3}$$

假定滑移体断面 ABC 为三角形，则滑移体自重 $G=\dfrac{\gamma}{2}hL\cos\alpha$，代入上式简化后得

$$K = \frac{\tan\varphi}{\tan\alpha} + \frac{4C}{\gamma h \sin 2\alpha} \tag{7-4}$$

式中：h 为滑坡体高度（边坡顶点至滑动面的竖向高度）；γ 为岩体重度；α 为滑移面倾角；C 为滑移面黏聚力；φ 为滑移面内摩擦角；K 为安全系数，一般取值 1.05～1.25。

（二）同倾向双滑动面稳定性分析

1. 传递系数法（等稳定系数法）

如图 7-16（a）所示，同倾向双滑动面，以滑动转折点 b 点为界，我们将滑移体分为 Ⅰ、Ⅱ 两块，假定 bd 面上作用有块体 Ⅰ 对块体 Ⅱ 的作用力 E_1，E_1 平行于 ab，等稳定系数法就是使滑移体 Ⅰ、Ⅱ 具有相同的稳定系数 K，则滑移块体 Ⅰ 的稳定系数为

$$K = \frac{N_1\tan\varphi_1 + C_1 L_1}{T_1 - E_1} \tag{7-5}$$

则滑移块体 Ⅱ 的稳定系数为

$$K = \frac{N_2\tan\varphi_2 + C_2 L_2 + E_1\sin(\alpha_1 - \alpha_2)\tan\varphi_2}{T_2 + E_1\cos(\alpha_1 - \alpha_2)} \tag{7-6}$$

由上列两式得

$$K = \frac{N_2\tan\varphi_2 + C_2 L_2 + \left(T_1 - \dfrac{N_1\tan\varphi_1 + C_1 L_1}{K}\right)\sin(\alpha_1 - \alpha_2)\tan\varphi_2}{T_2 + \left(T_1 - \dfrac{N_1\tan\varphi_1 + C_1 L_1}{K}\right)\cos(\alpha_1 - \alpha_2)} \tag{7-7}$$

式中：φ_1、φ_2 分别为滑移体 Ⅰ、Ⅱ 滑移面的内摩擦角；C_1、C_2 分别为滑移体 Ⅰ、Ⅱ 滑移面的黏聚力；α_1、α_2 分别为滑移体 Ⅰ、Ⅱ 滑移面的倾角；L_1、L_2 分别为滑移体 Ⅰ、Ⅱ 滑

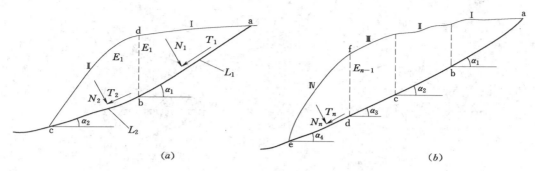

图 7-16　同倾向双滑动面和多滑动面

(a) 双滑动面；(b) 多滑动面

移面的长度；N_1、N_2 分别为作用于滑移体 I、II 滑移面的法向力；T_1、T_2 分别为作用于滑移体 I、II 滑移面的滑动力。

采用上述方法时，因等式两边均存在 K，一般采用多次试算法求解。

2. 剩余推力法

剩余推力法是目前国内应用较多的方法，该方法求解过程是首先计算边坡最上部的滑移块体 I 的剩余推力，将剩余推力传至下一滑移块体 II 叠加后求解第 II 块滑移体的稳定系数。如图 7-16 (a) 所示。

第一块滑移体的剩余推力为 E_1

$$E_1 = T_1 - N_1 \tan\varphi_1 - C_1 L_1 \tag{7-8}$$

则第二块的稳定系数为

$$K = \frac{N_2 \tan\varphi_2 + C_2 L_2 + E_1 \sin(\alpha_1 - \alpha_2)\tan\varphi_2}{T_2 + E_1 \cos(\alpha_1 - \alpha_2)} \tag{7-9}$$

式中符号意义同前。

我们用第 II 块滑移体的稳定系数代表整体稳定性，如果剩余下滑力计算结果为负值，说明不存在剩余推力，边坡是稳定的。

以上方法只用于对边坡稳定性作最简单的分析，虽然与实际情况有一定出入，但分析过程较简单，在初步评价边坡稳定性时，目前采用较多，并有较多现成的程序供使用。

对同倾向多滑动面稳定性分析如图 7-16 (b) 所示，一般采用剩余推力法，计算方法与上述情况类似。

三、图解法

在边坡稳定的分析计算中，有两种类型的图解分析法：一种是用曲线、图表来表示边坡有关参数之间的关系，即图表计算法，某些规范及工程地质手册中可以查到很多这样的图表，如泰勒图表、Hoek、E 图表。另一种是以赤平投影为基础的分析方法，它可以分析软弱结构面的组合关系、滑体形态以及评价边坡的稳定程度，我们主要介绍赤平投影图解法。

(一) 赤平极射投影的原理

赤平极射投影，是利用一个球体作投影工具，通过球心做一赤道平面 ESWN 作为投影平面，将球面上的任一点、线、面，以下极或上极为发射点投影到赤平面上来。下面介绍以下极为发射点，上半球的点、线、面的赤平投影（图 7-17）。

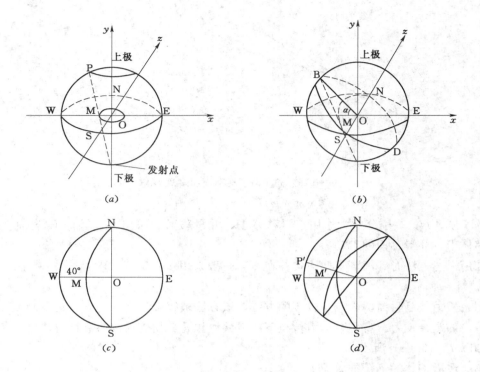

图 7 - 17 点、线、面的赤平投影

（a）点的投影；（b）线和面的投影；（c）点的赤平投影；（d）线和面的赤平投影

1. 点 的 投 影

以下极为发射点，射线与 ESWN 赤平面的交点 M 即为投影点。图 7 - 17（c）中的 M 点即为 P 点在 ESWN 赤平面上的投影。

2. 线 的 投 影

图 7 - 17（b）中 OB 为通过球心的直线，它与赤平面夹角为 α，OB 线在赤平面上的投影为 OM。MO 的方向与 BO 线的倾向一致。OM 线段的长度随夹角 α 的大小而变化，α 角愈大，OM 线愈短；反之，则愈长。当 $\alpha = 90°$ 时，OM＝0，即为 O 点。当 $\alpha = 0°$ 时，OM＝OW。因此，赤道大圆的半径可以表示空间线段的倾角。

3. 面 的 投 影

图 7 - 17（b）中 NBSD 为一通过球心的倾斜平面，它与球面的交线为一个大圆。自下极仰视上半球 NBS 面，其赤平投影为 NMSN，NMS 为一圆弧，从图可知：

（1）NS 的方向代表 NBSD 面的走向。

（2）MO 的方向代表该面的倾向。

（3）如同线的投影一样，OM 线的长短可以反映 NBS 面的倾角。倾角的刻度是自 W 至 O 点为 0°～90°。

（二）用赤平投影法分析边坡稳定性

1. 由一组软弱结构面控制的边坡

（1）弱结构面与斜坡面走向相同、倾向相反时，斜坡面投影弧与软弱结构面投影弧相对。此时边坡岩体稳定。如图 7 - 18 （a） 所示。

（2） 当软弱结构面与斜坡面走向、倾向均相同，软弱结构面倾角 α 小于斜坡面倾角 β 时，斜坡面投影位于软弱结构面投影弧之内，边坡岩体不稳定。如图 7 - 18 （b） 所示。

（3） 当软弱结构面与斜坡面走向、倾向均相同，软弱结构面倾角 α 大于斜坡面倾角 β 时，斜坡面投影弧位于软弱结构面投影弧之外，此时因软弱结构面在坡面上无出口位置，滑动可能性较小，属基本稳定结构。如图 7 - 18 （c） 所示。

（4） 若软弱结构面走向与斜坡面走向斜交，当交角 γ＞40°时，可视作基本稳定结构，如图 7 - 18 （d） 所示；当交角 γ＜40°时，则可仍按软弱面与斜坡平行的情况考虑，如图 7 - 18 （e） 所示。

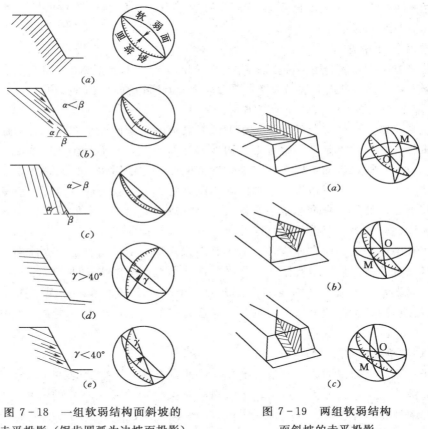

图 7 - 18　一组软弱结构面斜坡的
赤平投影（锯齿圆弧为边坡面投影）

图 7 - 19　两组软弱结构
面斜坡的赤平投影

2. 由两组软弱结构面控制的边坡

两组软弱结构面的边坡，其稳定性由软弱面交线的产状控制，大致可分三种情况：

（1） 交线倾向坡内 ［图 7 - 19 （a）］。在赤平投影图上，两组结构面投影弧交线与坡面投影弧相对，边坡是稳定的。

（2） 交线的倾向与坡面倾向一致，但交线倾角小于坡角 ［图 7 - 19 （b）］。在赤平投影图上，结构面投影弧交线与坡面弧同在一侧，但结构面投影弧交线位于坡面弧的外侧，这种情况说明边坡是不稳定的。

（3）结构面投影弧交线的倾向与坡面倾向一致，但结构面投影弧交线倾角大于坡角 [图7-19（c）]，这种情况边坡比较稳定。

四、工程地质类比法

工程地质类比法的实质是将所要研究的新边坡同已有的条件相似的自然边坡或人工边坡进行类比。这就需要对已研究的边坡进行仔细的调查研究，全面分析边坡的岩性、构造、结构、坡高、水文地质条件的相似性和差异性，分析影响边坡变形发展的主导因素的相似性和差异性。相似性越高，所得结果越可靠，此外，还应考虑工程的类别、等级以及对边坡的特征要求等。工程地质类比法虽然是一种经验方法，但在边坡设计中，特别是中小型工程的设计中是很通用的一种方法，其应用范围包括下列方面：

各类边坡的容许开挖坡度值和各种岩石的物理力学性质的经验数据，可参阅水利水电、铁路工程地质手册。

五、数值分析方法

数值分析方法主要是利用某种方法求出边坡的应力分布和变形情况，研究岩体中应力和应变的变化过程，求得各点上的局部稳定系数，由此判断边坡的稳定性。主要有以下几种。

（一）有限单元法（FEM）及自适应有限元法

该方法是目前应用最广泛的数值分析方法。其解题步骤已经系统化，并形成了很多通用的计算机程序。其优点是部分地考虑了边坡岩体的非均质、不连续介质特征，考虑了岩体的应力—应变特征，因而可以避免将坡体视为刚体、过于简化边界条件的缺点，能够接近实际地从应力—应变分析边坡的变形破坏机制，对了解边坡的应力分布及应变位移变化很有利。其不足之处是：数据准备工作量大，原始数据易出错，不能保证整个区域内某些物理量的连续性；解决无限性问题、应力集中等问题的精度比较差。

自适应有限单元法是将自适应理论引入有限元计算，主导思想是减少前期处理工作量和实现网格离散的客观控制，有限元的自适应性就是在现有网格基础上，根据有限元计算结果估计计算误差、重新剖分网格和再计算的一个闭路循环过程。当误差达到预规定值时，自适应过程结束。目前，二维弹黏塑性自适应有限元分析已在三峡的水利工程中发挥了作用。

（二）边界单元法（BEM）

该方法只需对已知区的边界极限离散化，因此具有输入数据少的特点。由于对边界极限离散、离散化的误差仅来源于边界，区域内的有关物理量是用精确的解析公式计算的，故边界元法的计算精度较高，在处理无限域方面有明显的优势。其不足之处为：一般边界元法得到的线性方程组的关系矩阵是不对称矩阵，不便应用有限元中成熟的对稀疏对称矩阵的系列解法。另外，边界元法在处理材料的非线性和严重不均匀的边坡问题方面，远不如有限元法。

（三）离散元法（DEM）

离散元法是由Cundall首先提出的（1970）。该方法利用中心差分法（动态松弛法）求解，为一种显式解法，不需要求解大型矩阵，计算比较简便，其基本特征在于允许各个离散块体发生平动、转动，甚至分离，弥补了有限元法或边界元法的介质连续和小变形的限制。因此，该方法特别适合块裂介质的大变形及破坏问题的分析。

离散单元法可以直观地反映岩体变化的应力场、位移场及速度场等各个参量的变化，可以模拟边坡失稳的全过程。

（四）块体理论（BT）

块体理论是由 Goodman 和 Shi（1985）提出的，该方法利用拓扑学和群论评价三维不连续岩体稳定性。是建立在构造地质和简单的力学平衡计算基础上的。利用块体理论能够分析节理系统和其他岩体不连续系统，找出沿规定临空面岩体的临界块体。块体理论为三维分析方法，随着关键块体类型的确定，能找出具有潜在危险的关键块体在临空面的位置及其分布。块体理论不提供大变形下的解答，能较好地应用于选择边坡开挖的方向和形状方面。

（五）其他方法

20 世纪 60 年代以后陆续问世的有限元法、离散元法、边界元法及其各种耦合算法和程序充分展现了各自的长处，在很大程度上有力地促进了岩石力学与工程的发展。目前，在实际上最为成熟和有效的有限元法与程序仍然在不断更新和发展，我国自行开发的离散元法程序也陆续问世。另一方面又出现了一些新的算法和程序，如刚性有限元法、广义有限元法、运动单元法、界面元法、块体单元法、块体理论、DDA、流形元法、FLAC、无网格法，以及由于优化及人工智能需要而推出的遗传算法、蚁群算法、细胞发生器算法和模拟退火算法等。

第五节　不稳定边坡的防治措施

对不稳定边坡的防治应采取以防为主、综合治理，及时处理的原则。

以防为主就是要针对可能的不稳定边坡提前采取处理措施，结合合理的设计、施工防止边坡变形破坏，对一些规模较大，不易处理的不稳定边坡，应采取避绕的原则。

综合治理就是要针对引起边坡变形破坏的主要因素及次要因素，按照一套完整的计划进行整体防治，充分考虑各影响因素及施工方案之间的相互关系，因地制宜采用不同的处理措施，设计综合的防治、处理方案。

及时治理指的是对已经发生变形破坏的边坡及时采取处理措施，防止边坡变形破坏进一步恶化，保证工程建筑及人民生命财产安全。

边坡变形破坏的防治措施主要有以下几类。

一、防渗与排水

（1）防止地表水入渗滑坡体。首先应拦截、导排地表水，可采取填塞裂缝和消除地表积水洼地、用排水沟截水或在滑坡体上设置不透水的排水明沟或暗沟，及时将地表水、泉水引走，喷射混凝土护面。

对于地下水位较低或者不受地下水位影响的边坡，为了减少雨水渗入边坡，在截水排水沟以内的天然地表及开挖坡面可以采用喷射混凝土防护的方法，风化较为严重的部位可以采取挂网喷射混凝土的防护方法。在喷射混凝土防护区域，应设置排水孔，排水孔排出的水汇集到坡面纵横向排水沟排走。也可采用空心砖植草护面、种植蒸腾量大的树木等措施（图 7-20）。

（2）对地下水丰富的滑坡体可在滑体周界 5m 以外设截水沟和排水隧洞，或在滑体内

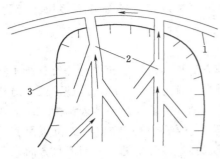

图 7-20　设置排水沟
1—截水沟；2—排水沟；3—滑坡边界

设同时兼有阻滑和排水作用的支撑盲沟和排水廊道等，也可采用钻孔排水的方法，即利用若干个垂直钻孔、水平钻孔、竖井、盲沟等，打穿滑坡体下部的不透水层，将滑坡体中的水转移到其下伏的另一个透水性较强的岩层中去或排出。

二、清除危岩、削坡减重和反压

危岩清除是清除边坡上部的不稳定岩体，防治危岩坠落，削坡（图 7-21）是将陡倾的边坡上部的岩体挖除，使边坡变缓，减轻滑体重量，降低边坡体的下滑力，同时削减下来的土石方，可填在坡脚，起反压作用，反压填方部分应设置良好的排水措施（图 7-22）。

图 7-21　贵毕高速公路边坡削坡处理

采用这种方法时，应注意不可将边坡下部的阻滑岩土体削掉，若在其上削坡，就会更不利于边坡稳定。

三、支挡工程

修建支挡工程主要是提高边坡的抗滑力，采取的措施主要有修建挡土墙，设置抗滑桩。

挡土墙位于滑移体的前缘，借助自身的重量的抗滑坡体的下滑力，一般采用浆砌石挡土墙、混凝土或钢筋混凝土挡土墙，应注意将挡土墙基础设置于边坡滑动面之下稳定的岩土层中，挡土墙体应设置排水孔，以利于消散墙后水压力。

优点是结构比较简单，可以就地取材，能够较快起到稳定滑坡的作用。

抗滑桩一般采用混凝土或钢筋混凝土方桩或圆桩，也可采用钢管钻孔桩等，根据地质条件及设计要求将抗滑桩深入边坡滑动面以下稳固地层中，起到增强滑移面抗滑力的作用（图 7-23）。

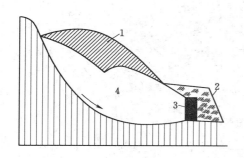

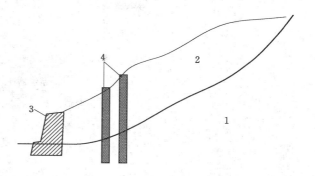

图 7-22 削坡减压
1—削土减重部位；2—卸土修堤反压；
3—渗沟；4—滑坡体

图 7-23 抗滑桩及挡土墙布置
1—稳定基岩；2—滑坡体；3—挡土墙；4—抗滑桩

抗滑桩优点是施工安全、方便、省时省力、省料，对滑坡体扰动少。

四、锚固

锚固主要用于防治岩质边坡变形与破坏，施工时将钻孔穿过滑移软弱面，深入坚硬完整的岩体中，钻孔中插入锚杆或预应力钢筋、钢索，用混凝土封闭钻孔以提高边坡岩体抗滑、抗崩塌、抗倾倒的能力（图 7-24、图 7-25）。

图 7-24 京珠高速公路高边坡锚杆施工

图 7-25 长江三峡永久船闸高边坡锚固

长江三峡水利枢纽永久船闸为双线连续五级船闸，位于三峡大坝的左侧，航道轴线总长 6442m，其中主体段长 1637m，系在山体中深切开挖修建并采用 1.5～2.4m 的薄衬砌墙结构，两线间保留高 45～68m、宽 60m 的中间岩石隔墙，最大开挖深度达 170m，下部

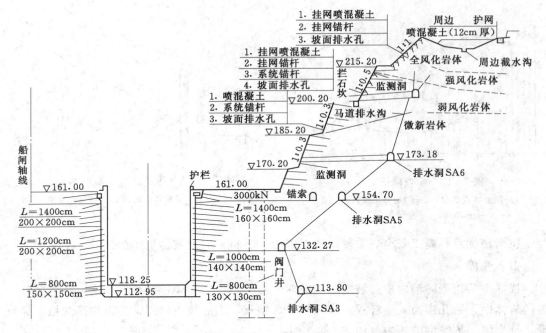

图 7-26　长江三峡永久船闸高边坡加固支护措施剖面示意图

为 45～68m 直立墙的"W"形双向岩质高边坡。

坡比：全风化岩体 1:1，弱风化 1:0.5，微风化至新鲜岩体 1:0.3。

永久船闸直立墙不稳定块体处理设计遵循动态设计的思想和方法，对块体采取工程处理措施，以改善和提高块体稳定性，并充分保护岩体和尽量保持结构要求的开挖轮廓。在直立坡开挖过程中，对出露的潜在不稳定块体进行快速随机支护。一般处理以"锚固为主、不开挖或小开挖为辅"的原则（图 7-26）。

（1）对于埋深小于 5m 的小规模块体、边坡随机块体和表层破损区的加固，采用系统锚杆和随机锚杆结合坡面（挂网）喷混凝土进行加固。

（2）对于埋深 5～8m 的中等规模块体一般采用预应力锚杆加固，但对较小的块体也可以采用普通锚杆加固。

（3）对埋深大于 8m 的较大规模块体采取预应力锚索加固。

对永久船闸高边坡，在原设计南、北及中隔墩 4 个直立墙面上共布置了系统锚索 1652 束、高强锚杆 10 万根。随开挖的进行，由于高强锚杆材质和结构型式方案滞后，对直立墙顶部第一梯段范围内增布了长度为 12～14m 普通砂浆锚杆 6861 根，对台口进行锁口支护；随着开挖高程的逐渐下降、大量不稳定块体的出现，随机锚索也逐步增多，据统计，随机锚索总量达 2043 束。永久船闸一、二期锚索总量为 4123 束，其中二期对穿锚索为 1966 束，端头锚为 1729 束，对埋深小于 8m 块体增布了随机锚杆近 2 万根；考虑到雨水的作用将对岩体产生不利，对直立墙顶部平台及裸露的边坡采取了找平混凝土封闭以及喷护、直立墙管线廊道以上进行喷护混凝土的措施。

图 7-27～图 7-29 为三峡永久船闸施工场景。

170

图 7-27 武警水电部队工兵在长江三峡
永久船闸高边坡工地进行锚固施工

图 7-28 武警水电部队工兵将锚索穿入三峡船闸直立墙内以加强墙的稳定

图 7－29　镶嵌在长江三峡永久船闸北线边坡上的锚索锚碇

第八章　地下工程围岩稳定性的工程地质分析

地下工程系指在地面以下及山体内部的各类建筑物。水利水电工程建设中的地下工程通常包括在地下开挖的各种隧洞及洞室，如：引水或导流隧洞、地下厂房、闸门井、调压井（室）、压力隧洞及尾水隧洞等。铁路、公路、矿山、国防、城市建设等许多领域，也有大量的地下工程。随着科学技术及工业的发展，地下工程将会有更为广泛的新用途，如：地下储气库、地下储热库、地下储水库及地下核废料密闭储藏库等。

随着我国水利水电建设事业的飞速发展，地下工程的数量越来越多，其规模也越来越大。如有些引水隧洞已长达 10 多 km，有些地下厂房的跨度和边墙高达数十米。大跨度、高边墙地下厂房及长隧洞的兴建，必然会遇到复杂的地质条件和大量的工程地质问题，虽然国内外在地下洞室兴建中已积累了大量的经验，但由于自然界地质条件的复杂性，致使地下工程设计中的许多理论问题，迄今尚未得到令人满意的解决。

第一节　洞室围岩应力的重分布及变形特征

一、岩体的初始地应力状态

地下洞室开挖前，任何岩体在天然条件下均处于一定的初始应力，即地应力状态下。地应力是在漫长的地质历史时期中形成的，是重力场和构造应力场综合作用的结果。地应力一般可分为自重应力、构造应力，以及变异和残余应力等几种形式。

1. 自重应力

自重应力是岩体自重而产生的内应力，随地层厚度的加大而增加。自重应力可分为垂直应力 σ_z 和水平应力 σ_x、σ_y，如图 8-1 所示，通常用下式表示

$$\sigma_z = \gamma H \qquad (8-1)$$

$$\sigma_x = \sigma_y = \lambda \sigma_z \qquad (8-2)$$

$$\lambda = \frac{\mu}{1-\mu} \qquad (8-3)$$

式中：γ 为岩石容重，kN/m^3；H 为岩体到地面的高度，m；λ 为侧压力系数（水平应力与竖向应力的比值）；μ 为岩石的泊松比。

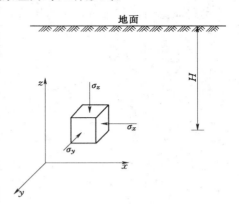

图 8-1　岩体自重应力

在地壳浅部或地表出露岩石并处于弹脆性或弹塑性状态时，一般岩石的 $\mu = 0.1 \sim 0.3$，$\lambda = 0.11 \sim 0.42 < 1$，因而 σ_x 和 σ_y 总是小于 σ_z。但在地壳深处，岩体自重荷载加大，

并处于三维应力状态下，岩石已呈塑流状态，岩石的 $\mu \approx 0.5$，$\lambda \approx 1.0$，因此 $\sigma_x = \sigma_y = \sigma_z$，即岩体应力接近于静水压力状态。

2. 构造应力

构造应力是指地质构造作用而形成的地应力，它可能是古老的地壳运动的残余应力；也可能是晚近期（新生代以来）或现代构造运动中所产生的地应力。构造应力可能因地震释放而减小，也可能重新积累而增加。因此构造应力在地壳中的分布是不均匀的，而且是随着时间的推移而变化着的，也就是说构造应力场不像自重应力是处于静力状态，而是处于动力均衡状态。

3. 变异及其他应力

变异及其他应力是指岩体因岩浆活动、变质作用以及侵蚀卸荷等作用而导致的温度应力、化学应变能以及重力场改变等而形成的地应力。

地应力的形成极为复杂，而且受地球公转、自转速度变化，潮汐作用，太阳活动的周期变化以及人类大规模工程活动等的影响，在不断地改变着。因此，在进行地下洞室建筑时，不能仅仅只考虑自重应力，而应同时考虑构造应力及其他变异应力所形成的总地应力的大小和方向。目前"地质力学"和"岩体力学"已有许多计算地应力的方法，但至今难以实际应用。在工程上多采用现场测定方法（应力解除法）加以确定。国内外大量实测资料表明：绝大多数地区的地应力，其水平应力常常大于垂直应力。据统计，水平地应力 σ_h 与垂直地应力 σ_v 的比值 λ 多数在 $1.2 \sim 5.0$ 的范围内变化，个别地区有的可达 20 以上。

二、围岩应力的重分布特征

地下洞室开挖前，岩体内的地应力处于静止平衡状态，洞室开挖后破坏了这种平衡，洞室周围各点的应力状态将发生变化，各点的位移将进行调整，直至达到新的平衡。由于开挖，洞室周围岩体中应力大小和主应力方向发生了变化，这种现象称为应力的重分布。但这种应力重分布只限于洞室周围的岩体，通常将洞室周围发生应力重分布的这一部分岩体叫做围岩，而把重分布后的应力状态叫做围岩应力状态，以区别原岩应力状态。

围岩应力的重分布与岩体的初始应力状态及洞室断面形状等各种因素有关。

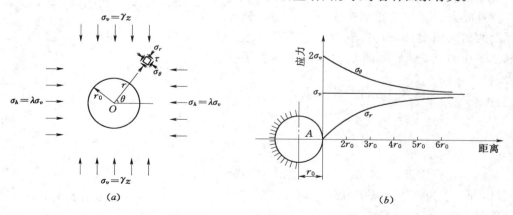

图 8-2　圆形洞室围岩应力状态

（a）计算简图；（b）应力分布

对于圆形洞室，当洞室埋置深度 z 超过洞室高度的 3 倍以上时，洞室围岩的受力状态可近似如图 8-2（a）所示，即视为在垂直均布荷载 $\sigma_v = \gamma z$ 和水平均布荷载 $\sigma_h = \lambda \sigma_v$ 作用下的有孔平板。这时如取以圆孔中心为原点的极坐标 r、θ 系统，则围岩中各点径向应力 σ_r、切向应力 σ_θ 和剪应力 τ 可分别按下列公式计算

$$\sigma_r = \left(\frac{\sigma_h + \sigma_v}{2}\right)\left(1 - \frac{r_0^2}{r^2}\right) + \left(\frac{\sigma_h - \sigma_v}{2}\right)\left(1 - \frac{4r_0^2}{r^2} + \frac{3r_0^4}{r^4}\right)\cos 2\theta \tag{8-4}$$

$$\sigma_\theta = \left(\frac{\sigma_h + \sigma_v}{2}\right)\left(1 + \frac{r_0^2}{r^2}\right) - \left(\frac{\sigma_h - \sigma_v}{2}\right)\left(1 + \frac{3r_0^4}{r^4}\right)\cos 2\theta \tag{8-5}$$

$$\tau = -\left(\frac{\sigma_h - \sigma_v}{2}\right)\left(1 + \frac{2r_0^2}{r^2} - \frac{3r_0^4}{r^4}\right)\sin 2\theta \tag{8-6}$$

式中：r_0 为圆形洞室半径；r 为计算点至圆心的径向距离；θ 为计算点径向与水平向夹角。

计算表明：对于侧压力系数 $\lambda = 1$ 的圆形洞室，开挖后应力重分布的特征是：径向应力 σ_r 向洞壁方向逐渐减小，至洞壁处为零；而切向应力 σ_θ 在洞壁 A 点处有 2 倍初始地应力的压应力集中，如图 8-2（b）所示。计算还表明：在 $r = 6r_0$ 处（3 倍洞体直径），$\sigma_r = \sigma_\theta = \gamma z$，因此，应力重分布的影响范围，一般为洞室半径的 5～6 倍，在此范围之外，岩体仍处于原始地应力状态。对于 $\lambda \neq 1$ 的圆形洞室，开挖后应力重分布的特征是：在洞壁上将受到剪应力的作用，且其值也最大，并可能出现拉应力。

当洞室断面不是圆形而是其他形状时，围岩应力的弹性理论计算较为复杂，可用弹性力学有限元法求数值解，或直接通过光弹试验求得应力分布，围岩应力分布的一般规律是：顶、底板围岩容易出现拉应力，周边转角处存在较大的剪应力，洞室的高宽比对围岩应力的分布影响极大，设计洞室断面时应考虑垂直应力与水平应力的比值。不同断面洞室围岩中应力分布情况如图 8-3 所示。

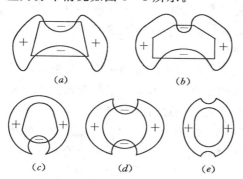

图 8-3 不同断面形状洞室周边应力分布示意图
"+"—压应力；"−"—拉应力

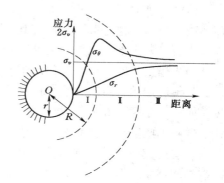

图 8-4 围岩松动圈和承载圈
Ⅰ—松动圈；Ⅱ—承载圈；Ⅲ—原始应力区

综上所述，洞室开挖后由于应力的重分布，将引起洞室周围产生应力集中现象。当周边应力小于岩体的强度极限（脆性岩石）或屈服极限（塑性岩石）时，洞室围岩稳定。否则，周边岩石首先破坏或出现大的变形，并向深部扩展到一定的范围形成松动圈（图 8-4）。在松动圈形成的过程中，原来洞室周边集中的高应力逐渐向松动圈外转移，形成新的应力升高区，该区岩体被挤压紧密，宛如一圈天然加固的岩体，故称承载圈。

应当指出，如果岩体非常软弱或处于塑性状态，则洞室开挖后，由于塑性松动圈的不断扩展，自然承载圈很难形成。在这种情况下，岩体始终处于不稳定状态，开挖洞室十分困难。如果岩体坚硬完整，则洞室围岩始终处于弹性状态，围岩稳定不形成松动圈。

在生产实践中，确定洞室围岩松动圈的范围是非常重要的。因为松动圈一旦形成，围岩就会坍塌或向洞内产生大量的塑性变形，要维持围岩稳定就要进行支撑或衬砌。

三、围岩的变形破坏特征

洞室开挖后，地下形成了自由空间，原来处于挤压状态的围岩，由于解除束缚而向洞室空间发生松胀变形，当变形超过了围岩本身所能承受的能力时，便发生破坏，从母岩中分离、脱落，形成坍塌、滑动及岩爆等破坏。

围岩变形和破坏失稳的形式，除与岩体内的初始应力状态及洞形有关外，主要取决于围岩的岩性和结构特征。

1. 完整结构岩体

坚硬完整岩体的强度高、稳定性好，其变形和破坏可根据弹性理论计算。该类岩体在高地应力区，洞室开挖后可能产生岩爆现象。

岩爆系指在地下开挖过程中，围岩突然以爆炸形式表现出来的破坏现象。岩爆的产生需要具备两方面的条件：高储能体的存在，且其应力接近于岩体强度是岩爆产生的内因，某附加荷载的触发则是其产生的外因。就内因来看，具有储能能力的高强度、结构完整的脆性岩体是围岩内的高储能体，岩爆往往也就发生在这些部位。从外因看主要有两个方面：一是机械开挖、爆破以及围岩局部破裂所造成的弹性振荡；二是开挖的迅速推进或累进性破坏所引起的应力突然向某些部位的集中。

在地下开挖的实际进程中，如果在围岩的某些部位形成了高储能体，且其应力已接近于岩体的强度时，则上述一些因素所引起的应力急剧变化，即使其量级很小，也可使高储能体内的应力迅速超载，从而使其发生剧烈的脆性破坏，突然释放的弹性能一部分消耗于破碎岩石，其余部分则转化为动能，将岩片抛出。

当岩爆发生时，岩石突然从围岩中被抛出或弹出大小不等的岩块，大型岩爆常伴有剧烈的气浪和震动，可造成重大的伤亡事故。水利水电工程地下洞室开挖过程中所发生的岩爆多属中、小型，在岩爆发生时，围岩表层有中间厚两边薄的小岩片从围岩中弹出，发出噼噼啪啪的响声，故亦称岩石射击。有时剥落的岩片较大并不射出，爆破声也较小。

软弱的完整岩体，如厚层的黏土岩或黏土质页岩等，围岩破坏失稳的主要形式是膨胀内鼓与塑性挤出等。

2. 层状结构岩体

该类岩体围岩的破坏与失稳，常表现为因层面张裂、岩层弯曲折断而向洞室内滑移或塌落。

层状岩体围岩的变形与破坏特征还受岩层产状的控制。在水平层状岩体中，顶板容易下沉折断，如图 8-5（a）所示。在倾斜层状围岩中，常表现为沿倾斜方向的一侧拱脚以上岩体的弯曲折断，另一侧边墙或顶拱滑移，如图 8-5（b）所示。在直立层状围岩中，当洞轴线平行岩层走向时，由于顶板拉应力方向垂直层面，而使顶板面层产生纵张拉裂，在拱脚或边墙，因岩层与压应力方向平行，易产生弯曲折断，进而危及拱顶安全，如图

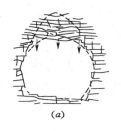

图 8-5　层状围岩变形与破坏特征

(a) 水平层状围岩；(b) 倾斜层状围岩；(c) 直立层状围岩

8-5 (c)所示。但当洞轴线与岩层走向有较大的交角时，围岩的稳定性将有很大的提高。

3. 块断结构岩体

块断结构围岩的变形与破坏，主要表现为沿结构面的滑移掉块。如美国摩洛波音特 (Morrowpoint) 地下电站厂房由两条小断层组合而成的楔形体发生向洞内的滑移，位移量最大约达 5.8cm，对厂房的稳定性构成了极大威胁，如图 8-6 (a) 所示。美国内华达 (Nevada) Ⅱ号实验洞，在边墙上由层面和节理交切构成的滑移体，向洞内位移最大达 5.6cm，如图 8-6 (b) 所示。国内也有很多类似的例子。

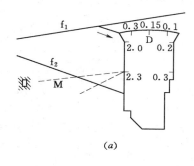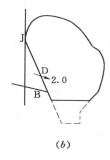

图 8-6　块断结构围岩中不稳定楔形体变形

(a) 摩洛波音特水电站地下厂房；(b) 内华达Ⅱ号洞

f—剪切理错动带；B—层面；J—节理；D—位移（英寸）

4. 碎裂结构岩体

碎裂岩体的结构特征比较复杂，有不规则块状的、砌块状的和破碎状的几种类型。

不规则块状结构围岩的稳定性，取决于岩块分离体的形状、结构面性质及岩块间咬合的程度，其变形和破坏主要表现为大块岩石冒落或滑落。

当节理切割的岩块分离体出露于拱顶时，尖棱朝下的楔形体［图 8-7 (b)］较尖棱朝上者［图 8-7 (a)］稳定。若上述楔形岩块出露于侧壁时［图 8-7 (c)、(d)］，其稳定性与上述情况相反。如节理切割的岩石呈棱柱状、方块状、锥形体等各种分离结构体时，其顶拱及侧壁的稳定性可同理分析。

砌块状结构围岩的变形和破坏特征与层状围岩类似。一般在开挖后，顶板砌块将发生松弛下沉（图 8-8）。如砌块间摩阻力较小时，则顶板岩块将塌落形成梯形或近三角形的塌落拱。

177

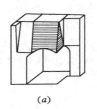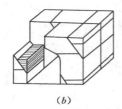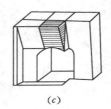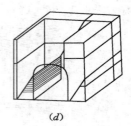

(a)　　　　　　(b)　　　　　　(c)　　　　　　(d)

图 8-7　分离岩块在洞顶及侧壁出露的情况

破碎状围岩的破坏与失稳和散体结构围岩类似。

5. 散体结构岩体

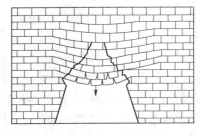

散体结构围岩主要为断层破碎带、剧烈风化带及泥化夹层、岩浆岩侵入接触破碎带等，其主要特征是岩体极为破碎，常呈片状、碎屑状、颗粒状及碎块状，其间经常大量夹泥。因此，这类围岩整体强度低，极易变形，在有地下水参与时极易塌方，甚至冒顶，其破坏方式以塌方、滑动、塑性挤入等形式表现出来（图 8-9）。

图 8-8　砌块状围岩的顶板松弛下沉

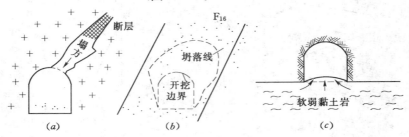

(a)　　　　　　　(b)　　　　　　　(c)

图 8-9　散体结构围岩变形破坏形式

应该指出，上述各类围岩的变形与破坏都是逐次发展的，有的是从边墙开始危及到拱顶；有的是从顶拱开始向边墙发展。一般除坚硬完整岩体不至于产生大规模的破坏外，对其他各类岩体的变形和破坏均应及时进行处理。否则，其变形与破坏可以发展到很大的规模，造成严重的后果。

通过以上分析可以看出，主要易失稳的围岩是松散岩体、软硬相间的互层岩体或软弱的薄层岩体、以黏土岩为主的软弱岩体、在坚硬围岩中由软弱结构面切割而形成的不稳定结构体等。如果通过地质勘测，详细掌握了岩体中这些薄弱部位，采用适当的施工方法、有效的支护措施等，施工就会顺利进行，工程的安全就能得到保证。

四、围岩自稳时间的评价方法

在洞室开挖过程中，正确地估计围岩的自稳时间，是关系到要不要支护及何时支护的非常重要的问题。图 8-10 是隧洞的纵剖面图，一半已衬砌，另一半未衬砌。如果开挖过程中，未衬砌段超前不多，则可以起到"拱"的作用，围岩较稳定［图 8-10 (a)］，否则，围岩不稳定［图 8-10 (b)］。未衬砌段应超前多少再跟进衬砌，与洞径及围岩类型等因素有关。如在破碎岩层中打一个直径 10cm 的小孔，它可能在很长时间内不会破坏。而要打成直径 10cm 的隧洞，开挖后围岩自稳的时间只能维持几个小时。

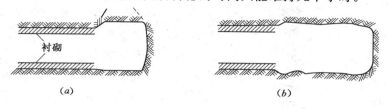

图 8-10 隧洞超前开挖示意图

（a）超前段较短，可起拱的作用，围岩稳定；（b）超前段很长，不能起拱的作用，围岩不稳定

目前，确定围岩的自稳时间尚无精确的计算方法。但如把洞径（或跨度）和随时间变化的围岩变形破坏的关系做成图表，则可发现：洞径越大，围岩变形及压力对时间的依赖性越明显；而围岩结构特性及力学性质不同时，在同样跨度下的自稳时间也不同。中国科学院地质研究所通过对金川二矿区巷道围岩自稳时间进行了调查，块状厚层大理岩自稳时间数年以上，而断层破碎带自稳时间只有数小时（表 8-1）。

表 8-1　　　　　　　　　金川二矿区巷道围岩自稳时间调查表

围 岩 类 别	塌 方 表 现		自 稳 时 间
	方 式	高 度（m）	
块状厚层大理岩组	掉 块		数年以上
块状超基性岩组	掉块或小塌方	<1	半年至一年
中—薄层状大理岩组	小型塌方	1～2	半年至一年
碎裂中细粒花岗岩	以掉块为主		数年
中薄层状、碎裂状大理岩	中型或大型塌方	2～4	数日
层状、碎裂状片麻岩组	中型或大型塌方	2～4	数日
中薄层状、碎裂状大理岩组	大型塌方	4～10	1 日以内
碎裂结构片麻岩组	大型塌方	4～10	1 日以内
散体结构断层压碎岩组	大型塌方	>5	4h 以上

目前评价围岩的自稳时间，多采用工程类比法和围岩分类评价方法。

工程类比法是根据对已建工程各类围岩变形及塌方的调查统计资料，和待建工程类似地质条件进行对比分析，估算出围岩的自稳时间。因此，该法主要建立在生产实践经验基础之上。

围岩分类评价方法在国内外已得到广泛的应用，其中用于确定围岩自稳时间的围岩分

表 8-2　　　　　　　　　岩体类别与隧洞围岩平均稳定时间

岩 体 类 别		I	II	III	IV	V
平均稳定时间	跨 度（m）	15	8	5	2.5	1
	时 间	10 年	6 个月	1 周	10h	30min
岩体抗剪断强度	C（10^5Pa）	>4	3～4	2～3	1～2	<1
	φ（°）	>45	35～45	25～35	15～25	<15

179

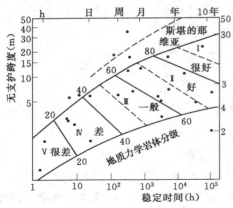

图 8-11　地质力学分类与隧洞平均稳定
时间关系图解（比尼阿夫斯基，1979）

类，比较著名的有劳弗（Lauffer）和比尼阿夫斯基的分类。比氏收集了南非和阿尔卑斯地区大量的工程实际资料，统计出了各类岩体的平均自稳时间（表 8-2）。

另外，比氏在搜集了 49 个工程实例的基础上，绘制了隧洞跨度与稳定时间的关系图解（图 8-11）。其纵坐标是隧洞无支护的跨度（所谓无支护跨度系指隧洞宽度或支撑到工作面的距离），横坐标是时间的对数值，图中的点子代表研究的工程实例。在实际工作中，如果用地质力学的分类方法（比氏分类法）确定了围岩的类别及分配点数后，就可以根据隧洞无支护跨度，在图中确定出围岩的平均自稳时间。该图解经过许多实际工程塌方实例的验证，证明比较符合实际并有一定的安全性。

第二节　地下洞室规划和设计中的有关问题

一、洞室轴线选择的工程地质分析

在进行水利规划或水利枢纽设计时，隧洞选线或位置的确定是首先应解决的问题。地下洞室位置的选择，除取决于工程目的要求外，主要受地形、岩石性质、地质构造、地下水及地应力等工程地质条件的控制。

（一）地形地貌条件

隧洞选线时应注意利用地形，方便施工，在山区开凿隧洞一般只有进口和出口两个工作面，如洞线长则将延长工期，影响效益。为此在选线时，应充分利用沟谷地形，多开施工导洞，或分段开挖以增加工作面，如图 8-12 所示。其中 I—I′隧洞线穿越山脊，除进出口两头有工作面外，可沿沟谷打水平施工导洞以增加工作面；II—II′隧洞线穿越沟谷上部，可利用竖井作施工导洞；III—III′隧洞线穿越沟谷下部，隧洞出现明段，可分段施工，但如是有压隧洞，就需要在明段用压力管道进行连接。

水工隧洞的选线，应尽量采取直线，避免或减少曲线和弯道。如采用曲线布置，根据现行规范要求，洞线转弯角度应大于 60°，曲率半径不小于 5 倍洞径。

此外，隧洞进出口位置的地形地貌条件也很重要，工程实践表明：往往因洞口位置的地形地貌条件不利，导致迟迟不能清理出稳定的洞脸，造成无法进洞的局面。一般洞口最好选在基岩出露比较完整、崖坡较陡的谷坡地带。在地貌上应避开滑坡、崩塌、冲沟、泥石流等不良物理地质现象，以及山麓堆积、坡积、崩积及洪积物等第四系松散堆积物。

（二）地层与岩性条件

地层与岩性条件的好坏直接影响隧洞的稳定性，在洞线选择时，应分析隧洞沿线地层的分布和各种岩石的工程性质。对于坚硬岩石，如火成岩中的花岗岩、闪长岩、辉长岩、辉绿岩、玢岩、安山岩、玄武岩、流纹岩；变质岩中的片麻岩、石英岩、硅质大理岩等，由于岩质坚硬，工程性质一般较好。但对某些软弱的火成岩及变质岩，如凝灰岩、片岩、千枚岩、泥质板岩等，隧洞施工中易造成塌方、变形。沉积岩总体不如火成岩和变质岩，但其中坚硬的石灰岩、胶结良好的砂岩、砾岩等，工程性质一般也较好，但岩质软弱的沉积岩，如泥质、炭质页岩、泥灰岩、黏土岩、斑脱岩、石膏、盐岩、煤层以及胶结不良的砂砾岩等，则强度低，易风化或膨胀变形，对隧洞围岩稳定性极为不利。

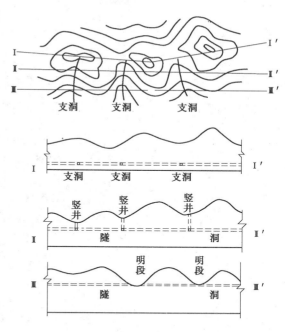

图 8-12　隧洞选线利用沟谷地形示意图

一般在坚硬岩石中开挖隧洞时，由于围岩稳定，所以日进尺快、造价便宜。在软弱岩层和松散岩层中掘进，则顶板容易坍塌，侧壁和底板容易产生鼓胀变形，为了维持稳定，常需要进行支护或衬砌后才能继续掘进，因此日进尺慢、造价也高。所以，在地下洞室选线时，必须重视岩层性质的调查研究，尽量避开不良的围岩，使洞身置于坚硬完整的岩层中。

（三）地质构造条件

地质构造条件对洞室围岩稳定有重要的影响。一般在进行隧洞选线时，应尽量使轴线与构造线方向相垂直或成大角度相交。尽量避开大的断层破碎带或呈小角度相交。下面分述岩层产状、断层等对洞室位置选择的影响。

1. 洞室轴线与岩层走向垂直

在这种情况下，洞室沿线虽然可能遇到较多的岩层组合，甚至还会穿越褶皱轴部，但洞室围岩稳定性较好，特别是对大型地下洞室的高边墙稳定有利。当洞轴线垂直岩层走向时，顺倾向开挖较反倾向开挖有利，后者开挖时虽然容易，但易产生滑块现象。

2. 洞室轴线与岩层走向平行

此时有下列几种情况：

（1）在水平或缓倾岩层中，应尽量使洞室位于厚层均质坚硬岩层中（图 8-13 洞身 a）。若洞室必须穿切软硬不同的岩层组合时，应将坚硬岩层作为顶板，尽量避免将软弱岩层或软弱夹层置于洞室顶部（图 8-13 洞身 b），后者易于造成顶板悬垂或坍塌。软弱夹层或软岩位于洞室两侧或底部时，也不利（图 8-13 洞身 c），此时容易引起边墙或底板鼓胀变形或被剪断破坏。

（2）在倾斜岩层中开挖隧洞容易产生偏压，图 8-14 洞身 a 通过软硬相间的倾斜岩层，在软弱岩层部位将产生较大的偏压。图 8-14 洞身 b 通过部位有软弱夹层时，也会产生偏压。因此，在倾斜岩层地区，最好将洞室置于坚硬完整的均一岩层中（图 8-14 洞身 b）。

（3）当洞室通过直立岩层时，稳定性一般较好。

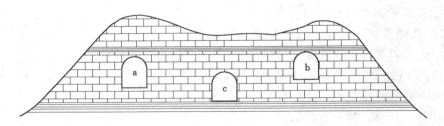

图 8-13　在水平或缓倾岩层中的隧洞

a—位于坚硬岩层中；b—顶板有软弱夹层；c—地板为软弱黏土岩

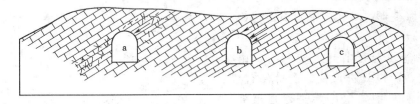

图 8-14　倾斜岩层中隧洞的偏压

a—破碎岩层造成的偏压；b—软弱夹层造成的偏压；c—坚硬岩层

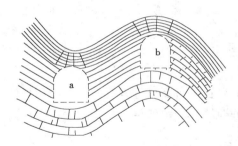

图 8-15　位于褶皱轴部的隧洞

a—向斜；b—背斜

3. 褶皱的影响

洞室要尽可能地避免沿褶皱的轴部布设，因为褶皱轴部纵张裂隙发育，岩体完整性差，而且向斜轴部还容易集水，给施工造成困难。与向斜相比，背斜轴部的稳定性较好，背斜岩层自然成拱，纵张裂隙切割的岩块尖顶朝下，不易坍塌破坏（图 8-15 洞身 b），向斜相反，其轴部所切成的锥形尖顶朝上（图 8-15 洞身 a），洞室开挖后洞顶易于松脱掉块。对于那些形态复杂的褶皱，如倒转褶皱、平卧褶皱、倾伏褶皱等地区，则应根据上述原则进行具体分析，这些地区一般反映地质构造运动比较强烈，岩体比较破碎，故隧洞选线时应特别注意。

4. 断层的影响

断层带岩石破碎且多数夹泥，极易产生塌方甚至冒顶，在有地下水参与时，这种破坏更加严重。而且隧洞所遇断裂破碎带宽度愈大，其走向与洞轴线交角愈小，在洞内出露面积也愈大，对围岩的稳定性影响就愈大。因此，在隧洞选线时，应尽量避免通过大的断层破碎带或洞轴线尽量与断层带呈大角度相交。

（四）水文地质条件

隧洞施工中地下涌水带来的危害，已屡见不鲜。地下水对洞室的不良影响主要有以下几个方面：以静水压力的形式作用于洞室衬砌；在动水压力作用下，某些松散或破碎岩层中易产生机械潜蚀等渗透变形；使黏土质岩石软化，强度降低；石膏、岩盐及某些以蒙脱石为主的黏土岩类，在地下水作用下将产生剧烈的溶解或膨胀；大量的突然涌水将造成人身伤亡和停工事故。

因此，在洞室位置选择时，应尽量将洞室置于非含水岩层中。对易透水的岩层和构造，特别是喀斯特地区，应密切注意其分布规律和发育程度，并结合隧洞设计高程，分析评价地下水涌水的可能性和涌水量。此外，还应注意地下水水质资料的分析，对 $pH < 7$ 的酸性地下水，应分析水中侵蚀性 CO_2 和硫酸盐侵蚀性对混凝土衬砌的影响。

二、洞室设计中有关参数的确定方法

在地下洞室设计中，如何确定山岩压力、围岩的承载能力及外水压力等数值，是涉及洞室稳定及如何进行支撑衬砌的重要问题。下面仅从工程地质的角度，对其选择进行简要评述。

（一）山岩压力

隧洞开挖后，岩体内部的地应力由原来的相对平衡状态，发展成应力重新分布，并由此而引起隧洞周围的岩体产生变形甚至破坏。这种由于围岩变形、破坏所形成的松动岩体，施加于隧洞衬砌上的压力称为山岩压力，也称围岩压力或岩石压力。它与地应力不同，地应力是隧洞围岩的内部应力，而山岩压力是施加于隧洞衬砌上的外力。对坚硬完整的岩体，隧洞开挖后，其强度能适应地应力的变化，隧洞不需要支护即能保持稳定，此时就不存在山岩压力。但当围岩软弱破碎，不能适应地应力重新分布时，将产生塑性变形和松动破坏，此时就形成了山岩压力。因此山岩压力的大小是隧洞设计临时性支护及长期性衬砌的一项重要地质依据。

围岩压力不仅与围岩地质因素和洞室断面形状有关，还与岩体的天然应力状态、衬砌或支护的性能以及施工方法和速度有关。所以，确定围岩压力的大小和方向，是一个极为复杂的问题。工程中按其计算方法的理论依据，有的将围岩视为松散介质，确立了平衡拱理论的计算方法；有的将围岩视为弹、塑性体，确立了相应的计算方法；有的将围岩视为具有一定结构面的地质体，确立了岩体结构计算方法。但到目前为止，围岩压力的计算问题还没有得到圆满解决。下面主要介绍水利工程地质中常用的几种方法。

1. 松散体理论（普氏 f_k 法）

松散体理论计算方法的前提是将围岩视为被节理切割而失去内部连接的散粒体，按塌落拱理论计算山岩压力，如普罗托季亚科诺夫（М. М. Пртодбяконов）理论和太沙基（K. Terzaghi）理论等。

普氏理论认为塌落拱为抛物线形，所谓塌落拱是洞室开挖后由于顶部失去支撑而塌落成的一个拱形（图 8-16），有时也称平衡拱或压力拱。塌落拱内岩体的重量就是垂直的山岩压力，因此，洞顶的山岩压力（P）为

$$P = \frac{4}{3}\gamma bh \qquad (8-7)$$

式中：P 为洞顶垂直山岩压力，kN/m；γ 为岩石容重，kN/m^3；b 为隧洞跨度之半，m；h 为塌落拱高度，m。

塌落拱高度（h）可用下式计算

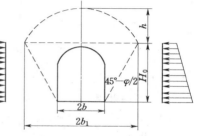

图 8-16 散粒体围岩塌落拱示意图

$$h = \frac{b}{f_k} \tag{8-8}$$

式中：f_k 为岩石的坚固系数，又称普氏系数。对于黏性土，$f_k = \tan\varphi + \dfrac{C}{\sigma}$；对于砂类土，$f_k = \tan\varphi$；对于岩石，$f_k = \dfrac{R_w}{10}$。其中，$C$ 为土体的黏聚力，kPa；φ 为土体的内摩擦角，(°)；σ 为洞顶土层的自重应力，kPa；R_w 为岩石的湿抗压强度，MPa。

可见，只要求得 f_k 值，就可利用上述公式计算塌落拱高度和垂直山岩压力。

普氏理论有一定优点，它将塌落体的重量视为山岩压力，很直观，易理解，也有理论依据。但由于岩体并不是散粒体，洞顶塌落也并不总是拱形，所以用普氏理论计算山岩压力是有缺陷的，对于坚硬完整的岩体所得结果一般偏大。由于该法计算简单，经修正后仍可在生产中应用。根据我国的经验，仍沿用原来的压力拱公式，对围岩压力系数，综合考虑岩性、岩石的风化情况、节理裂隙的切割程度及地下水的活动等多种因素，对原有的普氏系数进行修正，即 $f_k = \dfrac{\alpha R_w}{10}$，然后再根据 f_k 值对塌落拱高度进行修正。修正方法如下：

（1）按岩体风化及结构面发育程度，确定修正系数 α，见表 8-3。

表 8-3　　　　　　　　按岩体风化及断裂发育程度确定 α 值

岩体特征	微风化岩体	弱风化岩体	裂隙发育	断裂发育	大断层
α	0.5～0.6	0.4～0.5	0.3～0.4	0.2～0.3	0.1

（2）按裂隙率确定修正系数 α，见表 8-4。

表 8-4　　　　　　　　　　　按裂隙率确定 α 值

裂隙率（%）	0	<2	2～5	5～10	10～20	>20
α	1.0	0.9	0.8	0.7	0.6	0.5

（3）按岩石单轴抗压强度确定，见表 8-5。

（4）按经验确定 f_k 值后，乘以不同的安全系数 K 对塌落拱高度进行修正，见表 8-6。

表 8-5　按岩石单轴抗压强度确定 f_k 值

岩石单轴抗压强度（MPa）	>70	30～70	<30
f_k 计算式	$R_w/15$	$R_w/10$	$R_w/6 \sim R_w/8$

表 8-6　塌落拱高度修正值

f_k 值	安全系数 K	塌落拱高度 h
>4	0	
3～4	1	$1.6b + 0.03H$
2～3	1.5	$0.38b + 0.08H$
1～2	2～2.5	$b + 0.41H$
0.6	3	$2.5b + 1.44H$

2. 岩体结构法

这种方法是在地质调查和勘探资料分析的基础上，根据软弱结构面的发育规律及其组合关系，确定分离体的形状，再用极限平衡体原理计算山岩压力。

分离体的形状在隧洞工程中经常出现的有柱状、楔形及锥形三种类型，如图 8-17 所示。现以方形隧洞为例说明岩体结构法计算山岩压力。设有平行隧洞方向的两组结构面①—①及②—②，其倾向与隧洞斜交形成了四块分离体，如图 8-18 所示。隧洞开挖后分离体△abc 位于洞顶，ab 及 ac 为切割面，bc 为临空面，这种情况最易形成洞顶塌方。此时山岩压力 P_1 在不考虑 ab 及 ac 面上的抗拉强度时，就是分离体△abc 的自重 Q，即

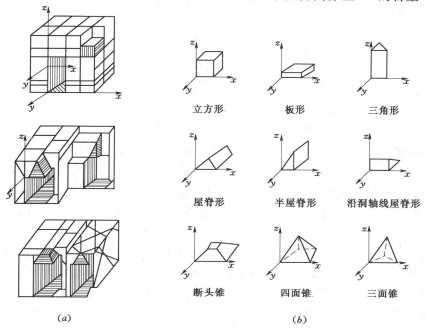

（a）　　　　　　　　　　　　　　（b）

立方形　　　板形　　　三角形

屋脊形　　半屋脊形　　沿洞轴线屋脊形

断头锥　　四面锥　　三面锥

图 8-17　隧洞围岩三种常见分离体
（a）立体图；（b）坐标图

$$P_1 = \frac{1}{2}HB\gamma = Q \qquad\qquad (8-9)$$

式中：P_1 为洞顶山岩压力，kN/m；H 为分离体高度，m；B 为分离体宽度，m；γ 为岩体容重，kN/m³。

分离体△def 位于洞壁左侧，df 为临空面；de 为切割面；ef 为滑动面。计算山岩压力时主要考虑 ef 面的抗滑稳定性，一般忽略 de 面及 ef 面上的抗拉强度和内聚力，根据极限平衡原理可用下式计算山岩压力 P_2

$$P_2 = T - N\tan\varphi = Q\sin\theta - Q\cos\theta\tan\varphi \qquad (8-10)$$

式中：P_2 为洞壁山岩压力，kN/m；Q 为分离体△def 的岩体自重，kN/m；N 为 Q 的法向应力，即垂直滑动面 ef 的分力；T 为 Q 的切向应力，即平行滑动面 ef 的分力；θ 为滑动面 ef 的视倾角；φ 为滑动面 ef 的内摩擦角。

在 $P_2 = 0$ 时，△def 处于极限平衡状态，则式（8-10）可写成

$$Q\sin\theta - Q\cos\theta\tan\varphi = 0$$

即

$$\tan\theta = \tan\varphi \qquad\qquad (8-11)$$

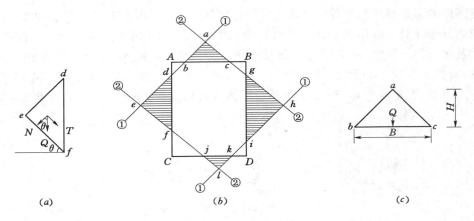

图 8-18　岩体结构法计算山岩压力示意图

当分离体滑动面的视倾角 θ 等于该面上的内摩擦角时，分离体处于极限平衡状态。如 $\varphi > \theta$、$P_2 < 0$，则将稳定；若 $\varphi < \theta$、$P_2 > 0$，则不稳定，并形成山岩压力，如不支护就将塌方。但实际工作中，常发现 $\varphi < \theta$ 时也不塌方，这是因为 ef 及 de 面上总有一定的黏聚力 C 或抗拉强度。此外，如存在地下水时，应考虑水的侧向推力，特别当隧洞深埋时，更不可忽视。

分离体 $\triangle ghi$ 与 $\triangle def$ 情况是相同的，而 $\triangle jkl$ 分离体位于洞底，一般不会形成山岩压力。

若结构面为三组或三组以上，并互相交错切割，则可组成形式多样的分离体，但计算原理与上述相同，只是计算岩体自重的体积形状复杂化而已。现已有"赤平投影"及"实体比例投影"等作图法，可以简化立体三角的计算过程，需用时可参考有关专著。

3. 声波测定法

此法是应用声波仪器测定隧洞的松动圈范围，借以计算山岩压力。其原理是：由于围岩各带物理力学性质的差异，具有不同的声波速度。如应力下降带或松动带表现为相对的声波低速区，而应力上升带或承压带则为高速区。因此可实测围岩不同深度的波速变化，就可依此划定松动圈的范围和形状。

围岩松动带的声波测定，最好是在隧洞直接开挖时进行，测出数据可直接确定山岩压力大小及支护或衬砌形式。若采用喷锚支护，可据此确定锚杆的锚固深度。如果是地质探洞实测资料，则不能直接应用，因地质探洞直径比设计隧洞直径小得多，反映的地质条件往往相差很大。

（二）围岩抗力

1. 围岩抗力系数的概念

水利水电工程中的隧洞大部分是有压隧洞，隧洞的内水压力通过衬砌传递到围岩上，这时围岩将产生反作用的抗力称为围岩抗力，又称岩体抗力。它的大小决定围岩的承载力和衬砌设计的类型和厚度。围岩抗力大的围岩可以承受大部分内水压力，减小衬砌厚度。如云南以礼河水电站的高压隧洞通过坚硬的玄武岩，围岩可承受 $11.5 \sim 12.0 \text{MPa}$ 的内水压力，约为设计内水压力的 $83\% \sim 86\%$，这样就可降低工程造价。因此，研究围岩抗力具有重要的实际意义，它是水工隧洞设计中的重要地质参数之一。

围岩抗力与围岩的性质、断面形状和尺寸、衬砌和围岩接触的紧密程度等因素有关，常用围岩抗力系数 K 表示，根据文克尔（Winkler）的假定，围岩抗力系数为

$$K = \frac{p_内}{y} \qquad (8-12)$$

式中：$p_内$ 为内水压力，MPa；y 为隧洞围岩的径向变形，m。

由式（8-12）可知，岩体抗力系数 K 是指隧洞围岩产生一个单位变形所需要的内水压力值，其单位为 MPa/m。假设围岩是理想的弹性体，对于圆形隧洞 K 值与岩体弹性模量之间有如下的关系

$$K = \frac{E}{(1+\mu)R} \qquad (8-13)$$

式中：E 为围岩的弹性模量或变形模量，10^5 Pa；μ 为岩体的泊松比；R 为圆形隧洞半径，cm。

从式（8-13）可知，K 值与隧洞半径大小有关，半径越大，K 值越小。在工程上为了便于比较，常采用隧洞半径为 1m（或 100cm）时的抗力系数作为单位抗力系数，用 K_0 表示，即

$$K_0 = K \frac{R}{100} \qquad (8-14)$$

2. 围岩抗力系数的确定方法

确定围岩的抗力系数或单位抗力系数，一般有直接测定法、间接测定计算法和工程地质类比法三种。直接测定法是在已开挖的隧洞中，或选择有代表性的典型地段进行现场试验。常用的加压方法有双筒橡皮囊法、堵塞水压法、扁千斤顶法等。

双筒橡皮囊法是在岩体中挖一个直径大于 1m 的圆形试坑，坑的深度大于直径的 1.5 倍，围岩厚度要求大于直径的 3 倍。在坑内安装环形橡皮囊，其一侧紧靠坑壁；另一侧紧贴圆形钢架，用水泵加压于橡皮囊，使其充水受压，周壁扩张，迫使四周岩体变形，变形值可用测微计（0.001mm）直接读数，如图 8-19（a）所示。

堵塞水压法是在选定的试验段两端或一端将试洞堵死，在洞内安装变形测量计，如图 8-19（b）所示，然后向洞内压入高压水，直接测定变形值。

间接测量计算法是在测定出岩石的弹性模量 E 和泊松比 μ 值后，根据弹性理论公式计算

$$K_0 = \alpha \frac{E}{(1+\mu) \times 100} \qquad (8-15)$$

$$K_0 = \alpha \frac{E}{\left(1+\mu+\ln \frac{R_1}{R}\right) \times 100} \qquad (8-16)$$

式中：R_1 为隧洞围岩弹性变形区半径，cm；R 为隧洞半径，cm，据工程经验，对于坚硬完整的岩体，$R_1/R=3$，而对软弱破碎岩体，$R_1/R=30 \sim 300$；α 为修正系数，室内试验 $\alpha=1/2 \sim 1/3$，野外试验 $\alpha=1$。

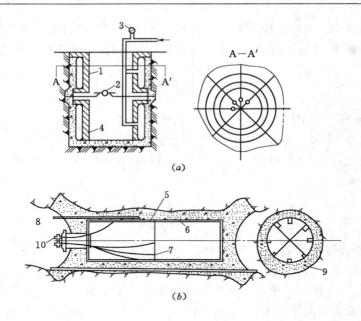

图 8-19　岩体的抗力系数（K_0）的测定方法

（a）双筒橡皮囊法；（b）堵塞水压法

1—金属筒；2—测微计；3—水压表；4—橡皮囊；5—衬砌；6—橡皮套；

7—测微计；8—孔门；9—伸缩缝；10—排气孔

工程类比法或经验数据法是根据设计隧洞围岩的工程地质性质与已建成隧洞的地质情况对比分析，在此基础上，直接引用的 K_0 或 K 值。在初步设计阶段或一般中小型水利水电工程可采用此法。

第三节　围岩工程地质分类

围岩分类是在对地下工程岩体的工程地质特性进行综合分析、概括及评价的基础上，将围岩分为工程性质不同的若干类别。分类的实质是广义的工程地质类比，是对相当多地下工程的设计、施工与运行经验的总结。由于围岩介质是非常复杂的，目前还没有恰当的数学、力学计算方法解决其平衡稳定问题，所以用围岩分类的方法对围岩的整体稳定程度进行判断，并指导开挖与系统支护设计是普遍应用的方法。

围岩分类的基本步骤如下。

（1）对围岩的岩体质量进行评价分类，主要考虑影响围岩质量的围岩的完整性、坚固性和含水透水性等三方面的因素，其中，岩体的完整性是最重要的因素。

（2）考虑工程因素，如洞室的轴向、断面形状与尺寸，及其与结构面产状的关系等，以及围岩强度应力比和地下水对碎裂与散体结构岩体的作用等，进行围岩稳定性评价。

（3）根据测试及类比，建议供设计参考使用的地质参数、山岩压力或围岩应力计算的理论方法。

（4）工程地质、岩石力学、设计及施工人员结合，确定各类围岩的开挖、支护准则。

地下洞室围岩分类据分类指标，大体上有下列几种：①单一的综合性指标分类，如据岩体的弹性波速度 V_p、岩石质量指标 RQD、岩石的坚固性系数 f_k 等进行分类；②多因素定性和定量的指标相结合，用于围岩分级，如我国的 GB 50218—94《工程岩体分级标准》、GB 50086—2001《锚杆喷射混凝土支护技术规范》中的围岩分级、我国的铁路隧道围岩分级等；③多因素组合的复合指标分类，即按岩体质量复合指标定量评分的分类，其中，在国际上较为通用的是以巴顿（Barton）岩体质量 Q 系统分类为代表的综合乘积法分类和以比尼奥斯基（Bieniawski）地质力学类（RMR 分类）为代表的和差计分法分类，在我国则以 GB 50287—99《水利水电工程地质勘察规范》中附录 P 给出的围岩工程地质分类为代表，这类分类方法是当前围岩分类的发展方向。

下面介绍 GB 50287—99《水利水电工程地质勘察规范》中附录 P 给出的围岩工程地质分类。

GB 50287—99《水利水电工程地质勘察规范》提出的围岩工程地质分类，是以"六五"国家科技攻关项目 15-2-1《水电站大型地下洞室围岩稳定和支护的研究与实践》中的一个子项《水电地下工程围岩分类》的研究成果为基础，同时参考了国内外一些主要的隧洞围岩分类方法和我国鲁布革、天生桥、彭水、小浪底、水丰等十几个大型水利水电工程的实际分类编制的。该分类方法已在我国水电行业中广泛应用。《水电地下工程围岩分类》的研究工作收集了国内外 74 种围岩分类，调查分析了水电、铁路、矿山等 40 余个工程近 500 个塌方实例，重点根据国内外 10 余种围岩分类方法，选用简易测试技术（弹性波、点荷载、回弹值等）和定性、定量相结合的多因素综合评分方法，对围岩失稳和围岩分类进行了深入的研究，提出了"水电地下工程围岩分类"方法基本方案，经过 35 个工程反馈应用，进行了多次修改，并配合有限元计算，确定支护参数的选择，研究了各类围岩主要物理力学经验参数。该分类的特点是根据水电勘察、设计、施工不同阶段的深度要求，适用于可行研究阶段的初步分类和初步设计与技施设计阶段的详细分类，可用于确定锚喷支护设计参数及各类围岩主要物理力学参数等。

围岩工程地质分类以控制围岩稳定的岩石强度、岩体完整性系数、结构面状态、地下水和主要结构面产状五项因素的和差为基本依据，围岩强度应力比为限定判据，按表 8-7 进行分类。围岩强度应力比 S 可根据下式求得

$$S=\frac{R_b K_V}{\sigma_m} \tag{8-17}$$

式中：R_b 为岩石饱和单轴抗压强度，MPa；K_V 为岩体完整性系数；σ_m 为围岩的最大主应力，MPa。

各因素的评分按表 8-8～表 8-12 所列标准确定。该分类不适用于埋深小于两倍洞径或跨度、膨胀土、黄土等特殊土层和喀斯特洞穴发育地段的地下洞室。规范要求对大跨度地下洞室的围岩分类应采用本规范规定的"围岩工程地质分类"和 GB 50218—94《工程岩体分级标准》等国家标准综合评定。对国际合作的工程还可采用国际通用的围岩分类方法对比使用。

表 8-7 围岩工程地质分类

围岩类别	围岩稳定性	围岩总评分 T	围岩强度应力比 S	支护类型
I	稳定。围岩可长期稳定,一般无不稳定块体	T>85	S>4	不支护或局部锚杆或喷薄层混凝土。大跨度时,喷混凝土、系统锚杆加钢筋网
II	基本稳定。围岩整体稳定,不会产生塑性变形,局部可能产生掉块	85≥T>65	S>4	
III	局部稳定性差。围岩强度不足,局部会产生塑性变形,不支护可能产生塌方或变形破坏。完整的较软岩,可能暂时稳定	65≥T>45	S>2	喷混凝土、系统锚杆加钢筋网。跨度为 20~25m 时,并浇筑混凝土衬砌
IV	不稳定。围岩自稳时间很短,规模较大的各种变形和破坏都可能发生	45≥T>25	S>2	喷混凝土、系统锚杆加钢筋网,并浇筑混凝土衬砌
V	极不稳定。围岩不能自稳,变形破坏严重	T≤25		

注 II、III、IV 类围岩,当其强度应力比小于本表规定时,围岩类别宜相应降低一级。

表 8-8 岩石强度评分

岩质类型	硬质岩		软质岩	
	坚硬岩	中硬岩	较软岩	软岩
饱和单轴抗压强度 R_b(MPa)	$R_b>60$	$60≥R_b>30$	$30≥R_b>15$	$15≥R_b>5$
岩石强度评分 A	30~20	20~10	10~5	5~0

注 1. 当岩石饱和单轴抗压强度大于 100MPa 时,岩石强度的评分为 30。
2. 当岩体完整程度与结构面状态评分之和小于 5 时.岩石强度评分大于 20 的,按 20 评分。

表 8-9 岩体完整程度评分

岩体完整程度		完整	较完整	完整性差	较破碎	破碎
岩体完整性系数 K_V		$K_V>0.75$	$0.75≥K_V>0.55$	$0.55≥K_V>0.35$	$0.35≥K_V>0.15$	$K_V≤0.15$
岩体完整性评分 B	硬质岩	40~30	30~22	22~14	14~6	<6
	软质岩	25~19	19~14	14~9	9~4	<4

注 1. 当 $60MPa≥R_b>30MPa$,岩体完整程度与结构面状态评分之和大于 65 时,按 65 评分。
2. 当 $30MPa≥R_b>15MPa$。岩体完整程度与结构面状态评分之和大于 55 时,按 55 评分。
3. 当 $15MPa≥R_b>5MPa$,岩体完整程度与结构面状态评分之和大于 40 时,按 40 评分。
4. 当 $R_b≤5MPa$,属特软岩,岩体完整程度与结构面状态,不参加评分。

表 8-10 结构面状态评分

	张开度 W(mm)	闭合 W<0.5		微张 0.5≤W<5.0									张开 W≥5.0	
结构面状态	充填物	—		无充填		岩屑			泥质				岩屑	泥质
	起伏粗糙状况	起伏粗糙	平直光滑	起伏粗糙	起伏光滑或平直粗糙	平直光滑	起伏粗糙	起伏光滑或平直粗糙	平直光滑	起伏粗糙	起伏光滑或平直粗糙	平直光滑	—	—
结构面状态评分 C	硬质岩	27	21	24	21	15	21	17	12	15	12	9	12	6
	较软岩	27	21	24	21	15	21	17	12	15	12	9	12	6
	软岩	18	14	17	14	8	14	11	8	10	8	6	8	4

注 1. 结构面的延伸长度小于 3m 时,硬质岩、较软岩的结构面状态评分另加 3 分,软岩加 2 分;结构面延伸长度大于 10m 时,硬质岩、较软岩减 3 分,软岩减 2 分。
2. 当结构面张开度大于 10mm,无充填时,结构面状态的评分为零。

　　　　　　　　　　　地 下 水 评 分

活 动 状 态			干燥到渗水滴水	线状流水	涌水
水量 q [L/(min·10m)] 洞长或压力水头 H (m)]			$q\leqslant25$ 或 $H\leqslant10$	$25<q\leqslant125$ 或 $10<H\leqslant100$	$q>125$ 或 $H>100$
基本因素 评分 T'	$T'>85$	地下水评分 D	0	$0\sim-2$	$-2\sim-6$
	$85\geqslant T'>65$		$0\sim-2$	$-2\sim-6$	$-6\sim-10$
	$65\geqslant T'>45$		$-2\sim-6$	$-6\sim-10$	$-10\sim-14$
	$45\geqslant T'>25$		$-6\sim-10$	$-10\sim-14$	$-14\sim-18$
	$T'\leqslant25$		$-10\sim-14$	$-14\sim-18$	$-18\sim-20$

注　基本因素评分 T' 系前述岩石强度评分 A、岩体完整性评分 B 和结构面状态评分 C 的和。

　　　　　　　　　　　主要结构面产状评分

结构面走向与 洞轴线夹角		$90°\sim60°$				$60°\sim30°$				$<30°$			
结构面倾角		$>70°$	$70°\sim45°$	$45°\sim20°$	$<20°$	$>70°$	$70°\sim45°$	$45°\sim20°$	$<20°$	$>70°$	$70°\sim45°$	$45°\sim20°$	$<20°$
结构面产 状评分 E	洞顶	0	-2	-5	-10	-2	-5	-10	-12	-5	-10	-12	-12
	边墙	-2	-5	-2	0	-5	-10	-2	0	-10	-12	-5	0

注　按岩体完整程度分级为完整性差、较破碎和破碎的围岩不进行主要结构面产状评分的修正。

第四节　保障洞室围岩稳定的措施

保障围岩稳定性的途径有两个：一是保护围岩原有稳定性，使之不至于降低；二是赋予岩体一定的强度，使其稳定性有所增高。前者主要是采用合理的施工和支护衬砌方案，后者主要是加固围岩。

一、合理施工

根据围岩稳定程度的不同，应选择不同的施工方法。施工所遵循的原则：一是尽可能先挖断面尺寸较小的导洞；二是开挖后及时支撑或衬砌。这样可缩小围岩松动范围，或限制围岩早期松动；或把围岩松动限制在最小范围。针对不同稳定程度的围岩，已有不少施工方案。归纳起来，可分为三类：

（1）分部开挖，分部衬砌，逐步扩大断面。若围岩不太稳定，顶围易塌，可先在洞室最大断面的上部先挖导洞并支撑 ［图 8－20 (a)］，达到要求的轮廓后，衬砌好顶拱。然后在顶拱衬砌保护下扩大断面，最后做侧墙衬砌。这便是上导洞开挖、先拱后墙的开挖方案。为减少施工干扰和加速运输，也可用上下导洞开挖、先拱后墙的施工方法 ［图8－20 (b)］。

若围岩很不稳定，顶围坍落，侧围易滑，可先在设计断面的侧部开挖导洞 ［图 8－20 (c)］，由下向上逐段衬护，到一定高程后，再挖顶部导洞，做好顶拱衬砌，最后挖除残留岩体。这便是侧导洞开挖、先墙后拱的施工方法，或称为核心支撑法。

（2）导洞全面开挖，连续衬砌。若围岩较稳定，可采用导洞全面开挖、连续衬砌的办

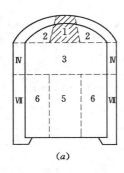
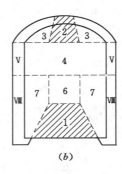
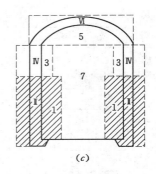

$$(a) \qquad\qquad (b) \qquad\qquad (c)$$

图 8-20　部分开挖、逐扩断面示意图

(a) 上导洞先拱后墙；(b) 上下导洞先拱后墙；(c) 侧导洞先拱后墙

1，2，3，……—开挖顺序；Ⅱ，Ⅳ，Ⅴ，……衬砌顺序

法施工。或上下双导洞全面开挖，或下导洞全面开挖，或中央导洞全面开挖，将整个断面挖成后，再由边墙到顶拱一次衬砌。这样，施工速度快，衬砌质量高。

（3）全断面开挖。若围岩稳定，可全断面一次开挖。此法施工速度快，出渣方便。小尺寸隧洞常用这种方法。

二、施工监控、信息反馈和超前预报

根据国内外隧洞及地下洞室建筑的经验和教训，隧洞施工中不仅应做好地质编录工作，还应协助设计及施工人员做好施工监控和信息反馈工作。所谓施工监控和信息反馈，就是在施工过程中及时发现地质问题，并根据新测试的地质数据（信息指标），验证原设计方案是否符合当地的地质条件，如不符合则应修改设计，并采取有效的施工措施解决出现的工程地质问题。在隧洞施工监控工作中应注意以下几点：

（1）在开挖过程中观测围岩的变形量、变形速率及加速度，以判别围岩的稳定性，预报险情。

（2）确定围岩松动圈范围，找出不稳定的部位，提出支护及补强措施，这需要及时做好地质记录及编绘工作、岩体物理力学性质的试验工作以及声波量测工作等，为设计及施工提供可靠的地质参数或信息指标。

（3）监控量测工作应紧跟施工工作面进行，并注意尽量减少与施工的干扰。

（4）超前预报，是当代隧洞施工中的重要环节，对保证安全，合理施工，往往起决定性作用，一般应由有经验的地质工程师担任此工作，施工工程师应尊重并听从地质工程师的建议和要求，特别是在地质条件比较复杂的地区，尤为如此。

三、支撑、衬砌与支护

支撑是在开挖过程中，为防止围岩塌方而进行的临时性措施，过去通常采用木支撑、钢支撑及混凝土预制构件支撑等。近年来，国内外多采用锚杆支护，锚杆能把松动岩块与稳固岩体牢固地连在一起，是一种"悬吊式"支护型式，它与一般支撑不同点在于：利用（牢固的）围岩支护（松动的）围岩，同时加强了松动岩体本身的整体性和坚固性，可缩小开挖断面和节省大量支撑材料。

衬砌是维护隧洞围岩稳定的永久性结构，用以承受山岩压力和内、外水压力。衬砌厚度往往取决于岩石的性质，如对于坚硬类岩石一般要求 20～30cm 即可，特别坚固或裂隙稀少的岩石甚至可不加衬砌，中等坚硬岩石一般 40～50cm，软弱岩石及松散土层则要求 50～150cm 或更厚的混凝土衬砌。

喷射混凝土（或水泥砂浆）衬砌是近代隧洞施工的新型支护方法，它往往与锚杆（或钢拱架及钢丝网）结合起来使用，即喷锚结构。与常规的支衬方法相比，具有开挖断面小、节省支衬材料、岩体稳定性好、施工速度快等优点。

喷锚支衬方法是 1948～1965 年发展起来的，由奥地利岩石力学专家腊布希维兹（Rabcewicz，L. V.）首先命名为"新奥地利隧洞施工法"（New Austrian Tunnelling Method），简称"新奥法"（NATM）。这种方法既适合于坚硬岩石，也适合于软弱岩石，特别适合于破碎、变质、易变形的施工困难段，因此得到广泛应用。当然"新奥法"的全部内容不仅在支衬工作方面，还应用于整个施工过程的机械化和自动化监测等方面。这种方法将取代过去的静力拱山岩压力的原则，用"岩石支护岩石"的新概念提高隧洞的施工进程和经济效益。根据我国水工隧洞及地下水电站施工经验，它与常规的模板浇筑混凝土衬砌相比，可节约水泥 1/3～1/2，节省劳动力和投资 1/2 以上，而且几乎不用木材，可缩短工期 1/2～2/3。

四、固结灌浆

在裂隙严重切割的岩体中和极不稳定的第四纪松散堆积物中开挖洞室，常需要加固，以增大围岩稳定性，降低其渗水性。最常用的加固方法就是水泥灌浆，其次还有沥青灌浆、水玻璃（硅酸性）灌浆及冻结法等。通过这种方法，可在围岩中大体形成一圆柱形或球形的固结层。

第九章　地基稳定性问题的
工程地质分析

任何工业与民用建筑物的承力结构系统都是由上部结构、基础结构和地基三部分组成。上部结构是工程的主体，是根据使用的要求设计的，它本身要能承受自己的重力及外加荷载（包括动力荷载），并通过基础结构将这些荷载安全地传递给地基。地基是工程的支承体，接受由基础传递来的全部荷载，在保证地基本身不破坏的同时，要求地基的变形或沉降不致危及上部结构的安全与使用。

然而，地基本身又是地质体，从属于建设地点自然环境条件下的表层地质构成。建设场地可能选定在大地上人类能够生存的任何地方，如山陵地带、平原地带、滨海地带、沼泽地带或冻土地带等，因此其地表地质的构成是千变万化的，地基也可能是岩体，但更广泛的是土体。它们的工程地质性质很不相同，对建筑工程的支承能力也有很大差别。

因此，研究各类工程地基的可能性、适宜性和稳定性是一门十分重要的科学技术学科。地基失去稳定就意味着工程的破坏。地基的主要问题在于：弄清地基的工程地质特性，由此选择最经济合理的基础方案，使得上部结构的荷载能合理地分布在地基中，使得地基能稳妥地支承上部工程结构。

第一节　地基的压缩与沉降量计算

一、土的压缩性

土在压力作用下体积减小的特性称为土的压缩性。土的压缩由三部分组成：①水和气体从孔隙中被挤出；②土中水及封装气体被压缩；③固体土颗粒被压缩。研究表明：固体土颗粒和水的压缩量很小，可忽略不计。因此，土的压缩变形主要是由孔隙体积被压缩而减小造成的。

土的压缩变形的快慢与土的渗透性有关。一般多层建筑物在施工期间完成的沉降量，对于砂土可认为其最终沉降量已完成80％以上，对于其他低压缩性土可认为已完成最终沉降量的50％～80％，对于中压缩性土可认为已完成20％～50％，对于高压缩性土可认为已完成5％～20％。

二、土的压缩试验及压缩性指标

（一）压缩试验

压缩试验通常是取天然结构的原状土样，进行侧限压缩试验。压缩试验是指限制土体的侧向变形，使土样只产生竖向变形。进行试验的仪器叫压缩仪，也可称为固结仪。试验装置如图9-1所示。

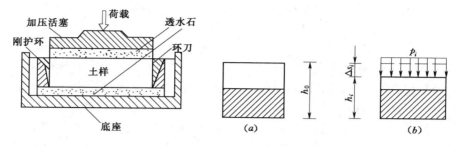

图 9-1　侧限试验装置　　　　　图 9-2　土样变形计算

试验时，先用金属环刀切取原状土样，然后将环刀和土样一起放入压缩仪内，上下各盖一块透水石，以便土样受压后能够自由排水，透水石上面再施加垂直荷载。荷载逐级施加，在每级荷载作用下将土样压至稳定后，再加下一级荷载。一般工程压力为 50kPa、100kPa、200kPa、300kPa、400kPa，根据每级荷载作用下的稳定变形量，可以计算各级荷载作用下的孔隙比，绘制出土体的压缩曲线，如图 9-2 所示。

若土样受压前的初始孔隙比为 e_0，则受压后的孔隙比为 e_i。由于试验过程中土颗粒体积 V_s 不变及在侧限条件下试验土样的面积 A 不变，则根据试验过程中的基本物理量关系可得

$$V_0 = H_0 A = V_s + V_v = V_s(1 + e_0)$$

式中：V_s 为土颗粒体积；V_v 为孔隙体积。

由于 V_s 及 A 为不变量，可得

$$\frac{1+e_0}{h_0} = \frac{1+e_i}{h_i} = \frac{1+e_i}{h_0 - \Delta s_i} \qquad (9-1)$$

从而得出

$$e_i = e_0 - \frac{s_i}{h_0}(1 + e_0) \qquad (9-2)$$

或

$$\Delta s_i = \frac{e_0 - e_i}{1 + e_0} h_0 \qquad (9-3)$$

利用式（9-2）计算出的各级荷载作用下的稳定孔隙比，可绘制如图 9-3 所示的 e—p 曲线，称为压缩曲线。

（二）压缩性指标

1. 压缩系数

压缩性不同的土，其压缩曲线也不同。曲线愈陡，说明在相同的压力增量作用下，土样的孔隙比变化愈显著，因此土的压缩性愈高。反之，曲线愈平缓，土的压缩性愈低。所以，压缩曲线上任意点的切线斜率 α 就表示在相应压力作用下土的压缩性，称 α 为压缩系数

$$\alpha = -\frac{\mathrm{d}e}{\mathrm{d}p} \qquad (9-4)$$

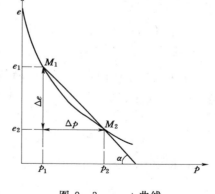

图 9-3　e—p 曲线

式中的负号表示 e 随着压力 p 的增加而减小。当压力变化范围不大时，土的压缩曲线可以近似用割线来表示。当压力由 p_1 增加至 p_2 时，相应

的孔隙比由 e_1 减小到 e_2，则压缩系数近似地等于割线的斜率，即

$$\alpha = -\frac{\Delta e}{\Delta p} = \frac{e_2 - e_1}{p_2 - p_1} \qquad (9-5)$$

式中：p_1 为地基中某深度处土中原有的竖向自重应力，kPa；p_2 为地基中某深度处土中自重应力与附加应力之和，kPa；e_1 为相应于 p_1 作用下压缩稳定后土的孔隙比；e_2 为相应于 p_2 作用下压缩稳定后土的孔隙比。

由式（9-5）可知，压缩系数 α 表示在单位压力增量作用下土的孔隙比的减小量。因此，压缩系数 α 越大，土的压缩性就越大。不同土的压缩性差异很大，即使是同一种土，压缩性变化也很大，压缩系数是一个变量，当压力增加时，曲线的斜率 α 将减小，说明土的压缩性随着压力的增加而减小。

由于压缩曲线不是直线，故同一种土的压缩系数也不是常数，它取决于所取的压力间隔（$p_2 - p_1$）及该压力间隔的起始值 p_1 的大小。为便于应用和比较，GB 50007—2002《建筑地基基础设计》规定用 $p_1 = 100\text{kPa}$、$p_2 = 200\text{kPa}$ 时相对应的压缩系数 α_{1-2} 来评价土的压缩性：

$\alpha_{1-2} < 0.1\text{MPa}^{-1}$，属低压缩性土；

$0.1\text{MPa}^{-1} \leqslant \alpha_{1-2} < 0.5\text{MPa}^{-1}$，属中压缩性土；

$\alpha_{1-2} \geqslant 0.5\text{MPa}^{-1}$，属高压缩性土。

2. 压缩指数

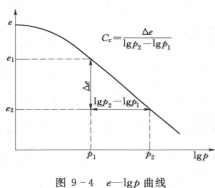

图 9-4　e—$\lg p$ 曲线

如果采用 e—$\lg p$ 曲线（图 9-4），则曲线的后半段接近直线，压缩指数定义为此直线的斜率，用 C_c 表示

$$C_c = \frac{e_2 - e_1}{\lg p_2 - \lg p_1} \qquad (9-6)$$

同压缩系数 α 一样，压缩指数 C_c 也可以用来表示土的压缩性大小。C_c 值愈大，土的压缩性愈高。一般认为 $C_c < 0.2$ 时，为低压缩性土；$C_c = 0.2 \sim 0.4$ 时，为中压缩性土；$C_c > 0.4$ 时，为高压缩性土。

（三）压缩模量

土体在完全侧限条件下，竖向附加应为 σ_z 与相应的应变增量 ε_z 之比，称为压缩模量，用符号 E_s 表示，即

$$E_s = \frac{\sigma_z}{\varepsilon_z} \qquad (9-7)$$

根据式（9-5），且由 $\sigma_z = \Delta p$，$\varepsilon_z = \dfrac{\Delta e}{1+e_1}$，可得

$$E_s = \frac{\Delta p}{\dfrac{\Delta e}{1+e_1}} = \frac{1+e_1}{\alpha} \qquad (9-8)$$

由式（9-8）可见，E_s 与 α 成反比，即 E_s 愈大，α 愈小，土体的压缩性愈低。

三、地基最终沉降量计算

地基最终沉降量是指地基在建筑物附加荷载作用下变形稳定后的沉降量。计算地基最终沉降量的方法有很多，下面主要介绍工业与民用建筑常用的分层总和法和地基规范法。

（一）分层总和法

所谓分层总和法，就是将地基土在计算深度范围内分成若干水平土层，计算每层土的压缩变量，然后叠加起来，就得到地基最终沉降量。

1. 基本假设

用分层总和法计算地基沉降量有下列假定：

（1）地基土在压缩变形时，只产生竖向压缩变形，不发生侧向膨胀变形。这样，在沉降计算时就可以采用完全侧限条件下的压缩性指标计算地基的沉降量。

（2）采用基底中心点下的附加应力计算地基变形量。

2. 沉降量计算

对于如图 9-5 所示的地基及应力分布，分别计算基础中心点下地基各个土层的变形量 Δs_i，地基最终沉降量 s 等于 Δs_i 的总和，由式（9-3）可得

$$\Delta s_i = \frac{e_{1i} - e_{2i}}{1 + e_{1i}} h_i \qquad (9-9)$$

由式（9-5）和式（9-7）可得

$$\Delta s_i = \frac{a_i(p_{2i} - p_{1i})}{1 + e_{1i}} h_i = \frac{\overline{\sigma}_{zi}}{E_{si}} h_i \quad (9-10)$$

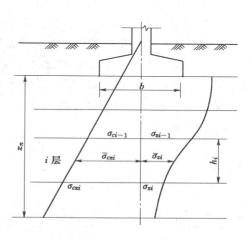

图 9-5　分层总和法计算图

最终沉降量为

$$s = \Delta s_1 + \Delta s_2 + \cdots + \Delta s_n = \sum_{i=1}^{n} \Delta s_i \qquad (9-11)$$

式中：e_{1i} 为第 i 层土平均自重应力 $\overline{\sigma}_{czi} = \dfrac{\sigma_{cz(i-1)} - \sigma_{czi}}{2}$ 作用下的孔隙比；e_{2i} 为第 i 层土平均自重应力 $\overline{\sigma}_{czi} = \dfrac{\sigma_{cz(i-1)} - \sigma_{czi}}{2}$ 和平均附加应力 $\overline{\sigma}_{zi} = \dfrac{\sigma_{z(i-1)} - \sigma_{zi}}{2}$ 之和作用下的孔隙比；h_i 为第 i 层土的厚度；p_{1i} 为第 i 层土的平均自重应力；p_{2i} 为第 i 层土的平均自重应力和平均附加应力之和；n 为计算范围内的土层数。

分层总和法按下列步骤进行计算：

（1）在剖面图上给出基础中心下地基土的自重应力和附加应力分布曲线。

（2）确定分层界面。在确定分层界面时，一般要求分层厚 $h_i \leqslant 0.4b$（b 为基底宽度）。对压缩性不同

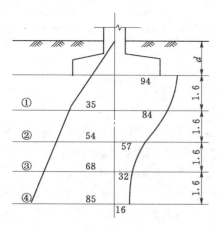

图 9-6　地基沉降计算图（单位：m）

197

的天然土层，地下水位均应取为分层界面。

（3）确定地基沉降计算深度。沉降计算深度 z_n 是指由基础底面向下计算压缩变形所要求的深度。从理论上讲，在无限深度处仍有微小的附加应力，仍能引起地基变形，但当深度增加到一定深度时，附加应力已很小，附加应力所引起的压缩变形可以忽略不计。因此，在实际工程计算中，可以采用基底以下某一深度 z_n 作为基础沉降的计算深度。一般取附加应力 σ_z 与自重应力 σ_{cz} 的比值为 0.2（对软弱土地基取 0.1）的深度为沉降计算的深度。

（4）按式（9-9）或式（9-10）计算各土层的沉降量。

（5）按式（9-11）计算地基的最终沉降量。

【例 9-1】　某矩形基础底面尺寸为 4m×4m，自重应力和附加应力分布如图 9-6 所示，第一、第二层土的天然孔隙比为 0.97，压缩系数为 0.3，第三、第四层土的天然孔隙比为 0.9，压缩系数为 0.2。试计算柱基中点的沉降量。

解：（1）确定沉降计算深度 z_n。

取 $z_n=6.4$m，得

$$\sigma_{cz} = 85\text{kPa}, \sigma_z = 16\text{kPa}, \sigma_z < 0.2\sigma_{cz}$$

满足要求。

（2）地基沉降计算，见表 9-1。

表 9-1　　　　　　　　　　　　　　地 基 沉 降 计 算

土层编号	土层厚度 (m)	土的压缩系数 (MPa^{-1})	孔隙比	压缩模量 (MPa)	平均附加应力 (kPa)	沉降量 Δs_i (mm)
①	1.60	0.3	0.97	6.57	$\dfrac{94+84}{2}=89.0$	21.67
②	1.60	0.3	0.97	6.57	$\dfrac{84+57}{2}=70.5$	17.17
③	1.60	0.2	0.90	9.5	$\dfrac{57+32}{2}=44.5$	7.49
④	1.60	0.2	0.90	9.5	$\dfrac{32+16}{2}=24.0$	4.04

（3）柱基中点最终沉降量为

$$s = \sum_{i=1}^{n} \Delta s_i = 21.67 + 17.17 + 7.49 + 4.04 = 50.37(\text{mm})$$

（二）规范法

规范法是 GB 50007—2002《建筑地基基础设计规范》推荐的计算地基最终沉降量的另一种形式的分层总和法。该方法仍然采用分层总和法的基本假定，以天然土层为分界面，计算中采用平均附加应力系数，引入了沉降计算的经验系数，使计算结果更接近实际值。

如图 9-7 所示，式（9-10）中的 $\bar{\sigma}_{zi}h_i$ 表示第 i 层的附加应力面积，实际上是图形 $cdfe$ 的面积 A_{cdfe}，此面积是曲线面积 A_{abfe} 与 A_{abdc} 之差。曲线面积 A_{abfe} 可用矩形面积 $p_0\,\bar{\alpha}_i z_i$ 表示，另一曲线面积 A_{abdc} 可用矩形面积 $p_0\,\bar{\alpha}_{i-1} z_{i-1}$ 表示。代入式（9-10）中，便得

地基沉降量为

$$s' = \sum_{i=1}^{n} \Delta s' = \sum_{i=1}^{n} \frac{p_0}{E_{si}}(z_i \bar{\sigma}_i - z_{i-1} \bar{\sigma}_{i-1})$$

引入沉降计算经验系数 ψ_s 得

$$s = \psi_s s' = \psi_s \sum_{i=1}^{n} \frac{p_0}{E_{si}}(z_i \bar{\alpha}_i - z_{i-1} \bar{\alpha}_{i-1})$$

式中：s' 为按分层总和法计算出的地基最终沉降量；s 为地基最终变形量，mm；ψ_s 为沉降计算经验系数，根据地区沉降观测资料及经验确定，无地区经验时，可采用表 9-2 的数值；n 为地基变形计算深度范围内所划分的土层数；p_0 为对应于荷载效应准永久组合时的基础底面处的附加压力，kPa；E_{si} 为基础底面下第 i 层土的压缩模量，MPa，应取土的自重应力至土的自重压力与附加压力之和的压力段计算；z_i 为基础底面至第 i 层土底面的距离；z_{i-1} 为基础底面至第 $i-1$ 层土底面的距离；$\bar{\alpha}_i$ 为基础底面计算点至第 i 层土底面范围内平均应力系数；$\bar{\alpha}_{i-1}$ 为基础底面计算点至第 $i-1$ 层土底面范围内平均应力系数对于均布矩形基础，$\bar{\alpha}_i$、$\bar{\alpha}_{i-1}$ 可按角点法由表 9-3 查得。

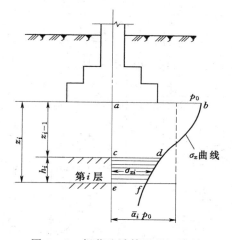

图 9-7　规范法计算地基沉降量

表 9-2　　沉降计算经验系数 ψ_s

$\bar{E}_s$(MPa) 基底附加应力	2.5	4.0	7.0	15.0	20.0
$p_0 \geq f_{ak}$	1.4	1.3	1.0	0.4	2.0
$p_0 \leq 0.75 f_{ak}$	1.1	1.0	0.7	0.4	2.0

注　$\bar{E}_s$ 为变形计算深度范围内压缩模量的当量值，应按下式计算

$$\bar{E}_s = \frac{\sum A_i}{\sum \dfrac{A_i}{E_{si}}}$$

式中：A_i 为第 i 层土附加应力系数沿土层的积分值。

表 9-3　　　　矩形面积上均布荷载作用下角点的平均应力系数 $\bar{\alpha}$

z/b \ l/b	1.0	1.2	1.4	1.6	1.8	2.0	2.4	2.8	3.2	3.6	4.0	5.0	10.0
0.0	0.2500	0.2500	0.2500	0.2500	0.2500	0.2500	0.2500	0.2500	0.2500	0.2500	0.2500	0.2500	0.2500
0.2	0.2496	0.2496	0.2497	0.2498	0.2498	0.2498	0.2498	0.2498	0.2498	0.2498	0.2498	0.2498	0.2498
0.4	0.2474	0.2479	0.2481	0.2483	0.2483	0.2484	0.2485	0.2485	0.2485	0.2485	0.2485	0.2485	0.2485
0.6	0.2423	0.2437	0.2444	0.2448	0.2451	0.2452	0.2454	0.2455	0.2455	0.2455	0.2455	0.2455	0.2456
0.8	0.2346	0.2372	0.2387	0.2395	0.2400	0.2403	0.2407	0.2408	0.2409	0.2409	0.2410	0.2410	0.2410
1.0	0.2252	0.2291	0.2313	0.2326	0.2335	0.2340	0.2346	0.2349	0.2351	0.2352	0.2352	0.2353	0.2353
1.2	0.2149	0.2199	0.2229	0.2248	0.2260	0.2268	0.2278	0.2282	0.2285	0.2286	0.2287	0.2288	0.2289

z/b \ l/b	1.0	1.2	1.4	1.6	1.8	2.0	2.4	2.8	3.2	3.6	4.0	5.0	10.0
1.4	0.2043	0.2102	0.2140	0.2164	0.2180	0.2191	0.2204	0.2211	0.2215	0.2217	0.2218	0.2220	0.2221
1.6	0.1939	0.2006	0.2049	0.2079	0.2099	0.2113	0.2130	0.2138	0.2143	0.2146	0.2148	0.2150	0.2152
1.8	0.1840	0.1912	0.1960	0.1994	0.2018	0.2034	0.2055	0.2066	0.2073	0.2077	0.2079	0.2082	0.2084
2.0	0.1746	0.1822	0.1875	0.1912	0.1938	0.1958	0.1982	0.1996	0.2004	0.2009	0.2012	0.2015	0.2018
2.2	0.1659	0.1737	0.1793	0.1833	0.1862	0.1883	0.1911	0.1927	0.1937	0.1943	0.1947	0.1952	0.1955
2.4	0.1578	0.1657	0.1715	0.1757	0.1789	0.1812	0.1843	0.1862	0.1873	0.1880	0.1885	0.1890	0.1895
2.6	0.1503	0.1583	0.1642	0.1686	0.1719	0.1745	0.1779	0.1799	0.1812	0.1820	0.1825	0.1832	0.1838
2.8	0.1433	0.1514	0.1574	0.1619	0.1654	0.1680	0.1717	0.1739	0.1753	0.1763	0.1769	0.1777	0.1784
3.0	0.1369	0.1449	0.1510	0.1556	0.1592	0.1619	0.1658	0.1682	0.1698	0.1708	0.1715	0.1725	0.1733
3.2	0.1310	0.1390	0.1450	0.1497	0.1533	0.1562	0.1602	0.1628	0.1645	0.1657	0.1664	0.1675	0.1685
3.4	0.1256	0.1334	0.1394	0.1441	0.1478	0.1508	0.1550	0.1577	0.1595	0.1607	0.1616	0.1628	0.1639
3.6	0.1205	0.1282	0.1342	0.1389	0.1427	0.1456	0.1500	0.1528	0.1548	0.1561	0.1570	0.1583	0.1595
3.8	0.1158	0.1234	0.1293	0.1340	0.1378	0.1408	0.1452	0.1482	0.1502	0.1516	0.1526	0.1541	0.1554
4.0	0.1114	0.1189	0.1248	0.1294	0.1332	0.1362	0.1408	0.1438	0.1459	0.1474	0.1485	0.1500	0.1516
4.2	0.1073	0.1147	0.1205	0.1251	0.1289	0.1319	0.1365	0.1396	0.1418	0.1434	0.1445	0.1462	0.1479
4.4	0.1035	0.1107	0.1164	0.1210	0.1248	0.1279	0.1325	0.1357	0.1379	0.1396	0.1407	0.1425	0.1444
4.6	0.1000	0.1070	0.1127	0.1172	0.1209	0.1240	0.1287	0.1319	0.1342	0.1359	0.1371	0.1390	0.1410
4.8	0.0967	0.1036	0.1091	0.1136	0.1173	0.1204	0.1250	0.1283	0.1307	0.1324	0.1337	0.1357	0.1379
5.0	0.0935	0.1003	0.1057	0.1102	0.1139	0.1169	0.1216	0.1249	0.1273	0.1291	0.1304	0.1325	0.1348
5.2	0.0906	0.0972	0.1026	0.1070	0.1106	0.1136	0.1183	0.1217	0.1241	0.1259	0.1273	0.1295	0.1320
5.4	0.0878	0.0943	0.0996	0.1039	0.1075	0.1105	0.1152	0.1186	0.1211	0.1229	0.1243	0.1265	0.1292
5.6	0.0852	0.0916	0.0968	0.1010	0.1046	0.1076	0.1122	0.1156	0.1181	0.1200	0.1215	0.1238	0.1266
5.8	0.0828	0.0890	0.0941	0.0983	0.1018	0.1047	0.1094	0.1128	0.1153	0.1172	0.1187	0.1211	0.1240
6.0	0.0805	0.0866	0.0916	0.0957	0.0991	0.1021	0.1067	0.1101	0.1126	0.1146	0.1161	0.1185	0.1216
6.2	0.0783	0.0842	0.0891	0.0932	0.0966	0.0995	0.1041	0.1075	0.1101	0.1120	0.1136	0.1161	0.1193
6.4	0.0762	0.0820	0.0869	0.0909	0.0942	0.0971	0.1016	0.1050	0.1076	0.1096	0.1111	0.1137	0.1171
6.6	0.0742	0.0799	0.0847	0.0883	0.0919	0.0948	0.0993	0.1027	0.1053	0.1073	0.1088	0.1114	0.1149
6.8	0.0723	0.0779	0.0826	0.0865	0.0898	0.0926	0.0970	0.1004	0.1030	0.1050	0.1066	0.1092	0.1129
7.0	0.0705	0.0761	0.0806	0.0844	0.0877	0.0904	0.0949	0.0982	0.1008	0.1028	0.1044	0.1071	0.1109
7.2	0.0688	0.0742	0.0787	0.0825	0.0857	0.0884	0.0928	0.0962	0.0987	0.1008	0.1023	0.1051	0.1090
7.4	0.0672	0.0725	0.0769	0.0806	0.0838	0.0865	0.0908	0.0942	0.0967	0.0988	0.1004	0.1031	0.1071
7.6	0.0656	0.0709	0.0752	0.0789	0.0820	0.0846	0.0889	0.0922	0.0948	0.0968	0.0984	0.1012	0.1054
7.8	0.0642	0.0693	0.0736	0.0771	0.0802	0.0828	0.0871	0.0904	0.0929	0.0950	0.0966	0.0994	0.1036
8.0	0.0627	0.0678	0.0720	0.0755	0.0785	0.0811	0.0853	0.0886	0.0912	0.0932	0.0948	0.0976	0.1020

z/b \ l/b	1.0	1.2	1.4	1.6	1.8	2.0	2.4	2.8	3.2	3.6	4.0	5.0	10.0
8.2	0.0614	0.0663	0.0705	0.0739	0.0769	0.0795	0.0837	0.0869	0.0894	0.0914	0.0931	0.0959	0.1004
8.4	0.0601	0.0649	0.0690	0.0724	0.0754	0.0779	0.0820	0.0852	0.0878	0.0893	0.0914	0.0943	0.0983
8.6	0.0588	0.0636	0.0676	0.0710	0.0739	0.0764	0.0805	0.0836	0.0862	0.0882	0.0898	0.0927	0.0973
8.8	0.0576	0.0623	0.0663	0.0696	0.0724	0.0749	0.0790	0.0821	0.0846	0.0866	0.0882	0.0912	0.0959
9.2	0.0554	0.0599	0.0637	0.0670	0.0697	0.0721	0.0761	0.0792	0.0817	0.0837	0.0853	0.0882	0.0931
9.6	0.0533	0.0577	0.0614	0.0645	0.0672	0.0696	0.0734	0.0765	0.0789	0.0809	0.0825	0.0855	0.0905
10.0	0.0514	0.0556	0.0592	0.0622	0.0649	0.0672	0.0710	0.0739	0.0763	0.0783	0.0799	0.0829	0.0880
10.4	0.0496	0.0537	0.0572	0.0601	0.0627	0.0649	0.0686	0.0716	0.0739	0.0759	0.0775	0.0804	0.0857
10.8	0.0479	0.0519	0.0553	0.0581	0.0606	0.0628	0.0664	0.0693	0.0717	0.0736	0.0751	0.0781	0.0834
11.2	0.0463	0.0502	0.0535	0.0563	0.0587	0.0609	0.0644	0.0672	0.0695	0.0714	0.0730	0.0759	0.0813
11.6	0.0448	0.0486	0.0518	0.0545	0.0569	0.0590	0.0625	0.0652	0.0675	0.0694	0.0709	0.0738	0.0793
12.0	0.0435	0.0471	0.0502	0.0529	0.0552	0.0873	0.0606	0.0634	0.0656	0.0674	0.0690	0.0719	0.0774
12.8	0.0409	0.0444	0.0474	0.0499	0.0521	0.0541	0.0573	0.0599	0.0621	0.0639	0.0654	0.0682	0.0739
13.6	0.0387	0.0420	0.0448	0.0472	0.0493	0.0512	0.0543	0.0568	0.0589	0.0607	0.0621	0.0649	0.0707
14.4	0.0367	0.0398	0.0425	0.0448	0.0468	0.0486	0.0516	0.0540	0.0561	0.0577	0.0592	0.0619	0.0677
15.2	0.0349	0.0379	0.0404	0.0426	0.0445	0.0463	0.0492	0.0515	0.0535	0.0551	0.0565	0.0592	0.0650
16.0	0.0332	0.0361	0.0385	0.0407	0.0425	0.0442	0.0469	0.0492	0.0511	0.0527	0.0540	0.0567	0.0625
18.0	0.0297	0.0323	0.0345	0.0364	0.0381	0.0396	0.0422	0.0442	0.0460	0.0475	0.0487	0.0512	0.0570
20.0	0.0269	0.0292	0.0312	0.0330	0.0345	0.0359	0.0383	0.0402	0.0418	0.0432	0.0444	0.0468	0.0524

地基变形计算深度 z_n，应符合下式要求

$$\Delta s'_n \leqslant 0.025 \sum_{i=1}^{n} \Delta s'_i \qquad (9-12)$$

式中：$\Delta s'_i$ 为在计算深度范围内，第 i 层土的计算变形值；$\Delta s'_n$ 为在计算深度 z_n 处向上取厚度为 Δz 的土层计算变形值，Δz 按表 9-4 确定。

表 9-4　　　　Δz 值

b (m)	$b \leqslant 2$	$2 < b \leqslant 4$	$4 < b \leqslant 8$	$8 < b$
Δz (m)	0.3	0.6	0.8	1.0

如确定的计算深度下部仍有较软土层时，应继续计算。

当无相邻荷载影响、基础宽度在 1～30m 范围内时，基础中点的地基变形计算深度也可按下列简化公式计算

$$z_n = b(2.5 - 0.4\ln b) \qquad (9-13)$$

式中：b 为基础宽度，m。

在计算深度范围内存在基岩时，z_n 可取至基岩表面；当存在较厚的坚硬黏性土层，其孔隙比小于 0.5、压缩模量大于 50MPa，或存在较厚的密实砂卵石层，其压缩模量大于 80MPa 时，z_n 可取至该层土表面。

【例 9-2】　某独立柱基底面尺寸为 2.5m×2.5m，柱轴向力设计值 $F = 1562.5$ kN

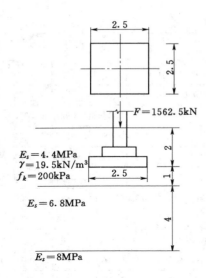

图 9-8　规范法地基沉降计算图
（长度单位：m）

（算至 ±0.000 处），基础自重和覆土标准值 $G = 250\text{kN}$，基础埋深 $d = 2\text{m}$，其他数据如图 9-8 所示。试计算地基最终沉降量。

解：1. 求基础底面附加压力

计算地基的变形时应取荷载效应的准永久组合，为使计算简单并偏于安全，基底附加压力采用对应荷载标准的数值

$$F_k = \frac{F}{1.25} = \frac{1562.5}{1.25} = 1250 \ (\text{kN})$$

上式中 1.25 为假定恒载与活载之比 $\rho = 3$ 时，荷载设计值与标准值之比。

基础底面压力为

$$p = \frac{F_k + G_k}{A} = \frac{1250 + 250}{2.5 \times 2.5} = 240 \ (\text{kPa})$$

基底附加压力为

$$p_0 = p - \gamma d = 240 - 19.5 \times 2 = 201 \ (\text{kPa})$$

2. 确定沉降计算深度

由式（9-13）得

$$z_n = b(2.5 - 0.4\ln b) = 2.5 \times (2.5 - 0.4\ln 2.5)$$
$$= 5.33 \ (\text{m})$$

取 $z_n = 5.4\text{m}$。

3. 计算地基沉降计算深度范围内土层压缩量

结果见表 9-5。

表 9-5　　　　　　　　　沉　降　计　算

$\dfrac{z}{m}$	$\dfrac{l}{b}$	$\dfrac{z}{b}$	$\overline{a}_i$	$z_i\overline{a}_i$ (m)	$z_i\overline{a}_i - z_{i-1}\overline{a}_{i-1}$ (m)	E_{si} (MPa)	$\Delta s'$ (mm)	$s' = \sum\Delta s'_i$
0	1.0	0						
1.0	1.0	0.8	0.9384	0.9384	0.9384	4.4	42.87	42.87
5.0	1.0	4.0	0.4456	2.2280	1.2896	6.8	38.12	80.99
5.4	1.0	4.32	0.4201	2.2685	0.0405	8.0	1.02	82.01

4. 确定基础最终沉降量

确定沉降计算深度范围内压缩模量

$$\overline{E}_s = \frac{\sum A_i}{\sum \dfrac{A_i}{E_{si}}} = \frac{0.9384 + 1.2896 + 0.0405}{\dfrac{0.9384}{4.4} + \dfrac{1.2896}{6.8} + \dfrac{0.0405}{8}} = 5.56 \ (\text{MPa})$$

由表 9-2 查得，当 $p_0 > f_k$、$\overline{E}_s = 5.56\text{MPa}$ 时

$$\psi_s = 1.0 + \frac{7 - 5.56}{7 - 4} \times (1.3 - 1.0) = 1.14$$

则最终沉降量为

$$s = \phi_s s' = 1.14 \times 82.01 = 93.49 \ (\text{mm})$$

第二节　地基的临塑荷载和极限荷载

一、地基变形的三个阶段

对地基进行静荷载试验时，一般可以得到如图 9-9 所示的荷载 p 和沉降 s 的关系曲线。从曲线开始施加至地基发生破坏，地基的变形经过三个阶段。

（1）线性变形阶段。

这相应于 p—s 曲线的 oa 部分。由于荷载较小，地基主要产生压密变形，荷载与沉降关系接近于直线。此时土体中各点的剪应力均小于抗剪强度，地基处于弹性平衡状态。

（2）弹塑性变形阶段。

这相应于 p—s 曲线的 ab 部分。当荷载增加到超过 a 点压力时，荷载与沉降之间成曲线关系。此时土中局部范围内产生剪切破坏，即出现塑性变形区。随着荷载增加，剪切破坏区逐渐扩大。

（3）破坏阶段。

这相应于 p—s 曲线的 bc 阶段。在这个阶段塑性区已发展到形成一连续的滑动面，荷载略有增加或不增加，沉降均有急剧变化，地基丧失稳定。

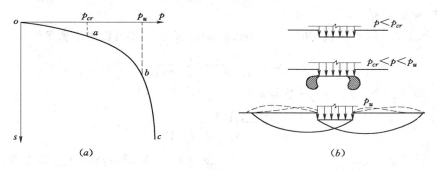

图 9-9　地基荷载的 p—s 曲线

相应于上述地基变形的三个阶段，在 p—s 曲线上有两个转折点 a 和 b［图 9-9（a）］。a 点所对应的荷载为临塑荷载，以 p_σ 表示，即地基从压密变形阶段转为弹塑性变形阶段的临界荷载。当基底压力等于该荷载时，基础边缘的土体开始出现剪切破坏，但塑性破坏区尚未发展。b 点所对应的荷载称为极限荷载，以 p_u 表示，是使地基发生整体剪切破坏的荷载。荷载从 p_σ 增加到 p_u 的过程是地基剪切破坏区逐渐发展的过程［图 9-9（b）］。

二、临塑荷载

临塑荷载的基本公式，建立于下述理论中。

（1）应用弹性理论计算附加应力。

（2）利用强度理论建立极限平衡条件。

图 9-10 为一条形基础承受中心荷载，基底压力为 p_0，按弹性理论可以导出地基内

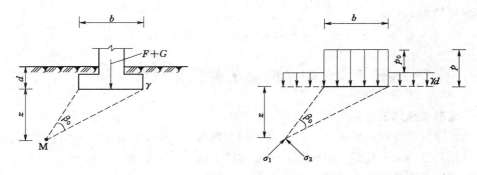

图 9-10　均布条形荷载作用下地基中的应力

任一点 M 处的大小主应力的计算公式为

$$\frac{\sigma_1}{\sigma_2} = \frac{p}{\pi} \ (\beta_0 \pm \sin\beta_0) \tag{9-14}$$

M 点处除上述由荷载产生的地基附加应力外，还受到自重应力 $\gamma (d+z)$ 的作用。为将自重应力叠加到附加应力之上而又不改变附加应力场中大小主应力的作用方向，假设原有自重应力场中 $\sigma_z = \sigma_x = \gamma z$。将作用于基底标高荷载分解为相当于自重应力的 γd 和附加压力 p_0 两部分。这样地基中任一点 M 处的大、小主应力计算公式便为

$$\frac{\sigma_1}{\sigma_2} = \frac{p-\gamma d}{\pi}(\beta_0 \pm \sin\beta_0) + \gamma(d+z) \tag{9-15}$$

式中各符号意义见图 9-10。

当 M 点处于极限平衡状态时，该点的大、小主应力应满足极限平衡条件

$$\sin\varphi = \frac{\sigma_1 - \sigma_3}{\sigma_1 + \sigma_3 + 2C\cot\varphi} \tag{9-16}$$

将式（9-14）代入式（9-15），整理后得

$$z = \frac{p-\gamma d}{\pi\gamma}\left(\frac{\sin\beta_0}{\sin\varphi} - \beta_0\right) - \frac{C}{\gamma\tan\varphi} - d \tag{9-17}$$

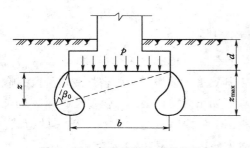

图 9-11　条形基底边缘的塑性区

式（9-17）即为塑性区边界方程，描述了极限平衡区边界线上的任一点的坐标 z 与 β_0 的关系，如图 9-11 所示。

塑性区的最大深度 z_{max} 可由 $\frac{\mathrm{d}z}{\mathrm{d}\beta_0} = 0$ 的条件求得，即

$$\frac{\mathrm{d}z}{\mathrm{d}\beta_0} = \frac{p-\gamma d}{\pi\gamma}\left(\frac{\cos\beta_0}{\sin\varphi} - 1\right) = 0$$

则有
$$\cos\beta_0 = \sin\varphi$$

故
$$\beta_0 = \frac{\pi}{2} - \varphi$$

将上述 β_0 代入式（9-17），得 z_{max} 的表达式为

$$z_{\max} = \frac{p - \gamma d}{\pi \gamma}\left(\cot\varphi - \frac{\pi}{2} + \varphi\right) - \frac{C}{\gamma \tan\varphi} - d \tag{9-18}$$

式（9-18）表明：在其他条件不变时，塑性区随着 p 的增大而发展。当 $z_{\max} = 0$ 时，表示地基中即将出现塑性区，相应的荷载即为临塑荷载 p_σ，即

$$p_\sigma = \frac{\pi(\gamma d + C\cot\varphi)}{\cot\varphi + \varphi - \frac{\pi}{2}} + \gamma d \tag{9-19}$$

三、地基的极限承载力

地基的极限承载力是指使地基发生剪切破坏失去整体稳定时的基底压力，是地基所能承受的基底压力极限值，以 p_u 表示。

将地基极限承载力除以安全系数 K，即为地基承载力的设计值 f，即

$$f = \frac{p_u}{K} \tag{9-20}$$

（一）地基的破坏模式

根据地基剪切破坏的特征，可将地基破坏分为整体剪切破坏、局部剪切破坏和冲剪破坏三种模式，如图 9-12 所示。

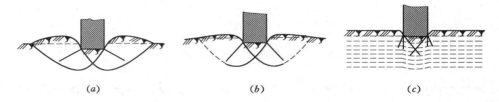

图 9-12　地基破坏模式
（a）整体剪切破坏；（b）局部剪切破坏；（c）冲剪破坏

1. 整体剪切破坏

基底压力 p 超过临塑荷载后，随着荷载的增加，剪切破坏区不断扩大，最后在地基中形成连续滑动面，基础急剧下沉并可能向一侧倾斜，基础四周的地面明显隆起［图 9-12（a）］。密实的砂土和硬黏土较可能发生这种破坏形式。

2. 局部剪切破坏

随着荷载的增加，塑性区只发展到地基内某一范围，滑动面不延伸到地面而是终止在地基内某一深度处，基础周围地面稍有隆起，地基会发生较大变形，但房屋一般不会倒塌［图 9-12（b）］。中等密实砂土、松砂和软黏土都可能发生这种破坏形式。

3. 冲剪破坏

基础下较弱土发生垂直剪切破坏，使基础连续下沉。破坏时地基中无明显滑动面，基础四周地面无隆起而是下陷，基础无明显倾斜，但发生较大沉降［图 9-12（c）］。对于压缩性较大的松砂和软土地基将可能发生这种破坏形式。

地基的破坏模式除了与土性状有关外，还与基础埋深、加荷速率等因素有关。当基础埋深较浅，荷载缓慢施加时，趋向于发生整体剪切破坏；若基础埋深大，快速加荷，则可

能形成局部剪切破坏或冲剪破坏。目前地基极限承载力的计算公式均按整体剪切破坏导出，然后经过修正或乘上有关系数后用于其他破坏模式的地基承载力的确定。

（二）地基极限承载力公式

求解整体剪切破坏模式的地基极限承载力的途径有两个：一是用严密的数学方法求解土中某点达到极限平衡时的静力平衡方程组，以得出地基极限承载力。此方法运算过程甚繁，未被广泛采用。二是根据模型试验的滑动面形状，通过简化得到假定的滑动面，然后借助该滑动面上的极限平衡条件，求出地基极限承载力。此类方法是半经验性质的，称为假定滑动面法。由于不同的研究者所进行的假设不同，所得的结果也不同，下面介绍几个常用的公式。

1. 太沙基（Terzaghi）公式

太沙基公式适用于基底粗糙的条形基础。

太沙基假定地基中滑动面的形状如图 9-13 所示。滑动土体共分为三区：

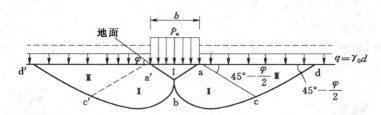

图 9-13　太沙基公式假设的滑动面

Ⅰ区——基础下的楔形压密区。由于土与粗糙基底的摩阻力作用，该区的土不进入剪切状态而处于压密状态，形成"弹性核"，弹性核边界与基底所成角度为 φ（图 9-13）。

Ⅱ区——过渡区。滑动面按对数螺旋线变化。b 点处螺线的切线垂直，c 点处螺线的切线与水平线成 $45°-\dfrac{\varphi}{2}$。

Ⅲ区——朗肯（Rankine）被动区。处于被动极限平衡状态，滑动面是平面，与水平面的夹角为 $45°-\dfrac{\varphi}{2}$。

太沙基公式不考虑基底以上基础两侧土体抗剪强度的影响，以均布超载 $q=\gamma_0 d$ 来代替埋深范围内的土体自重。根据弹性土楔 aa'b 的静力平衡条件，可求得太沙基极限承载力 p_u 的计算公式为

$$p_u = CN_C + qN_q + \frac{1}{2}\gamma b N_\gamma \tag{9-21}$$

式中：q 为基底面以上基础两侧超载，kPa，$q=\gamma_0 d$；b、d 分别为基底宽度和埋置深度，m；N_C、N_q、N_γ 为承载力系数，与土的内摩擦角 φ 有关，可由图 9-14 中的实线查取。

式（9-21）适用于条形基础整体剪切破坏的情况，对于局部剪切破坏，太沙基建议将 C 和 $\tan\varphi$ 值降低 1/3，即

$$C' = \frac{2}{3}C$$

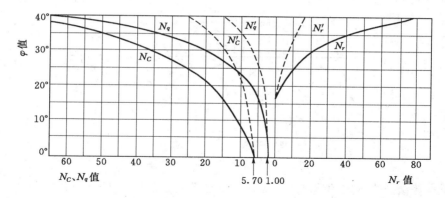

图 9-14 太沙基公式的承载力系数值

$$\tan\varphi' = \frac{2}{3}\tan\varphi \tag{9-22}$$

则局部破坏时的地基极限承载力 p_u 为

$$p_u = \frac{2}{3}CN_c' + qN_q' + \frac{1}{2}\gamma bN_\gamma' \tag{9-23}$$

式中：N_c'、N_q'、N_γ' 为局部剪切破坏时的承载力系数，可由图 9-14 中虚线查取。

对于方形和圆形均布荷载整体剪切破坏情况，太沙基建议采用经验系数进行修正，修正后的公式为

方形基础 $\qquad p_u = 1.3CN_c + qN_q + 0.4\gamma bN_\gamma \tag{9-24}$

圆形基础 $\qquad p_u = 1.3CN_c + qN_q + 0.6\gamma b_0 N_\gamma \tag{9-25}$

式中：b 为方形基础宽度，m；b_0 为圆形基础直径，m。

由图 9-14 中曲线可以看出，当 $\varphi > 25°$ 时，N_γ 增加很快，说明对砂土地基，基础的宽度对极限承载力影响很大。而当地基为饱和软黏土时，由于 $\varphi_u = 0$，这时 $N_\gamma \approx 0$，$N_q \approx 1.0$，$N_c \approx 5.7$，按式（9-21）可得软黏土地基上极限承载力为

$$p_u = q + 5.7C \tag{9-26}$$

即软黏土地基的极限承载力与基础宽度无关。

按式（9-20）确定的地基承载力的设计值时，安全系数 K 值一般可取 2~3。

2. 斯肯普顿（Skempton）公式

斯肯普顿公式是对饱和软土地基（$\varphi_u = 0$）提出来的，当条形均布荷载作用于地基表面时，滑动面形状如图 9-15 所示。Ⅰ区和Ⅲ区分别为朗肯主动区和朗肯被动区，均为底角为 45° 等腰三角形。Ⅱ区 bc 面为圆弧面。根据脱离体 abce 的静力平衡条件可得

$$p_u = C(2 + \pi) = 5.14C \tag{9-27}$$

对于埋深为 d 的矩形基础，斯肯普顿极限承载公式为

$$p_u = 5C_u\left(1 + 0.2\frac{b}{l}\right)\left(1 + 0.2\frac{d}{b}\right) + \gamma_0 d \tag{9-28}$$

式中：b、l 分别为基础的宽度和长度，m；d 为基础的埋深，m；γ_0 为埋深范围内的重度，kN/m³；C_u 为地基土的不排水强度，取基底以下 $\frac{2}{3}b$ 深度范围内的平均值，kPa。

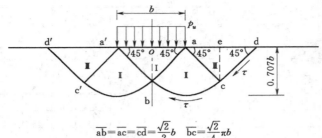

$$\overline{ab} = \overline{ac} = \overline{cd} = \frac{\sqrt{2}}{2}b \qquad \overline{bc} = \frac{\sqrt{2}}{4}\pi b$$

图 9-15　斯肯普顿假定的滑动面

按斯肯普顿公式确定的地基承载力时，安全系数一般取 1.1～1.5。

工程实践证明：用斯肯普顿公式计算的饱和软土地基承载力与实际情况比较接近。

【例 9-3】　某条形基础，基础宽度 $b=3.0\text{m}$，埋深 $d=1.5\text{m}$。地基土的容重 $\gamma=18.6\text{kN/m}^3$，黏聚力 $C=16\text{kPa}$，内摩擦角 $20°$。试按太沙基公式确定地基的极限承载力。如果安全系数 $K=2.5$，则地基承载力设计值是多少？

解：用式（9-21）计算

$$p_u = CN_c + qN_q + \frac{1}{2}\gamma b N_\gamma$$

由 $\varphi = 20°$，查图 9-14 得

$$N_c = 15, N_q = 6.5, N_\gamma = 3.5$$

故　　$p_u = 16 \times 15 + 18.6 \times 1.5 \times 6.5 + 0.5 \times 18.6 \times 3.0 \times 3.5 = 519 \text{ (kPa)}$

由式（9-20）可得

$$f = \frac{p_u}{K} = \frac{519}{2.5} = 208 \text{ (kPa)}$$

【例 9-4】　某矩形基础，宽度 $b=3\text{m}$，长度 $l=4\text{m}$，埋置深度 $d=2\text{m}$。地基土为饱和软黏土，容重为 $\gamma=18.6\text{kN/m}^3$，$C_u=14\text{kPa}$，$\varphi_u=0$。试按斯肯普顿公式确定地基极限承载力。

解：由式（9-28）可得

$$p_u = 5C_u\left(1 + 0.2\frac{b}{l}\right)\left(1 + 0.2\frac{d}{b}\right) + \gamma_0 d$$

$$= 5 \times 14 \times \left(1 + 0.2 \times \frac{3}{4}\right) \times \left(1 + 0.2 \times \frac{2}{3}\right) + 18 \times 2$$

$$= 127 \text{ (kPa)}$$

第三节　各种工程地质因素对地基承载力的影响

一、表观前期固结土的影响

超固结土和欠固结土的形成过程是土体应力历史的变迁过程，前节已有所述。

土体中某些胶结物质也可能增加前期固结效应中的附加阻力，形成超固结或欠固结土

现象，一般称之为表观前期固结压力，其变化机理较为多样。

如果工程荷载在地基中产生的附加应力小于表观前期固结应力，地基不会发生沉降。如果附加应力大于该强度，土粒间的结构被破坏，则沉降量会突然增大。因此，弄清地基土的固结过程和固结压力对估计 $[R]$ 是很重要的。目前许多工程的沉降计算分析结果常与实际资料不一致，一个重要原因就是不了解地质历史和工程地质作用中的固结过程，而一般试验中的土样扰动和试验工艺缺陷常常妨碍了对土形成的全过程的正确认识。

二、湿陷性

我国的湿陷性土主要是黄土，它在我国的分布很广，对我国的城乡工程建设有很大的关系。

当土的自重压力与附加压力之和达到使黄土产生湿陷性时（$\delta_s \geqslant 0.015$）的临界值称作湿陷起始压力 P_{sz}。

对于非自重湿陷性土，可按 P_{sz} 求地基承载力，即要求整个地层持力层范围内各土层的自重应力与附加应力之和小于 P_{sz}（图 9 - 16）。

$$\sigma_z + \gamma_z < P_{sz} \quad （z \text{ 为深度}）$$

基底压力需满足 $P < (P_{sz} - \gamma_D)$，D 为基础埋深。但当在整个持力层范围内按上述方法设计有困难时，可通过局部人工处理办法解决，例如换土夯实等。

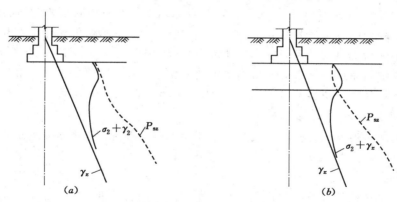

图 9 - 16　非自重湿陷性土地基承载力及处理

非自重湿陷性土的估算沉降量超过规定的总湿陷量时，一般采用杜绝浸水的措施或加强上部结构刚度，否则就得进行地基处理，彻底清除其湿陷性。

中国《湿陷性黄土地区建筑规范 TJ25—78》中规定：对一般湿陷性黄土，应考虑湿陷量等级，然后确定其 $[R]$ 值。

除了黄土以外，稍具黏性的松砂（黏粒仅起联结作用）、由可溶盐类胶结的松砂以及某些热带气候条件下花岗岩风化的残积土和干燥场地的人工填土等亦具有一定的湿陷性。

三、胀缩土

胀缩土的特性在于其黏土矿物的亲水性，遇水膨胀，失水收缩，引起土体的显著变形从而危及工程的安全和使用。

此类土的总胀缩率为单位厚度上的垂直变形幅度（膨胀率与收缩率之和）。用它乘以相应土层的厚度即可得到地基的最大可能变形量，但不是预测变形量。这是因为工程荷载的大小和含水量的变化是非常关键的条件。由于膨胀土大多分布在地基浅层，其含水量将受到大气的影响并与地形和覆盖条件密切相关，因此只有弄清土的受压情况和含水量的变化规律才能对一定压力下的土体变形作出预测。

根据地层条件所做的胀缩试验可以计算出在易于引起胀缩的深度范围内的可能胀缩总量，由此将地基的胀缩程度分为以下几个等级：

胀缩变形量（cm）	等级
<1.5	Ⅳ
1.6～3.5	Ⅲ
3.6～7.0	Ⅱ
>7.0	Ⅰ

根据实测，各种建（构）筑物地基的容许胀缩变形值如下：

结构类型	地基容许变形量（cm）
砖石承重结构（条型、基础）	1.5
配筋砖石结构	3.0
钢盘混凝土单层排架结构	12.0
高耸构筑物（烟囱、水塔等）	20.0

胀缩土的 ［R］ 同样难以用计算确定，一般靠估算与经验相结合加以判定。

此外，胀缩土的裂隙较发育，裂隙表面多十分光滑，故水的浸入可大大削弱抗剪强度。因此，如果场地具有一定坡度（即使不大）或开挖成坡，即使短期内貌似稳定，当受到气候和水文地质条件变化影响而引起含水量变化时，地基也可能处于不稳定状态（当裂隙面与坡面平行时还有滑移的可能）。根据工程经验，在胀缩土地区进行工程建设时，对边坡稳定和挖方填方必须予以特殊的注意。

另一类问题是地基的干缩，特别是热工建筑，如各种窑炉的地基。如果隔热不好使温度不断下传，也会引起地基土干缩和基础的下沉。

四、红黏土

红黏土大都是残积或坡积的重黏土，分布在高温湿润地带，其特点是含水量大，孔隙比高，但同时又压缩性低、强度较高且不具湿陷性，有轻微的膨胀性和较强的干缩性。作为建筑地基，红黏土在未扰动时的工程性能优于一般沉积土，其压缩试验的 $e—\lg P$ 曲线类似于超固结土。由于上述特点，按一般沉积土确定红黏土的承载力就可能偏低，造成不必要的浪费。如能正确掌握其变化规律，提高设计承载力，可以降低基础造价。

经过大量工程的勘察和施工，一般有如下规律，应引起工程人员的注意。

（1）含水量、孔隙比和压缩性随土层深度增加而增大，土体状态由坚硬转为硬塑，逐渐趋于可塑，在不透水岩基顶板上甚至流塑。

（2）在地形或基岩面起伏较大地段，红黏土的物理力学性质在水平方向上也很不均匀。

（3）坚硬的红黏土常具有发育的裂隙，保存了许多光滑的裂隙面，因而破坏了土体的整体性，使其强度降低，不利于边坡稳定。

红黏土地基基础设计必须考虑下列问题：

1）确定承载力应注意不同地区的红黏土随其埋深的变化，要求有细微的勘察，即使土质看起来均匀，也应按多层地基计算。

2）对水平方向的不均匀性应进行变形计算，调整基础沉降。

3）基础尽量浅埋，以求有效利用强度较大的上层土。

中国地基规范（GBJ 7—89）根据大量资料统计分析，选用含水比 $u=W/W_L$ 作为 $[R]$ 的第一指标，液塑比 $I_r=W_L/W_P$ 为第二指标（适用于桂、贵、滇等地区饱和度 $S_r>85\%$ 的红黏土），$[R]$ 的值可查表确定。

经过流水搬运后沉积的红黏土为次生红黏土（原生结构已破坏）。同时，当土体强度随深度增大而降低时，查表的 $[R]$ 值不宜作深宽修正。

五、盐渍土

盐渍土是一种特殊土，其工程性质与土中可溶盐的种类含量及其所处的结晶状态有密切的关系，又随地质环境和气候条件变化，因此需用不同于一般土的方法来评价。

易溶盐的溶解度可代表盐类所处的状态。例如 NaCl 在 20℃ 水中的溶解度为 35.8%，水温达到 100℃ 时其溶解度也只增加到 39.2%。因此，在我国的工程实践中取平均溶解度 36% 作为易溶盐所处状态的界限判别值。设 X 为易溶盐的含量，用（$X-0.36W$）来确定盐的存在状态，其中 $0.36W$ 表示盐晶溶解于水的饱和量。状态可分为以下三种：

$$（X-0.36W）>0\qquad 部分盐处于结晶状态。$$
$$（X-0.36W）<0\qquad 所含盐处于液相，但未饱和。$$
$$（X-0.36W）=0\qquad 盐溶液处于饱和状态。$$

由于结晶盐的存在，土体的含水量 W、孔隙比 e、弹性模量 E_0 和抗剪强度参数——黏聚力 C 与内摩擦角 φ 都与一般土不同，而且随着盐的状态变化，$[R]$ 值也不相同。确定地基承载力的基本方法是荷载试验。采用其他方法时，宜与载荷法对比。在选择工程设计参数时应特别注意含水量和含盐量的可能变化，根据不同盐晶含量下的孔隙比、弹性模量及强度确定合适的参数。

多数盐渍土都具有不同程度的湿陷性。改善盐渍土工程性质的方法是减小含水量和加大土的密度，同时还要防止盐类对基础材料的侵蚀。

六、不良或软弱地基的工程处理措施

前述地基稳定性问题都是考虑将工程基础直接置于天然地基上，当天然地基土的承载力不能满足工程要求时，就要考虑采用深基础或者进行地基加固。

深基础即常用的桩基、墩基和沉箱基础等，它们可以穿过恶劣或软弱的地层，将上部荷载直传给深层坚硬稳定的地层。或是利用摩擦桩使桩土共同作用，改变土体受力性质，而提高地基承载力和减少沉降量。

单从技术角度看而不考虑经济效益问题，则绝大多数天然地基是可以进行工程建设的。

第十章　水库的工程地质分析

中国幅员辽阔、江河纵横，流域面积超出 1000km² 的大江河有 1500 多条。全国多年平均年河川径流量为 $2.7×10^4$ 亿 m³，水能理论蕴藏量为 6.76 亿 kW，可能开发的水能资源为 3.78 亿 kW。

1949 年新中国成立至今，已建近 10 万座水利水电工程，其中，大型者达数百座，总库容数千亿 m³；水闸近 3 万座；各类堤防 20 多万 km；水电装机总容量数千万 kW。这些工程发挥了显著的防洪、灌溉、发电、城乡供水、养殖、航运等综合经济效益与社会效益。当前长江三峡和黄河小浪底、万家寨引黄入晋等大型水利水电工程的兴建，标志着中国水利水电建设已跨入一个新的历史时期。

中国水利水电建设十分重视大江大河的流域规划，工程开发强调发挥其最大综合效益，执行以大型为骨干，中小型相结合的方针。迄今所建的大中型水库的大坝，各类混凝土坝占 75% 以上，而大部分中小型水库仍以土石坝为主。

中国水利水电工程地质就是在这些工程的广泛实践中发展起来的。它不仅在理论上已自成体系，而且在应用先进勘察手段和方法方面也日益完备。

由于水库的兴建，改变了水库周围地区的水文地质条件，因此常引起一些主要地质问题，见表 10-1。

表 10-1　　　　　　　　　水库的主要工程地质问题

水库类型	工程地质问题		工程实例
峡谷水库	渗漏	岩溶 单薄分水岭垭口	水槽子、六甲、拨贡
		玄武岩大孔隙	镜泊湖
	浸没	居民点	三门峡沙溪口
		矿区	桃山
		古迹	刘家峡炳灵寺
		盆地农田	万家寨、官厅
	坍岸	基岩 近坝库区滑坡	柘溪、刘家峡、乌江渡
		松散层 岩溶坍陷	龙羊峡
	水库	诱发地震	新丰江、丹江口、蔸窝、湖南镇
	淤积	泥石流	岷江上游
		黄土流	三门峡、盐锅峡
	污染	放射性元素污染	丹江口
		有害矿产污染	新安江

续表

水库类型	工 程 地 质 问 题		工 程 实 例
低山平原水库	浸没	平原农田盐渍化，地下水上升沼泽化	金堤河、东平湖、官厅
		库尾翘高形成拦门沙坝	三门峡
	坍岸渗漏	黄土库岸	三门峡
		砂砾层	东平湖

第一节 水 库 渗 漏

　　水库渗漏包括暂时渗漏和永久渗漏。暂时渗漏只发生在水库蓄水初期，库水不漏出库外，仅饱和库水位以下岩土的孔隙、裂隙和空洞而暂时出现的水量损失。永久渗漏是库水通过分水岭向邻谷或洼地，以及经库盆底部向远处派洼排水区渗漏。例如云南水槽子水库，向远离水库 15km、比水库低 1000m 的金沙江边的龙潭沟排泄。所谓水库渗漏，通常指的就是这种永久性漏水。

一、水库渗漏的地质条件

　　水库渗漏受库区地形、岩性、地质构造和水文地质条件的控制。在分析渗漏时，不能只强调某一方面而忽视其他因素，必须全面考虑，综合判断，否则不可能得出正确结论。

（一）地形

　　在库岸透水地段，分水岭越单薄、邻谷或洼地下切越深，则库水向外漏失的可能性就越大。若邻谷或洼地底部高程比水库正常蓄水位高，库水就不会向邻谷渗透（图 10-1）。

图 10-1　邻谷高程与水库渗漏的关系
(a) 库水位高于邻谷水位；(b) 库水位低于邻谷水位

　　平原地区河谷切割较浅，库水透过库岸地带向低处渗漏是不容易的。但河曲地段的河间地带较为单薄，应予以注意。尤其是古河道，从库内通向库外更不能忽视（图10-2）。例如十三陵水库，右岸有一条古河道沟通库内外，当水库蓄水到一定高程时，库水就沿古河道向外大量漏失。

　　山区河谷应注意分水岭上的垭口，垭口底部高程必须高于水库正常蓄水位。垭口一侧或两侧山坡若有冲沟分布，则地形显得相对单薄，库水就会沿冲沟取捷径向外漏失。此外，垭口和冲沟往往是地质上的薄弱地带（断层破碎带、节理密集带等），可能是库水漏失的隐患之处。

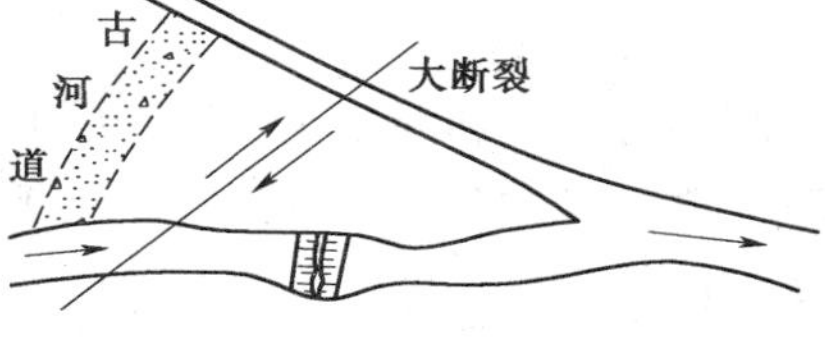

图 10-2　库水沿古河道向外渗漏

实践证明：水库内大的集中渗漏通道在地形上常有反映，因此，排出不利地形地段，就可缩小工作范围，加快勘察进程。

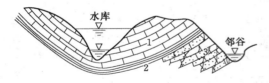

图 10-3　有隔水层阻水的向斜结构
1—透水层；2—隔水层；3—弱透水层

（二）岩性和地质构造

当渗漏通道的一端在库水位以下出露，另一端穿过分水岭到达邻谷或洼地，且高程低于库水位时库水可能沿这些通道漏向库外。在第四纪松散岩层分布区，能构成库区渗漏通道的，主要是不同成因类型的卵砾土和砂土。非可溶岩的透水性一般较弱，水库漏水的可能性小，但存在有贯通库内外的古风化壳、多气孔构造的岩浆岩、结构松散的砂砾岩、不整合面、彼此串联的裂隙密集带时，库水向外漏失就比较明显。在岩溶地区，库水外漏直接受岩溶通道的影响。岩溶通道主要有三种类型：

（1）大型集中渗漏带。通过溶洞、暗河、落水洞等外漏。

（2）中型溶蚀断裂带。被溶蚀而扩大空隙的断层和较大的溶隙，该带也会形成集中渗漏，但其规模较大型的小。

（3）小型溶隙溶孔带。岩溶化程度较弱，其渗漏形式类似于非可溶岩，渗漏规模较中型小，多为面状或带状形式渗漏。

库区为纵向河谷或横向河谷时，应注意沿地层倾向或走向向邻谷或洼地渗漏的可能性。处于向斜河谷的水库，若隔水层将整个水库包围起来，即使库内有强透水岩层分布，库水也不会向外漏出（图 10-3）。若无隔水层阻挡，或隔水层遭到破坏，且与邻谷或洼地相通，则库水可能漏出库外。水库为背斜河谷时，若透水岩层倾角较小，且被邻谷或洼地切割出露，库水有可能沿透水层向外渗漏［图 10-4（a）］。但当透水岩层倾角较大，并不在邻谷或洼地中出露时，库水不会向外漏失［图 10-4（b）］。

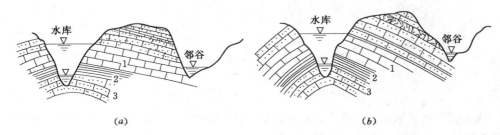

（a）　　　　　　　　　　　　　　　　（b）

图 10-4　透水岩层倾角不一的背斜构造
（a）库水位可能外漏；（b）库水位不会外漏
1—透水层；2—隔水层；3—弱透水层

断层有导水和阻水之分。应根据断层的性质、破碎程度、充填情况，以及上、下两盘岩石性质作具体分析。如图 10-5 所示，由于上盘上升，隔水层阻挡了下盘透水层，使库水难于向外漏失。

（三）水文地质条件

当水库具备可能引起渗漏的地形、岩性、地质构造条件后，库水不一定就会漏失，这时还要结合水文地质条件进行分析，才能确定渗漏是否存在。例如新安江水库，地形处于中低山峡谷地带，库区为石灰二叠纪石灰岩，地质构造条件复杂。经勘测发现，石灰岩中地下水分水岭的高程大大高于水库正常蓄水位。尽管石灰岩中岩溶比较发育，但库水不会漏向邻谷。

图 10-5 阻止库水渗漏的断层
1—透水层；2—隔水层；3—弱透水层

当分水岭地带的地下水为潜水时，根据地下水分水岭与水库正常蓄水位的关系，可以判断库水是否向库外渗漏。

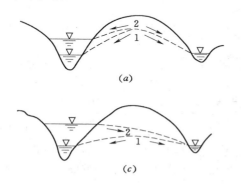 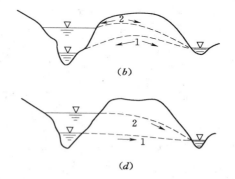

图 10-6 分水岭地带水库渗漏示意图
(a)、(b) 蓄水后分水岭存在库水不漏；(c) 蓄水后分水岭消失库水外漏；(d) 蓄水前后库水均向外渗漏
1—水库蓄水前地下水分水岭；2—水库蓄水后地下水分水岭

(1) 水库蓄水前，地下水分水岭高于水库正常蓄水位时，库水不会渗漏 [图 10-6 (a)]。例如那岸水电站，建库前河水位为 180m，水库蓄水位为 227m，而库岸泉水出露高程最低也有 230m，因此，水库运行 10 余年未发生漏水问题。

(2) 水库蓄水前，地下水分水岭稍低于水库正常蓄水位时，且水库正常蓄水位以下没有强烈渗漏通道存在，蓄水时由于库水的顶托作用，地下水分水岭随之升高，并高于库水位，库水也不会产生渗漏 [图 10-6 (b)]。

(3) 水库蓄水前，地下水分水岭低于水库正常蓄水位，水库蓄水后，由于库岸岩性透水性强，地下水分水岭逐渐消失，库水向外渗漏 [图 10-6 (c)]。

(4) 水库蓄水前，原河水位向邻谷或洼地渗漏，蓄水后则越发加剧其渗漏 [图 10-6 (d)]。例如云南水槽子水库，建库前河水就通过层间裂隙向那姑盆地渗漏，水库蓄水后，水位增高，水压力加大，渗漏量也随之加剧，使那姑盆地东北部一带到处冒水，以致造成部分民房倒塌，农作物浸水受害。

当分水岭地带有承压水存在时，应对承压水进行具体分析。只要承压含水层穿过分水岭，其两端分别在库区和邻谷、洼地出露，且其出露高程低于水库正常蓄水位，则库水就会沿承压含水层漏向邻谷。水库蓄水前库岸有上升泉时，只要泉水出露高程超过水库正常蓄水位，则库水就不会沿承压层漏失。

地下水分水岭的高程，可根据地形分水岭两侧泉水出露的高程加以判断。如无泉井，则需布置钻探了解地下水位的变化情况。

有些水库渗漏明显，在邻谷、洼地和下游河谷地带呈现泉水流量增大，或出现新泉点的现象，其流量动态与库水位紧密相关。另外在邻谷村庄、农田地下水位显著抬高，甚至出现沼泽化地带。有的水库渗漏不明显，除不具渗漏通道外，一般是水库建在透水层上，且透水层很厚，库水渗向地下深部，成为区域性含水层补给来源。

二、库区渗漏量计算

库区或坝区渗漏量计算的精确度，取决于边界条件的分析、参数的确定和计算方法的选择。其渗漏量值，是选择坝址、采取防渗及排水措施的重要依据。计算库区渗漏量的公式因地而异，这里仅列举几种常见类型予以说明。

1. 库岸地带隔水层水平时

（1）透水性均一的渗漏量（图 10-7、图 10-8）。

潜水

$$q = K \frac{h_1 + h_2}{2} \frac{h_1 - h_2}{L} \tag{10-1}$$

承压水

$$q = KM \frac{H_1 - H_2}{L} \tag{10-2}$$

$$Q = qB \tag{10-3}$$

式中：q 为库岸地带单宽渗漏量，m³/(d·m)；K 为库岸地带岩、土的渗透系数，m/d；h_1 为水库水位，m；h_2 为邻谷水位，m；L 为库岸地带过水部分的平均厚度，m；M 为承压含水层厚度，m；H_1 为水库边水头值，m；H_2 为邻谷边水头值，m；B 为库岸地带漏水段总长度，m；Q 为库岸地带总渗漏量，m³/d。

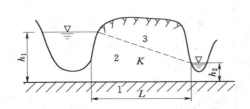

图 10-7　单层潜水渗漏计算剖面
1—隔水层；2—含水层；3—潜水位线

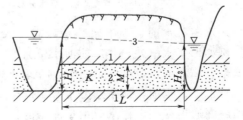

图 10-8　单层承压水渗漏计算剖面
1—隔水层；2—含水层；3—承压水位线

（2）有坡积层的渗漏量（图 10-9）。

$$q = K_v \frac{h_1 + h_2}{2} \frac{h_1 - h_2}{L_1 + L + L_2} \tag{10-4}$$

$$K_v = \frac{L_1 + L + L_2}{\dfrac{L_1}{K_1} + \dfrac{L}{K} + \dfrac{L_2}{K_2}} \tag{10-5}$$

式中：L_1、L_2 分别为库岸地带水库一侧和邻谷一侧坡积层过水部分厚度，m；K_1、K_2 分别为库岸地带水库一侧和邻谷一侧坡各层的渗透系数，m/d；K_v 为平均渗透系数，m/d；L 为坡积层之间岩、土体厚度，m；其他符号意义同前。

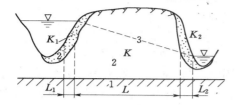

图 10-9　有坡积层的渗漏计算剖面
1—隔水层；2—含水层；3—潜水位线

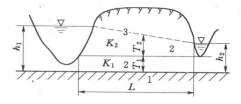

图 10-10　两层透水层的渗漏计算剖面
1—隔水层；2—含水层；3—水位线

（3）有两层透水层的渗漏量（图 10-10）。

$$q = K_p \frac{h_1 - h_2}{L}(T_1 + T_2) \tag{10-6}$$

$$K_p = \frac{K_1 T_1 + K_2 T_2}{T_1 + T_2} \tag{10-7}$$

$$T_2 = \frac{h_1 - T_1}{2} + \frac{h_2 - T_1}{2} \tag{10-8}$$

式中：T_1 为下层透水层的厚度，m；T_2 为上层透水层过水部分平均厚度，m；K_1、K_2 分别为上、下透水层的渗透系数，m/d；K_p 为平均渗透系数，m/d；其他符号意义同前。

2. 库岸地带隔水层倾斜透水性均一的渗漏量（图 10-11）

$$q = K \frac{h_1 + h_2}{2} \frac{H_1 - H_2}{L} \tag{10-9}$$

式中：H_1、H_2 分别为水库与邻谷的水位，m；h_1、h_2 分别为水库与邻谷岸边潜水含水层厚度，m；其他符号意义同前。

【例 10-1】　潜水含水层由石灰岩组成，其渗透系数为 12m/d，隔水层水平，其标高为 30m，库水位为 130m，邻谷水位 120m，其间相距 4000m，试求 6000m 长的库岸内由水库流向邻谷的渗漏量。

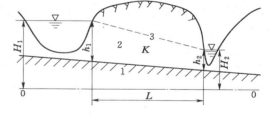

图 10-11　隔水层倾斜时的渗漏计算剖面
1—隔水层；2—含水层；3—潜水位线

解：先用式（10-1）求出 q：因 $h_1 = 130 - 30 = 100$m，$h_2 = 120 - 30 = 90$m，故

$$q = 12 \times \frac{100 + 90}{2} \times \frac{100 - 90}{4000} = 2.85 \left[\text{m}^3/(\text{d} \cdot \text{m}) \right]$$

再用式（10-3）求 Q

$$Q = qB = 2.85 \times 6000 = 17100 \ (\text{m}^3/\text{d})$$

答：由水库流向邻谷的渗漏量为 17100m³/d。

第二节　水　库　地　震

我国是一个多地震国家，当前仍处在地震高潮期。强烈地震给一些水工建筑物造成不同程度的破坏。如 1966 年邢台地震、1975 年海城地震、1976 年唐山地震，都有不少堤坝、水闸等受到严重震灾。

此外，由于高水头大水库的兴建，巨大的水体往往改变了地下水的运动方向，破坏了地壳的平衡，加剧了地震的活动性，水库诱发地震将影响建筑物的安全。我国 20 世纪 60 年代在广东新丰江水库诱发了 6.1 级地震，震中烈度为 8 度，使右岸坝段顶部出现长达 82m 的水平裂缝，左岸坝段同一高程也有小些的不连续裂缝。到 70 年代又陆续出现了湖北省丹江口水库、辽宁省蓘窝水库等水库地震。

一、水库地震发生的条件

目前对水库地震的机制有着不同的观点，认为水库地震的发生条件不完全一致，大体上有三个方面。

1. 地质构造条件

(1) 易发震地区多数处于性脆、裂隙多、易向深部渗漏的灰岩地区，以及易发生膨胀、水化的岩体内。岩溶发育区的震型为塌陷坐落的波形，且震级小于 4 级，震源不到 1km，与库水位关系较小。

(2) 处于中、新生代褶皱带，断陷盆地和新构造活动明显的特殊部位，容易发震。

(3) 易于发震的活断层，震中一般分布在断层弧形拐点，交叉部位及断陷盆地垂直差异运动较大部位。

(4) 易发震断层多为正断层和走向断层，倾角大于 45°，发震多在正断层下盘。

(5) 周围有温泉、火山活动或地热异常区，建库后易形成新的异常。

2. 水库蓄水

水的诱发作用与水库蓄水有明显的依赖关系，水位高时，活动性强，水位猛涨时，更常发生，且滞后现象明显，近则一月，长则几年。

(1) 库水的静水压力使岩体变形。

(2) 库水作用在深部剪切面上，促使极限平衡状态改变，造成岩体滑动。

(3) 孔隙水压力增大，有效摩擦力降低。

(4) 深部岩体软化作用加剧，岩体强度降低。

(5) 亲水性矿物膨胀。

(6) 下渗吸热产生汽化，造成局部地热异常，热能积聚。

3. 地震强度特点

(1) 震源浅、烈度高。震源深度大多在 4~10km，少数达到 20km，相应的震中烈度较高。3 级地震时，烈度可达 5~6 度，面波发育。

(2) 震级小。一般都为小震、有感地震，破坏性小。个别最大震级达 6.5 级，发生在高坝水库，属应力型，延时较长，造成工程局部破坏。

(3) 延续时间。一般序列为前震多，余震延时长短不一，最长可达 30 多年，有的仅几个月，主震大都不明显。岩溶区一般延时 1~2 年。

(4) 震源体小，影响范围小。震中多分布在水库周围。

(5) 活动方式。有小群震逐步释放和应力集中释放两种，与震中附近介质性状有关。

另一种观点认为，水库地震与新构造活动关系不大，世界上很多高坝水库修建在新构造及地震活动区，没有诱发水库地震，个别水库在蓄水后地震活动减弱。

另外水库水位高低与地震强度不成正比关系，水库地震较大时，水库水位也不是最高。这些现象也是客观存在的，说明还要深入地进行研究工作。

二、水库地震评价方法

目前水库地震的评价尚未成熟，倾向于将新构造活动性与发震可能统一分析的评价方法。一般原则是：

(1) 危险区。库坝区有发震断层通过，小震活动频繁，蓄水后，可能引起地震断裂，造成山崩、滑坡、涌浪漫坝或堵塞水库，破坏水工建筑物。

(2) 不利的地区。库区附近有发震断裂通过，即使发震，对建筑物不致造成威胁，有松散土分布地基可能产生液化、变形，但震害较轻。

(3) 相对稳定的地区。库坝区无发震断层，地基坚实，透水性弱，基本烈度低，水库蓄水不会发生地震。

建筑物设计时基本烈度由地震部门正式提出，作为工程设计依据。国家建委规定没有专门论证不得任意提高设防烈度。同时可参考水工建筑物抗震规范。

根据部分工程实例，水库地震的判定标志有：

(1) 坝高大于 100m，库容大于 10 亿 m^3。

(2) 库坝区有新构造断裂带。

(3) 库坝区为中、新生代断陷盆地或其边缘，升降明显。

(4) 深部存在重力梯度异常或磁异常。

(5) 岩体深部张裂隙发育、透水性强。

(6) 库坝区有温泉。

(7) 库坝区历史上曾有地震发生。

第三节　水　库　浸　没

水库浸没是由于水库蓄水地下水位升高引起的工程地质问题。它可能导致许多环境水文地质和工程地质问题，如：①城镇建筑物地基浸水沉陷、建筑物倒塌，妨害人民正常生活；②出现沼泽化、盐渍化，影响农副业生产；③矿坑充水，不利采掘；④道路翻浆、泥泞、中断交通等。

据现有资料，造成库周、下游地区或邻谷洼地浸没的原因，除库水顶托壅高地下水位（如官厅水库）外，库区渗漏也是一个重要原因。如云南省以礼河水槽子水库渗漏引起那姑盆地浸没，河北省黄壁庄水库副坝（古河道）坝基渗漏造成下游马山村一带浸没等。

经验证明，山间盆地和平原水库区，因地势平坦，库岸多由冲洪积松散层组成，较易形成大范围浸没。山区水库地处深山峡谷，浸没问题一般不大。但应注意建库对矿床和采掘巷道以及因向邻谷渗漏而引起的浸没问题。下列情况一般不致发生浸没：

(1) 近库岸坡有等于或高于水库正常蓄水位的地下水出溢点或区。

(2) 库岸分布有大厚度隔水层，其顶面高于正常库水位。

(3) 研究地段与库岸之间，有常年流水的沟谷切割，其水位不低于正常库水位。

(4) 地下水位埋深值远大于建库后的地下水位抬高值的地段等。

现以辽宁省葠窝水库为例[1]，简要介绍浸没问题工程地质研究的一些具体经验。

葠窝水库位于太子河干流。坝址在本溪市下游 40km 处。建库前对 101m、98.8m 及 96.6m 三种库水位方案进行了浸没的预测。经过比较与评价，最后确定采用不致造成本溪市浸没的 96.6m 库水位方案。在评价浸没时，注意到以下几个方面内容。

（1）分析判断回水后地下水流向，对提高预测精度是有意义的。预测时，起始水位最好选用河流枯水期或平水期水位，如能应用库边井孔地下水位则更好。预测计算以采用递进法更能接近实际情况。

（2）结合各预测剖面处的岩性变化、库岸线是否移动、隔水底板倾斜程度等具体条件，对应用的斯卡巴拉诺维奇公式做必要的变换，简化与计算出回水后地下水厚度变化。

根据预测结果，选定 96.6m 库水位方案是稳妥的。同时建议先期按 95m 水位蓄水，随后逐步抬高水位以验证。水库的多年运行证明，对 96.6m 库水位条件下所作的地下水位壅高预测基本上是正确的。

（3）对于山区河流、沟谷冲积扇区地下水流向呈扇形辐射状情况，据斯氏公式推导了潜水辐射流计算公式。

计算结果表明，该区地下水埋深小于 1m 的范围，与预测区的 23%。出于该区荒芜贫瘠，建议作为本溪市煤矿弃石与钢厂废碴堆放区。这样既为废碴找到堆置场地，又可借此垫高地面，消除浸没灾害，为今后增加建筑场地。

（4）注意水库淤积对浸没预测的影响。建库后，从福金沟口至千金沟口，淤积厚度 0.56～0.28m。因此，浸没区在正常库水位 96.6m 以上又扩展 1.2km 库段长。有关预测剖面上的回水壅高值为 0.5～0.2m，即左、右岸分别从建库前的天然河道向外扩展浸没宽度 75～130m 及 50～85m。

应当指出，在多泥沙河流上修建水库应注意，因库尾或支流河口段的严重淤积，造成水位抬高形成水库翘尾巴，加重浸没影响。黄河三门峡水库就因此造成渭河两岸浸没。

还需说明，浸没预测有最终与分期两类。前者可作为审定水库工程效益的一项依据，后者可以结合水库运用与观测验证，以指导采用适宜的防范措施。

判别浸没还涉及到标准问题。所谓浸没标准，是指地下水对市镇建筑、工矿企业、道路和各种农作物等的安全埋藏深度，一般将此称作地下水临界深度。其深浅决定于岩性与地下水矿化度，也与土地利用类型有关。

现介绍部分地区总结的经验值列于表 10-2。

表 10-2　　　　　　　　　部分地区浸没判别经验参考表

地　区		临界深度（m）		
		居民点	农田	果树场
渭河	南岸	1.2～1.3	1.0～1.5	
	北岸	2.0～3.0	1.5～2.5	
黄河	沿岸	1.5	1.0	3.0
	什川盆地		2.0	

注　据水利电力部西北勘测设计院，大峡电站勘察报告。

---

[1]　吴跃权，1984，葠窝水库本溪浸没区的预测与实践。

第四节　水　库　淤　积

　　据多年观测资料，中国年平均输沙量在 1000t 以上的河流有 42 条，直接入海泥沙总量年平均为 19.4 亿 t，其中黄河占 59%，长江占 25%，海河及其他河流占 16%。黄河是世界上罕有的多泥沙河流，平均含沙量达 37.6kg/m³。黄河中游流域面积 58 万 km²，其中黄土高原占 40 万 km²，其平均侵蚀模数多在 1.5t/(km²·a) 以上，最大可达 3.45t/(km²·a)。

　　据陕西省初步统计（至 1979 年），全省共建成水库 1498 座，总库容 43.785 亿 m³，淤积约 8.73 亿 m³，约占总库容的 20%。另据原水利电力部直接掌握的 20 座水库的观测资料，多数水库运行不足 20 年，总淤积量已达 77.85 亿 m³，占原设计库容的 18.6%。黄河三门峡水库，1960 年至 1970 年间淤积 53 亿 m³，使潼关渭河口河床抬高 5m，渭河水立抬升，严重地威胁到西安市一带的安全。由此足见多泥沙水库淤积问题的严重性。此外，库岸大量崩塌或滑坡物质坠入水库，也会不同程度地减少库容。

　　为防治水库严重淤积，确保水库的有效库容，中国目前在水土保持、水库运用管理、库坝联合运用（即在水库上游兴建拦沙坝）以及加高淤积水库大坝（如甘肃巴家嘴水库）的勘察研究方面都积累了许多宝贵经验。黄河各水库并总结出"蓄清排浑"的运用规律。

　　由上述可见，研究水库淤积问题的主要工程地质任务是：

　　(1) 查明淤积物来源，进行岩性分区，圈定重点防治范围。

　　(2) 结合水库塌岸研究，估算岸坡岩土体的塌落体积。

　　(3) 进行滞洪拦沙、排沙建筑物与在坝前淤积土上加高坝体的专门工程地质勘察等。

第十一章 环境地质系统

　　环境保护与经济发展是关系到人类生存的决定性因素。1992 年 6 月在巴西里约热内卢召开的联合国环境与发展大会各国首脑会议，充分表明环境恶化已成为全球性战略问题。在这一全球性和多学科重大综合问题上，工程地质学和工程地质学家应首当其冲地站在发展与环境协调的前沿，协调人地关系，即人类和自然的关系。

　　自然环境通常是指环绕人类社会的自然界，包括作为生产资料和劳动对象的各种自然条件。它是人类生存、社会发展的自然基础。自然环境是在漫长的历史演化中形成的，主要是由岩石圈、水圈、大气圈和生物圈等组成的有机整体，并处于不断地变化之中。各圈层之间存在着相互作用和相互制约关系，促使自然环境的整体性在时间和空间上的有机结合。自然环境中的任意部分的变化都将导致其他部分的变化，即自然环境的整体变化。岩石圈中与人类社会发展有特殊的、紧密联系着的，与水圈、大气圈、生物圈相互密切作用着的地球表层即称为地质环境。它是人类工程活动的直接对象，也是人类栖息的场所。

　　随着人类社会技术力量的指数增长，城市化的日益加剧，人类活动的范围和强度都呈现了前所未有的变化。人类活动大大加速了自然环境的演化，也干扰了自然环境的自然演化。人类活动对自然环境所造成的后果，一是造成环境污染，二是加剧了自然灾害。

　　人类要生存，社会要发展，就必须拥有一个能与人类长期维持和谐的自然环境，应使自然环境的演化有利于恢复，维持人类社会与自然环境和谐的关系。这就要求人类从时空整体性把握自然环境的变化规律和演变趋势，从长远的、整体系统的角度处理自己与自然环境的关系，调整并控制人类活动对自然环境的改变作用，真正实现人类社会发展与自然环境演化的协调一致。

第一节　自然环境与地质灾害

一、自然环境

　　自然环境（Element）是对人类社会而言的，与人类社会发展有密切关系，它包含着人类生存所必要的生产生活资料，也是人类从事各种活动的基础。自然环境的好坏直接影响人类社会的发展。

　　自然环境是由岩石圈、水圈、生物圈和大气圈组成，这四部分，相互依赖，共同存在地球表面或上部，组成一个整体。从时间上看，今天的自然环境与过去的自然环境有关，并且可以影响未来的自然环境。

二、自然灾害

　　所谓自然灾害（Nature disaster）是指由自然因素引起人类的生命安全、财产、资

222

源、环境发生损坏和恶化，使人类正常生活受到干扰，社会有时失去稳定等。自然灾害是自然环境系统的一个组成部分，自然环境有良性和恶性之分。自然灾害属于恶性自然环境系统。自然环境与自然灾害的关系见表 11-1。

表 11-1　　　　　　　　　　　　自然环境与自然灾害关系

自然环境	自然灾害系列
岩石圈	地震、山水、滑坡、泥石流、崩塌
土圈	沙漠化、上滑坡、地裂缝、水土流失、地面沉降
水圈	洪水、暴雨、震灾、冻灾、海水入侵
大气圈	飓风、沙暴、酷热、严寒
生物圈	虫灾、火灾、植物退化

三、地质灾害

我国是一个幅员辽阔、地质和地理条件复杂、气候条件各地区变化较大的国家，加之工农业、城市、交通、水利的迅速发展，每年都会发生一些自然灾害，其中地质灾害在自然灾害中占有很大的比例。

地质灾害（Geology Calamity）是大自然支配人类的最显著的因素，在地球内部动力和岩石圈、大气圈、水圈和生物圈的相互作用和影响下，生态环境和人类生命，物质财富受到损失的现象和事件。它包含着两种动力地质作用，一种是内动力；另一种是外动力。外动力除自然动力外还有人为因素所引起的地质动力，对大气圈、水圈和生物圈带来直接和间接的影响。

四、我国地质灾害发育及分布规律

地质灾害是在一定环境条件下形成的，它受诸多因素的控制，如地形地貌、地质构造、地层岩性以及人类活动等，我国的地质灾害的分布存在以下几方面的规律。

1. 地震灾害受到地球板块迁移的影响

我国位于欧亚板块东南部。东部是太平洋板块，西部是印度洋板块，受到世界两大地震带的挟胁，因此，在全国有许多地震活跃区，如台湾、青藏高原、华北平原等。我国地震分布面积广、强度大、频率高。据统计，我国地震 30 多个省（自治区、直辖市）中，20 世纪以来有 21 个发生过 7 级或 7 级以上的地震。全国有 312 万 km² 土地面积和 136 个城市属于地震区。

地震灾害也会产生次生效应。如长江中上游横断山地区、黄河中上游祁连山地区和华北燕山一带，其滑坡、崩塌、泥石流发育分布多是沿着活动构造带和地震带。

2. 地质灾害受纬度和气候条件的控制

中国大陆自南向北气候分布依次为热带、亚热带、温带、亚寒带，这一气候模式显然与纬度分布有关。所以引起的地震灾害南北方有明显的差异，南方雨量充沛，以喀斯特陷落、岩土体变形、山洪、滑坡、水灾为主；北方气候干旱，土地沙漠化、盐碱化严重；到东北大兴安岭地区，由于纬度高、气候寒冷，以冻融灾害为主。

3. 地形地貌对地质灾害的影响

我国地势自西向东由高变低，大体可以分为三级阶梯。第 I 级为青藏高原，海拔

4000m 以上，年平均气温在－0.8～6.5℃，地质灾害以冻害、雪崩为主。依次向东为第Ⅱ级，海拔在 1000～2000m，秦岭以南长江流域为湿润-半湿润气候。秦岭以北黄河流域为干旱-半干旱气候，但两者均在夏季降雨，雨量充沛，故地质灾害常以滑坡、崩塌、泥石流、水土流失为主。在太行山、伏牛山至雪峰山以东地区为第Ⅲ级。它包括了东北平原、黄淮海平原、长江中下游平原以及江南广大盆地、丘陵区，海拔 500m 以下，地势平稳。这些地区人口密集、城市集中、工农业发展快、交通便利，形成了以人类活动、工程活动为主的地质灾害，如地面沉降、海水入侵、诱发地震、土地沙漠化、水土流失、江河淤积等。

第二节　地　面　沉　降

一、概述

地面沉降是指地壳表面在自然营力和人类活动的作用下所造成大面积的、区域性的沉降运动。不同城市和工业区的地面沉降可能有不同的原因，但绝大多数是由于汲取地下水引起的，其面积一般达 100km² 以上。其特点是发展比较缓慢，无仪器观测难以感觉。地面沉降一旦发生，即使除去导致地面沉降的因素，也不能完全复原。地面沉降已经成为我国及其他许多国家的城市和工业区的严重公害。表 11-2 是国内外一些城市地面沉降的主要情况。

表 11-2　　　　　　　　国内外一些城市地面沉降主要情况

城市名	沉 积 物	压密层深度范围 （m）	最大沉降速率 （mm/年）	最大沉降量 （m）	沉降区面积 （km²）
上海	冲积、湖积、滨海	3～300	98	2.63	121
天津	滨海		262	2.16	135
台北	冲积、浅海	10～240		1.90	235
太原	冲积		207	1.23	254
常州	冲积		90	0.22	200
湛江	冲积	30～200		0.11	140
墨西哥城	湖积、冲积	0～50	420	9.0	225
东京	冲积、浅海	0～400	270	4.6	2420
大阪	冲积、湖积	0～400		2.88	630

注　摘自《工程地质手册》。

地面沉降对城市及工业建筑区的主要危害如下：

（1）沿海沿江城市由于地面下沉，湖水或江水越过堤岸，迫使海堤或江堤不断加高。

（2）地面积水，尤其是雨水和暴雨之后的地面积水，严重影响正常的生产、生活和交通。

（3）引起地下管道坡度改变，影响雨水、废水、污水的排放功能，严重时可完全丧失功能，不得不重建。

（4）造成建筑物倾倒，桩产生负摩擦力，井管相对上升而高出地面。

（5）桥墩下沉，桥下净空减小，影响船只通行，以及引起码头，仓库地坪下沉等。

地面沉降的发生一般需具备两个条件：第一，该城市或工业区的供水水源以汲取地下水为主，超量开采使水位（水头）逐年下降，形成既深又大的降落漏斗；第二，地层以松软沉积物为主，具有较高的压缩性。图 11-1 及图 11-2 清楚地说明了地面沉降与地下水开采及地下水位下降有着密切的关系。

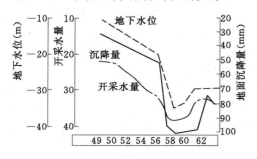

图 11-1　上海地下水开采量、
水位与地面沉降关系
（摘自《中国工程地质学》）

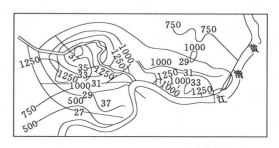

图 11-2　上海地下水降落漏斗与
地面沉降中心关系

地面沉降的机理可用有效应力原理来解释。水位下降引起土中孔隙水压力降低，颗粒间的有效压力增加。在抽水前

$$\sigma' = \sigma - u_w \tag{11-1}$$

式中：σ 为总压力；σ' 为抽水前有效压力；u_w 为抽水前的孔隙水压力。

抽水后，水头下降 u_f，孔隙水压力随之下降，水对土的浮托力减少，下降了的 u_f 即转化为有效压力增量，使土体压密，此时

$$\sigma' = \sigma - u_w + u_f \tag{11-2}$$

二、地面沉降的预测

对地面沉降的工程地质评价主要是预测沉降量及其发展趋势。预测前首先应查明该地区的工程地质和水文地质条件，划分压缩层和含水层，通过固结试验、渗透试验等取得土的压缩性指标、渗透性指标及其他有关土性参数，并详细调查历年汲取地下水的水量、水位及地面标高的变化情况，掌握动态观测资料。

预测地面沉降可用下列方法。

1. 分层总和法

本法可计算因抽水使地下水位下降造成的地面沉降及因回灌水位上升而造成的地面回弹。

对黏性土和粉土

$$S_\infty = \frac{a_v}{1 + e_0} \Delta p H$$

对砂土

$$S_\infty = \frac{\Delta p H}{E}$$

225

式中：S_∞ 为土的最终压缩量或回弹量，m；a_v 为土的压缩系数或回弹系数，kPa^{-1}；E 为砂的变形模量或弹性模量，kPa；e_0 为原始孔隙比；Δp 为因水位变化而作用在土上的有效应力，kPa；H 为土层的计算厚度，m。

　　总沉降量为各层土压缩量之和。由于计算参数不易测准，影响计算精度，故在计算前必须精心试验，选准参数，同时用反分析方法对参数进行校核和修正。

　　2. 单位变形量法

　　假设土的变形量与水位升降幅度及土层厚度呈线性关系，根据预测前三四年的地面沉降实测资料，计算在某特定时段内水位变化的相应沉降量，称"单位沉降量"。计算式为

$$\left.\begin{aligned} I_s = \frac{\Delta S_s}{\Delta h_s} \\ I_c = \frac{\Delta S_c}{\Delta h_c} \end{aligned}\right\}$$

式中：I_s、I_c 分别为水位升、降期内的单位变形量，mm/m；Δh_s、Δh_c 分别为计算期内水位的升、降幅度，m；ΔS_s、ΔS_c 分别为相应于该水位变化幅度的土的变形量，mm。

　　将单位变形量除以土层厚度 H 得"比单位变形量"。以 I_s' 及 I_c' 分别表示水位升、降期的比单位变形量，则有

$$\left.\begin{aligned} I_s' = \frac{I_s}{H} \\ I_c' = \frac{I_c}{H} \end{aligned}\right\}$$

　　在已知预测期水位升、降幅度及土层厚度的条件下，预期沉降量 S_s（mm）及预期回弹量 S_c（mm）为

$$\left.\begin{aligned} S_s = I_s \Delta h_s = I_s' \Delta h_s H \\ S_c = I_c \Delta h_c = I_c' \Delta h_c H \end{aligned}\right\}$$

　　3. 沉降与时间关系

　　通常按太沙基一维固结理论计算，公式为

$$S_t = S_\infty U$$

$$U = 1 - \frac{8}{\pi}\left[e^{-N} + \frac{1}{g} e^{-9N} + \frac{1}{25} e^{-25N} + \cdots \right]$$

$$N = \frac{\pi^2 C_v}{4H^2} t$$

式中：S_t 为预测某时间 t 的变形量，mm；U 为固结度，以小数表示；N 为时间因素；C_v 为固结系数；H 为土层厚度，mm；双面排水时取 $H/2$。

　　三、地面沉降的防治

　　由于地面沉降的主要原因是超量汲取地下水，故防治地面沉降的根本措施是科学合理地开采地下水，加强对资源的管理和保护，防止超量开采。对尚未发生严重地面沉降的地区，可采取以下措施：

　　(1) 加强对地面沉降的监测和试验研究，预测地面沉降量及发展过程。

　　(2) 结合水资源的计算和评价，研究地下水的合理开采方案；防止因超采地下水而加

剧地面沉降。

（3）避免在可能发生严重地面沉降的地段建设重要工程。在进行房屋、道路、管道、堤坝、水井等工程的规划设计时，预先估计地面沉降的因素。

在已经发生比较严重地面沉降的地区，可采取下列措施：

（1）压缩地下水开采量，减小水位降深，必要时暂时停止地下水的开采。如天津市1976年后禁止在400m深度内建新井，限制对第Ⅱ含水层的开采，从而降低了地面沉降速率。大直沽1975年沉降194mm/年，至1979年减为99mm/年。

（2）调整地下水的开采层次，从主要开采浅层地下水转向主要开采深层地下水。

（3）向含水层进行人工回灌，并严格控制回灌水的水质标准，防止污染含水层。如上海市1965年开始人工回灌，全年回灌200万m³，至1980年水位上升了30m，控制了地面沉降。

为了做好地面沉降的防治工作，一定要搞好规划，精心设计、精心施工，并设置区域性的观测网，对开采量、水位及地面标高进行长期的系统监测。

第三节 地 面 裂 缝

一、地面裂缝概述

我国自20世纪70年代初期起，先后在一些地区发生了地裂缝问题，如西安、大同、兰州等城市都发生过不同形式的地裂缝，给城市建设、水利规划、设计等带来严重影响，甚至威胁人民的生命和安全。

广义的地裂缝多种多样，如强烈地震后的地震裂缝、液化地裂缝、边坡及斜坡附近的重力地裂缝、膨胀土区的收缩地裂缝、黄土节理、黄土湿陷地裂缝、采空区地表的陷落地裂缝、岩溶区的塌陷地裂缝等。本节阐述的地裂缝则专指发生和发展比较缓慢，与构造和地下水有关的、大范围的地裂缝，并以我国西安市的地裂缝为代表。

西安市区有7条显现的地裂缝、3条隐藏的地裂缝，系1959年首次发现的，并在继续发展，范围达110km²。7条地裂缝大体平行展布，总体走向NE70°，长度分别为7km、9km、7.2km、1.7km、0.8km、6.2km及1.5km。如图11-3所示。

二、形态与成因

西安地裂缝一般由一条裂缝组成，局部地段由一条主裂缝及1~3条次裂缝组成。主裂缝很长，一般连续分布，不具雁行状排列。据探槽观测，主裂缝延深最浅者2.0~6.3m，最深者7条均未见底，其中辛家庙地裂缝挖至18m未见底，地裂缝带宽度每条平均1.1~3.1m，最大宽度1.5~6.4m（6.4m为南郊地裂缝）。主裂缝形态浅部一般垂直，上宽下窄，深部以陡倾角向南倾斜，倾角约75°，呈正断层状，并错断黄土中的古土壤层。

西安地裂缝两侧具有明显的差异沉降，南盘相对下降，北盘相对上升。据观测，南郊地裂缝1981年5月~1985年5月，年平均差异沉降为15.4mm/年，最大为27.2mm/年；边家村地裂缝平均差异沉降为31.16mm/年，各条地裂缝之间、同一条地裂缝各段之间，速率很不一致。探槽观测发现，第一古土壤层被错断，南郊地裂缝最大错距1.8m，秦川

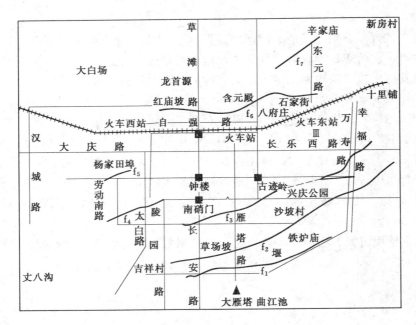

图 11-3 西安地区裂缝分布（摘自《中国工程地质学》）

中学最大 4m，全新世地层错距较小，更新世地层错距较大。除垂直运动外，还有水平张裂和微量的扭转。

对西安地裂缝的成因有不同的解释：从地裂缝的走向、形态看，与临潼—西安断裂一致，似与地质构造活动有关，但由于近期无强震活动，显然与地震无关。近期大量抽汲地下水，造成地下水位下降，与地裂缝快速发展在时间上的吻合，似与抽汲地下水有关，但地下水降落漏斗平面上为弧形，而地裂缝为直线，又不相吻合。因此，单纯的构造成因或抽汲地下水成因都是不全面的。现在学术界倾向于复合成因，即基底地质构造缓慢的差异沉降（蠕动），将上部土层"拉松"，地下水位下降和地面沉降加速了地层的压密，造成不均匀沉降，使地裂缝发生和发展。构造活动是地裂缝发生的基础，抽汲地下水是地裂缝发生和发展的直接诱因。

三、工程地质评价

当地裂缝穿过墙体时，在墙上产生一组张性裂缝。地裂缝垂直穿过建筑物时，变形带的宽度一般小于 3m；与建筑物斜交时，变形带较宽，一般大于 3m。地裂缝所经之处，无论何种工程，如房屋、混凝土路面、钢质及混凝土管道等，均遭破坏，在西安已有 500 多处。地裂缝上的建筑物建成后，少则一年，多则三五年，必将开裂。目前尚无抵抗地裂缝的工程措施，只能避让。

由地裂缝的形态特点可知，它的活动宽度是不大的。而单条主裂缝的宽度通常为 10cm，裂缝两侧土体结构基本完整，不存在较宽的细微破裂带。对地裂缝两侧未破坏的 129 幢建筑物的调查统计表明：平均安全距离为 9.73m，约 10m 以内。对裂缝两侧地面沉降的观测表明：随着与裂缝距离的增加，差异沉降衰减很快。地裂缝南侧一般 5m 以内差异沉降较大，为主变形带，20m 以外基本无影响；地裂缝北侧 3m 以内为主变形带，15m

以外无影响。

根据以上分析，吴嘉毅、廖燕鸿提出了地裂缝及其两侧进行工程建设的具体建议，见表 11-3。

表 11-3 地裂缝带建设容许距离

分 带	与主裂缝距离（m）		容 许 建 筑 物
	上 盘	下 盘	
主变形带	0～5	0～3	临时建筑，简易仓库
弱变形带	5～10	3～8	四层及四层以下住宅，办公楼，小型场房，必须设防
微变形带	10～20	8～15	高24m以内的民用建筑，跨度18m以内的单层场房。必须设防
无影响带	＞20	＞15	各类建筑物

第四节 地 面 塌 陷

我国可溶岩分布面积占国土面积的 1/3 以上，是世界上岩溶最发育的国家之一。据不完全统计，在全国 22 个省（市、自治区）中，共发生岩溶塌陷 1400 例以上，塌陷坑总数超过 4 万个。已有岩溶塌陷的 70% 是人类活动所诱发，主要原因有过量开采地下水、拦蓄地表水、岩土工程施工、工程爆破等。岩溶塌陷灾害形成条件包括：①成灾地区的地质条件：岩溶发育特征、第四系土层结构，地貌特征、地下水动力特征及地表水入渗；②岩溶塌陷成灾条件，取决于土地利用和有关的受灾体类型。如 1988 年河北省秦皇岛市柳江水源地，由于超量开采岩溶水，造成地面塌陷面积达 34 万 m^2，出现塌坑 286 个，直径 0.5～5m，深 2～5m，最大直径 12m，深 7.8m，并同时出现地裂缝，交织在一起，使部分耕地破坏，房屋开裂。又如 1988 年湖北武汉市陆家街发生地面塌陷，使附近工厂、学校房屋陷落、破坏，造成停产、停课。例子还有很多就不一一列举了。

我国岩溶塌陷灾害以桂、黔、湘、赣、川、滇、鄂等省区为最多，全国可分为 4 个大区，即：西部高原、台地、盆地岩溶；东北山地、平原、辽东半岛丘陵岩溶；华北山地、高原及黄淮海平原岩溶区；云贵高原丘陵、盆地、平原岩溶区。

全球岩溶地面塌陷分布比较广泛。除中国外，在美国、南非、法国、英国、俄罗斯、波兰、捷克、南斯拉夫、比利时、土耳其、加拿大以及以色列等国都有岩溶塌陷危害。它已引起国际社会普遍关注，20 世纪 70 年代以来召开过多次有关的国际会议。

国外在岩溶塌陷研究方面主要关注以下几个方面。

（1）岩溶塌陷发育条件的勘测技术。

（2）岩溶塌陷发育过程及机理研究。

（3）岩溶塌陷基础数据库建设。

（4）岩溶塌陷危险性顶测与风险评估。

（5）岩溶塌陷预测预警。

（6）岩溶塌陷对环境的影响。

（7）岩溶塌陷灾害保险。

第五节　海　水　入　侵

海水入侵主要是滨海地带由于过量抽汲地下水，使海水从地下向大陆入侵，在含水层中海水越过分界线，取代淡水，造成水质恶化（盐化），如图 11-4 所示。

图 11-4　滨海地带海水入侵示意图

海水入侵问题，在我国已屡见不鲜。如山东半岛、辽东半岛、辽西走廊、南方的杭州湾等地，已发生过多起海水入侵事件。

山东半岛，如莱州湾附近的龙口、掖县、寿光一带，已发生多次因抽取地下水（海水入侵盐化水）灌溉而造成的大片农作物枯萎事件，有的地方颗粒不收。又如青岛附近的崂山县，1965 年沿海滨打机井 27 眼抽取地下水，到 1966 年就发现海边 200m 处水井水质变咸，10 年后井水位由 2m 降到 8m，结果海水向内陆推进了 500m，使全部水井报废。

辽东半岛大连市自来水厂，位于基岩地区，断层、裂隙很发育，大量抽取地下水，也导致海水入侵，造成水厂不能使用。

辽西走廊大小凌河冲积洪积扇地区，工农业用水加大，集中抽取地下水，也发现地下水漏斗及海水入侵。又如秦皇岛、北戴河、山海关地区，20 世纪 80 年代以来，由于发展旅游事业，大量开采地下水，也使海水入侵，水质恶化，有的地方稻田枯死。这些问题已引起我国政府及生产、科研部门的广泛重视，并已着手调查、研究，布置地下水长期观测孔，进行水位、水质监测，有的地区还采用计算机建立水质模型，进行水情水质预报，加以防治。在国外，如日本、美国，海水入侵问题也很严重，对于已被污染地区，有的地区修建地下防渗墙，切断海水入侵途径，但造价昂贵，一般多使用在基岩海滨或海岸以下有隔水底板条件的地区。

我国海水入侵主要发生在沿海 9 个省市，其中以山东、辽宁最为严重，入侵总面积已超过 2000km²。海水入侵多从最初的点状入侵逐步发展为面状入侵，海水与淡水之间有广阔的过渡带（混合带）。受地质条件制约，有面状入侵、指状入侵、脉状入侵和树枝状入侵等多种入侵方式。总的说来，海水入侵虽然得到一定控制，但形势依然严峻。为了加强防治入侵，今后需要加强以下几方面的研究。

（1）海水入侵的定量研究。对过渡带的咸淡水混溶模型的研究要进一步加强。目前的模拟条件相对很简单，许多实际条件反映不出来，需要建立更符合实际的海水入侵模型。

（2）要加强海水入侵过程中伴随发生的一系列物理过程、化学过程和生物过程，及过程中的物质循环的研究。

（3）应以防为主，加强超前的预报工作，建立预警预报系统。

（4）加强海水入侵监测方法和监测手段的研究。

（5）加强控制技术与方法的研究。

第六节 地 下 水 污 染

随着环境污染和地下水开发强度的加剧,地下水污染已成为城市和工业区的一个严重问题。据我国 40 个城市的调查,其中 10 个污染较严重的城市,有 7 个以地下水为主要供水水源,水中普遍析出多种工业排放的有害物质及生活污染物质,工业"三废"物质超标 30％以上,每个城市超标面积超过 100km²。受中等污染的城市有 20 个,其中 9 个以地下水为主要供水水源,井中有害物质超标率达 14％～15％,生活污染物质超标 35％～38％,超标面积一般在 100km² 以下。

一、地下水污染的原因

1. 工业污染

由于工业的废气、废水、废渣及矿井水经过透水地层大量渗入地下,造成地下水污染。如北京的某石油化工企业,每天排放的污水中含有汞、铬、砷、苯酚及氰化物等有毒有害物质,有的超标几十倍甚至 100 倍以上,严重影响着人民的生命及健康;又如陕西某工厂,排放含硼量高达 52mg/L 的废水,渗入地下,造成 200 亩耕地不长庄稼。

2. 农业污染

农业污染主要是引污水灌溉造成。此外,大量使用的农药及化肥也是重要污染源,如杀虫剂中的有机氯类较难溶于水,在土壤中滞留时间较长,又如滴滴涕(DDT)使用 8 年后,土壤中仍可残留 50％,化肥也可造成地下水的 $N-NO_3$ 增高,造成硝酸盐污染。

3. 生物污染

人民生活及牲畜饲养所排放的水,在适当的条件下会造成病毒及细菌污染。如秦皇岛市有一眼深井(270m)打在石灰岩的岩溶水中,水量充沛,但水中大肠杆菌超标,曾引起居民大量腹泻病。据调查,井的上游,正是农民集中的饲养耕畜之地。水质污染,不言而喻。

4. 放射性污染

放射性污染主要是放射性物质外泄,或放射性物质废渣、废液未加保护、处理所造成的。在核电站及核武器生产地区,应特别注意放射性物质的扩散和污染。

二、地下水污染防治措施

(1)为预防固体废物对地下水的污染,应设置符合卫生标准的垃圾埋坑,将垃圾压实盖土填入坑中。坑底设防渗层,并通过暗沟、井将渗透液收集处理。

(2)为预防城市污水及工业废水对地下水的污染,应按规定建设污水处理厂,达到标准后再排放。在污水或废水容易流失的地段设防渗帷幕或建造深井,排放有毒污水。

(3)按国家标准建立水源卫生保护带,进行严格的水源保护。

第七节 固 体 垃 圾

随着城市和工业建设的发展,固体垃圾已经成为重要的环境问题。发达国家每人年产垃圾 3.5t。我国北京年产垃圾 160 万 t,近郊有 5000 个垃圾堆场,占地约 900 亩;上海每天生产垃圾 1.1 万～1.5 万 t，绝大部分在市郊存放。未经无害化处理的垃圾，不仅大量占用土地，而且严重污染环境，产生恶臭，孳生病源，并通过雨水、渗出水、地下水扩散，成为严重公害。

无害化处理垃圾的方法有掩埋、焚化及堆肥等。以我国的国情，今后相当长时间内，仍将以掩埋为主，据我国台湾 1992 年的统计，掩埋处理占总处理量的 90%。垃圾掩埋场的场址，宜选在人烟稀少、交通便利之处，避开农牧业区，并应具有适宜的地质和水文地质环境。其主要条件如下。

（1）地形坡度不宜过大，避免设在不稳定的滑动区，不应设在河川行水区和有洪水的平原区。

（2）应避开断层带。如无法避开，则应在查明断层的位置、产状、透水性的基础上，采取防治措施。

（3）尽量远离水源，尤应避免位于取水口的上游和水源的补给区，确保水源不受污染。

（4）上覆土层要有一定的承载力且不透水，并有可作为掩埋的覆土材料。

（5）避免选在人口密集区的上区，避免设在稀有动植物的栖息地。

因此在选址时，应对场地及其附近进行自然、人文和经济调查，尤其是地质与水文地质调查；在掩埋场设计和施工前应进行勘察；使用期间应进行长期的系统的环境监测。

垃圾掩埋场地按地点的不同，分为山谷掩埋、陆上掩埋、海岸掩埋和填海掩埋 4 种，各有不同的设计要求，目前以前两者为主。

垃圾掩埋场的岩土工程设计内容包括：不透水底层设计、土堤设计、场周边坡设计、封闭处理及监测等。

为了防止垃圾渗出水对地下水的污染，掩埋坑底部需铺设柔性的塑料隔水薄膜，厚度为 2.5mm。薄膜下利用原土做 30cm 厚的垫层，薄膜上覆 50cm 厚的砂土，作保护层（图 11-5）。为了有效地收集和排出渗出水和雨水，需设置排水系统，掩埋场周边一般筑土堤或挡土墙，将污染物质固定在一定的范围内，土堤上一般要有植被和绿化，以美化环境，土堤的断面和材料应作专门的设计。掩埋场周边的山坡如不稳定，可设置锚杆、土钉、刚性或柔性挡土结构，并采取适当的排水措施，确保山坡稳定。掩埋完成后，面上应覆土，并在其上绿化，以保护环境。

长期的系统的环境监测是掩埋场设计的重要组成部分，监测内容包括掩埋场沉降、渗出水的水量、水质，附近地下水污染情况等。

第八节　人类活动导致重金属元素的富集

重金属是个有潜在危害的化学物质，其特殊威胁在于它不能被微生物分解而可以被生物体所富集。这样使某些重金属转为毒性更大的金属——有机化合物。这里主要讨论汞、镉、铅、铬及类金属砷等生物毒性显著的重金属元素的富集及其对人体的影响。它们具有下列共同特征。

（1）重金属是构成地壳的元素，分布广泛但含量均低于 0.1%，通过岩石风化、火山喷发、大气降尘、水流冲刷和生物摄取等迁移循环，使重金属元素遍布土壤、大气、水体

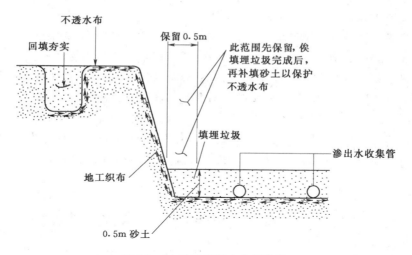

图 11-5　陡坡不透水底层设计

与生物体中。

（2）广泛应用于人类生产与生活各方面，所以在环境中存在多种金属污染源。采矿场、冶炼厂是主要污染源，通过废气、废水和废渣向环境中排入，在局部地区造成严重污染。

（3）重金属大多属周期表中过渡性元素，其价态不同，活性和毒性效应也不同，在水体中扩散范围很有限，但它们存在二次污染问题。

（4）重金属的污染特点在于：①在天然水中只要有微量浓度即可产生毒性效应；②微生物不仅不能降解重金属，相反可在微生物作用下转化为毒性更强的金属有机化合物，产生更大毒性；③生物体从环境中摄取重金属，可经过生物链的放大作用逐级在较高级生物体内成千百倍地富集起来；④重金属可通过多种途径（食物、饮水、呼吸、皮肤接触等）进入人体，与蛋白质和酶作用后积蓄于人体某些器官中，造成慢性积累性中毒。

一、汞元素的影响

地壳中汞平均含量约为 0.08mg/kg，而 99％处于分散状态。在受污染地区某些环境中汞元素的含量可高出背景值 3～4 个数量级。在非工业区正常大气中汞的含量 2×10^{-9} ～$14\times10^{-9}\,g/m^3$，而在某些繁忙的高速公路附近大气中汞的浓度可高达 $18000\times10^{-9}\,g/m^3$，在使用有机汞杀菌剂的农田地区，大气中汞含量达 $10000\times10^{-9}\,g/m^3$。汞污染源有两类，工业污染源与农业污染源。汞污染分为汞的蒸气中毒、无机汞盐中毒、有机汞中毒，尤其剧毒的甲基汞侵入脑内可引起脑动脉硬化症，即"水俣病"。

二、镉元素的影响

地壳中镉含量相当稀少，其丰度约 0.2mg/kg，镉常存在于闪锌矿之中，镉的污染来源主要为采矿和冶炼、废物焚化处理、肥料制造、化石燃料燃烧等。主要通过挥发作用和冲刷溶解作用释放到环境中。污染物镉通过呼吸道、消化道吸收进入人体（污染区的大米中含隔量相当高），通过血液蓄积于肾与肝。镉中毒主要表现为动脉硬化肾萎缩或慢性球体肾炎等。如进入骨质取代出部分钙，则引起骨骼软化和变形，即日本流行的"骨痛病"。

三、砷元素的影响

地壳中砷的平均含量为 2~5mg/kg，富砷矿物有 60~70 种，主要为硫化物如雄黄、雌黄等。环境中砷一部分来自岩矿中的砷，一部分来自工矿农业的污染。1995 年日本森永奶粉公司制造奶粉时使用了二磷酸钠（内含 3%~9%亚砷酸）作中和剂，使奶粉中混入砷含量高达 0.03~0.09mg/g，结果导致遍及日本 27 个府县都道达 12131 人中毒，死亡 130 人。对人体而言三价砷毒性大大高于五价砷，亚砷酸盐毒性比砷酸盐大 60 倍，而三甲基砷的毒性比亚砷酸盐更大，而且砷具有积累性中毒作用。近年来发现砷还是致癌元素之一。慢性砷中毒可引起皮肤色素沉着皮炎，这是癌前现象，进一步发展就成为皮肤癌。

第九节　人类活动对土壤环境的影响

土壤处于大气圈、岩石圈、水圈和生物圈之间的过渡地带，是联系有机界和无机界的中心环节，是地球表面人类赖以生存的地方。土壤由土壤矿物质（原生矿物和次生矿物）和土壤有机质（两者占土壤总量的 90%~95%）、土壤水分及其可溶物（合称土壤溶液）和土壤空气三部分组成，三者相互联系、制约，成为一个有机整体，构成土壤肥力的物质基础。土壤不同于风化、土化的岩石，因为它含有氮素，具备绿色植物生长所必需的肥力条件。土地是一个综合性概念，是包括气候、地貌、岩石、土壤、动植物等组成的自然综合体。人类活动对土壤环境的影响，主要表现为如下几方面。

一、人口增长与土壤、土地资源的矛盾

在地球表面，陆地仅占 1/3，总面积约 1.35 亿 km²，但有一半土地不能供人利用，其中 16%为终年积雪、4%为冻土区、20%为沙漠、16%为陡坡土地。现在人类已耕种的土地仅占陆地面积的 8%，放牧地占 15%。世界上土地面积有限，可耕地面积更有限。因此人类人口不能盲目增长。按目前每 41 年世界人口增长一倍的速度计算，1980 年为 44亿，到 2021 年为 88 亿，2062 年为 176 亿，到 2103 年则为 352 亿……，700 年后世界人口可达千万亿的天文数字，到那时，即使地球上全部土地包括山脉、沙漠都利用，平均每人只占地 0.3m²，根本没有供耕种的土地了！另一方面，能供人类食用的植物与动物仅能养活 80 亿人。因此地球上不可能容纳无限多的人口，必须控制人口的无限增长，做到优生、优育、计划生育。

二、人类活动对土壤、土地的破坏

（一）土壤侵蚀

土壤侵蚀指在风或流水作用下，土壤被侵蚀、搬运和堆积的整个过程。这种自然侵蚀相对比较缓慢，但当人类严重破坏了坡地上的植被后，地表土壤破坏和土地物质的移动、流失就会扩大加速。

风蚀指在土壤缺失植被、土质松软、土层干燥的地区，在风速达 4~5m/s 的起沙风作用下，会出现原有土壤被吹蚀，尘沙向远处蔓延的情形。其结果不仅毁坏土壤，而且出现风蚀洼地，被吹远的土壤被重新堆积而掩埋河道、湖泊和农田，给人类带来危害。滥垦草原可引起土壤风蚀。美国在 30 年代、俄罗斯在 60 年代都发生过著名的"黑风事件"。

美国中部大草原大部分地区放牧比农作更合适，但人们在多雨年份超出安全限度一再扩大农场和牛群，当周期性重现干旱年份就出现了灾难。1934 年 5 月 11 日，整个美国东海岸好像被大雾笼罩，这是被横贯大陆的气流通过风蚀作用从美国中部大草原所带来 3.5 亿 t 肥沃表土所形成的"雾"，风过后把堪萨斯和科罗拉多东部耕地表土刮去一层。

由于人类不合理的农业措施而发生的盐渍化称为次生盐渍化。次生盐渍化是干旱地区土地资源利用中的重要问题之一。6000 年前，在最早的人类文明发源地之一底格里斯河与幼发拉底河平原即美索不达米亚（现伊拉克），人们已把河水引到农田，在沙漠里栽培了许多作物，这是世界上最古老的灌溉区。但历史悠久的灌溉行为却彻底破坏了土壤，至今没有复原。当土壤中的水分蒸发或被植物利用，水中所含少量溶解盐并不蒸发，余下的水分含盐量不断增高，并下渗到地下水中，在缺少排水条件的情况下该区地下水位开始升高，逐渐在地表留下一层盐。千百年湿润与干燥的反复使地面留下一层又厚又白的盐壳，致使许多土地完全不适宜经营农业。现在伊拉克南部广大地区的古老农田就这样由于没有排水条件的不合理灌溉而有 20%～30% 的土地被毁坏。

（二）土地沙漠化

世界各大洲约有 1/3 以上土地处于干旱地区，大部分为各类荒漠，其中主要为沙漠，许多沙漠都是当地不利气候条件加上人类活动，尤其是破坏当地植被的活动而形成的。印度塔尔沙漠就是在当地特殊气候下，由于人们破坏了植被而形成的。内蒙古伊克昭盟南部和陕北毛乌素沙漠至少在唐朝还是水草丰盛的地区，后来才就地起沙成为沙漠。新疆塔克拉玛干大沙漠的内部及周围，曾分布过很多绿洲，而现在都被沙所覆盖。

沙漠化指由于植被破坏，地面失去覆盖，在干旱气候区强风作用下就地起沙的现象；也指由固定沙丘变成半固定沙丘，再变成流动沙丘的现象；还指流动沙丘向外围扩展前进的现象。干旱和半干旱草原的沙漠化可能是滥垦草原或过度放牧造成的。由于不合理的垦殖、放牧，加之气候变化，全世界沙漠化土地的面积正以惊人的速度增长着，每年至少有 1000km² 土地变成沙漠，给许多国家和地区的农牧业和人民生活带来严重威胁。撒哈拉沙漠南部边缘约 65 万 km²，适合农业或集中放牧的土地已消失在沙漠中，目前世界上沙漠及沙漠化土地面积约 $4.56 \times 10^7 km^2$，占地球上土地面积的 35%，威胁到 15% 的人口、100 多个国家与地区。我国北方沙漠化土地约 33 万 km²，影响到 12 个省（自治区）、212 个县（旗），近 3500 万人口，威胁到将近 $6.7 \times 10^4 km^2$ 的草原与耕地。我国每年因土地沙漠化至少要损失 45 亿元以上。由于高强度利用土地，破坏了原有脆弱的生态平衡，使原非沙漠地区出现类沙漠的景观。如过度农垦、过度放牧、过度樵伐、水资源利用不当和工业交通建设破坏了植被将引起沙漠化。如内蒙古东部科尔沁草原，以流动沙丘及半流动沙丘为主的严重沙漠化土地和强烈发展中的沙漠化土地已从 20 世纪 60 年代初期占该盟土地总面积的 14.3% 扩大到 70 年代中期的 50.2%。察哈尔草原的沙漠化土地也从 60 年代初的 2% 扩大到 70 年代末期的 12%。

第十节　人类活动对大气环境的影响

自然界局部的物质能量转换和人类所从事的各种生产和生活活动向大气排放各种污染

物质，当污染物的浓度超过大气自净能力时改变着大气圈中某些原有成分，致使大气质量恶化，影响原来有利的生态平衡体系，严重威胁着人体健康和正常工农业生产，并对建筑物和设备财产造成损坏，这就是大气污染。

人是靠空气生存的。如果空气中混进有毒害的物质，则毒物随空气不断被吸入肺部，通过血液而遍布全身，对人体健康直接产生危害。大气污染对人体的影响，不仅时间长而且范围广，世界上发生的8起严重"公害事件"中，有5起是大气污染造成的。

一、大气污染物的主要来源

大气污染有的是自然的，风的吹尘，火山喷发所产生的气体和灰粒，以及花粉等，它们构成了空气的背景污染。除火山喷出的气体和灰粒有极大危害外，一般不损害空气质量。人为来源的污染物主要有以下三种类型。

(1) 工业污染物。包括矿物燃料燃烧排放的污染物；生产过程中排放的有各种有害气体，如炼焦厂向大气排放的 H_2S、酚、苯、烃类等有毒害物质，各类化工厂向大气排放的具有刺激性、腐蚀性、异味性或恶臭的有机和无机气体，化纤厂排放的 H_2S、氨、二磷化碳、甲醇、丙酮等；以及生产过程中排放的各类矿物和金属粉尘。另外农田中飞散的农药，也可进入大气成为大气污染物 (图 11-6)。

图 11-6　工厂排污使海滩变成了铁黄色

(2) 交通汽车排气。发达国家汽车排气已构成大气污染的主要污染源。据统计 1979 年全世界有汽车 2 亿辆，1 年内排出一氧化碳近 0.2Gt，铅 0.4Mt，美国每年由汽车排出一氧化碳 66Mt，碳氢化合物 12Mt。日本每年由汽车排放的一氧化碳 10Mt，碳氢化合物 200Mt。

(3) 家庭生活炉灶排气。这类污染物分布广，排气量大，排放高度低，危害性不容忽视。

二、主要大气污染物

大气污染物质可分为一次污染物和二次污染物。一次污染物直接从各类污染源排出，比较重要的有碳氢化合物、一氧化碳（CO）、氮氧化物（NOx）、硫氧化物（SOx）和微粒物质等5种。这些污染物排放到大气中之后，与正常大气成分相混合，在一定条件下会发生各种物理和化学变化，并可能生成一些新的污染物质即二次污染物。常见的有臭氧、过氧化乙酰、硝酸酯（PAN）、硫酸及硫酸盐气溶胶、硝酸及硝酸盐气溶胶等。

（1）一氧化碳。一氧化碳是城市大气中数量最多的污染物，大多是由汽车排放的，在城市不同地段、不同时间其浓度变化不一。

（2）氮氧化物。主要是一氧化氮（NO）与二氧化氮（NO_2），大部分来自矿物燃料的燃烧过程，也有来自生产或使用硝酸的工厂排放的尾气。NO 对人体无害，但它转化成 NO_2 后则具腐蚀性和生理刺激作用。NO_2 的主要危害为，毁坏棉花、尼龙等织物，破坏染料，腐蚀镍、青铜材料；损害植物使其减产；引起急性呼吸道疾病。

（3）碳氢化合物。主要来源于不完全的燃烧和有机化合物的蒸发，它能导致生成有害的光化学烟雾。

（4）硫氧化物。主要来自固定源燃料的燃烧，其中80%是煤的燃烧结果。全世界每年排入大气中的 SO_2 大约有 0.15Gt，SO_2 腐蚀性较大，可损坏材料；影响植物生长，降低其产量；刺激人的呼吸系统，并有致癌作用。

（5）微粒。微粒是空气中分散的液态或固态物质微粒，包括气溶胶、烟、尘雾和炭烟等，其危害主要有：遮挡阳光，使气温降低或形成冷凝核心，使云雾和雨水增多，影响气候；使可见度降低，交通不便，航空与汽车事故增加；令可见度差，致使照明耗电增加；对呼吸系统危害特别大；如有铅微粒排入空气，则引起铅中毒，危害更大。PM2.5就是一种微粒，是指空气中直径不大于 $2.5\mu m$ 的颗粒物，也成入肺颗粒物。其在地球大气中含量很少，但有重要影响，它含有大量的有毒物质，在大气中停留的时间长，输送距离远，因而对人类健康和大气环境质量的影响大。

（6）臭氧层。臭氧层是地球和人类的保护伞，它可以吸收阳光中的紫外线。臭氧层的破坏可能会造成严重的后果。阳光中的紫外线辐射对于地球生命系统具有很大的伤害力，能破坏生物蛋白质和基因物质脱氧核糖核酸。自 1969 年以来，全球除赤道以外，所有地区臭氧层中臭氧的平均含量减少了 3%～5%，全球臭氧层都已受到损害。南极中心地区上空臭氧破坏尤为严重，臭氧含量比正常含量减少了 65%，南极边缘地区减少了 30%～40%（图 11-7）。臭氧层被破坏的主要原因是人造化工制品氯氟烃和哈龙污染大气的结果。在对流层顶部飞行的飞机排出氧化氮气体，也是破坏臭氧层的催化剂。农业无控制地使用化肥、各种燃料的燃烧都会产生大量的氧化氮，破坏臭氧层。

三、大气污染的危害及其控制

工业革命引起矿物能源的广泛使用和人口的高度集中，结果加剧了环境的污染。目前以大城市的问题最为严重，加之气象情况难以掌握，以致空气污染常导致重大事故的发生。甚至可以进一步影响整个地球的气候，影响生态平衡并威胁人类的生存。

（一）光化学烟雾

这是现代工业化国家中一种普遍而又最难防治的大气污染。这种烟雾使大气能见度降低，对动植物有严重刺激作用，使人发生眼睛红肿、哮喘、喉头发炎等病状，并使植物叶子变白、枯萎，危害极大。光化学烟雾是一种特殊混合物，它常发生在碳氢化合物和氢氧

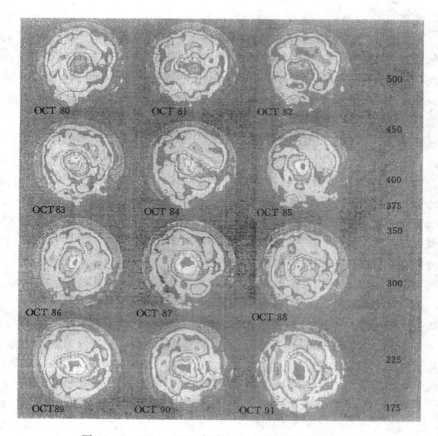

图 11-7　1980～1991 年南极上空臭氧层空洞的变化

化物同时存在并有阳光照射的大城市里。

（二）酸雨

正常的雨水接近中性，pH 值为 7 左右。近 20 多年来，酸性降雨已成为十分严重的环境污染问题，并且对农业、林业、水产业及土壤都有重大危害，对人体健康也有明显影响。酸雨的 pH 值小于 5.5，含有多种无机酸和有机酸，而且绝大部分是硫酸（60%）和硝酸（40%）。由人为排放的二氧化硫（SO_2）和氮氧化物（NOx）转化而成，如煤和石油燃烧、金属冶炼排出 SO_2，高温燃烧生成一氧化氮 NO，大气颗粒中的 Fe、Cu、Mg、V 是成酸反应的催化剂，臭氧 O_3 和过氧化氢 H_2O_2 等是氧化剂。

（三）大气飘尘

它不仅是空气污染物中量最大，成分复杂，性质多样，危害较大的一种有毒有害物质，而且是其他污染物的运载体、催化剂，一般粒径小于 $10\mu m$，长期悬浮在空气中，故又称气溶胶，约占总悬浮颗粒的 60%～70%，许多有害金属及致癌物都集中在这样粒度的微粒上，易被人、畜吸入（特别是小于 $3.5\mu m$ 粒径者），对健康有害。这些飘尘，主要来自汽车排气、土尘、海盐、水泥灰和燃料燃烧的飞灰。

因此控制大气污染已势在必行，而控制空气污染物来源是问题的关键。目前控制空气污染的主要措施有：①根据工业类型和排气特征，考虑地理、气象条件合理进行工业布局；②区域采暖、集中供热，因为分散燃烧所产生的污染更严重且不易控制；③高烟囱排烟，有利于扩散稀释作用；④改变燃料类型，由油燃料代替煤燃料，研究开发无污染的燃料；⑤进行技术革新，改善燃烧过程，做到尽可能的充分燃烧，既可消烟除尘又能节约燃料；⑥改革生产工艺，变单产品为多产品工艺，综合利用，化害为利；⑦开发新的能源，如太阳能、原子能等较洁净的能源，既解决石化能源枯竭问题又解决大气污染问题；⑧减少机动车辆的废气污染，改善汽车排气质量，用电车、蒸汽机车、电瓶车等交通工具代替燃油汽车。

控制氮氧化物的排出一般采用两种方法：一是改革工艺或改进燃烧条件，借延长燃烧时间来降低温度，或借降低空气与燃料的配比来降低炉温，以减少氮氧化物的生成与排出；二是借催化还原法或吸收法净化排烟中的氮氧化物。

第十一节　地球化学场与人类健康

由于地球物质分布的不均匀性，在一些地区会形成某些元素的富集或缺失。元素的迁移、扩散就会形成一定的地球化学场，地球化学场包括了元素的正负异常。一些地方病的形成就是与某种元素的富集或缺失有关（表 11 - 4）。元素的运移规律除了和元素的化学性质有关外，还和地形地貌、岩石的性质、地下水的流向等多种地质因素相关。

表 11 - 4　　　　　　　　　　几种常见的地方病与元素的关系

地方病	症　　状	相　关　元　素
骨痛病	人体丧失吸收磷和钙的能力	镉中毒
矮人病	慢性骨关节病变	钙和锶元素的缺乏
克山病	心肌损伤引起血液循环障碍	可能与硒元素缺乏有关
甲状腺机能亢进	甲状腺肿大	碘缺乏
氟地方病	有氟缺乏病变和氟中毒病变	氟中毒或缺失

人体中还有许多微量元素，对人体的生理机能和新陈代谢起到非常重要的作用（表 11 - 5）。根据区域地质情况，通过对岩石地球化学特征的认识，及时地补充一些微量元素，或对饮用水源进行处理，可以促进人体健康和有针对性地地行地方病的防治工作。

表 11 - 5　　　　　　　　　　人体中的微量元素及其作用

元素	含量（10^6）	在人体中的作用
硅	260	细胞组织中
铁	60	造血、运氧，预防贫血
氟	37	骨骼生长、牙齿，防止牙病、骨质疏松
锌	33	新陈代谢、缺锌则生长缓慢、伤口愈合慢
铜	1	在一些酶中存在、缺铜会引起贫血、骨质疏松、胆固醇升高
镁	0.2	新陈代谢
钼	0.1	在一些酶中存在

续表

元素	含量（10^6）	在人体中的作用
镍	0.1	帮助铁的吸收
钴	0.02	在维生素 B_{12} 中，影响与缺少 B_{12} 一样
铬	0.03	胰岛素、糖尿病
硒		新陈代谢、防治癌症、心脏病、神经系统
砷	18	作用不明

第十二节　依法保护地质环境和国际合作防灾减灾

一、依法保护地质环境

1989 年 12 月 26 日我国正式颁布了《中华人民共和国环境保护法》，为我国在新形势下加强环境管理、保护与改善环境提供了有力的法律依据。1999 年 3 月 2 日国土资源部又发布了《地质灾害防治管理办法》，为我国地质灾害防治工作提供了法律保障。

环境保护是实施可持续发展战略的重要内容，也是推动先进生产力发展的一个重要因素，保护环境实质上就是保护生产力。环境意识和环境质量如何是衡量一个国家和民族文明程度的重要标准。中国政府历来重视环境保护，中国坚持把环境保护作为一项基本国策。我们要加大对全社会增强环境意识的宣传力度，转变观念，坚持可持续发展。对广大人民群众要大力开展"保护环境就是保护你自己"的教育；对企业法人要开展实施清洁生产，变污染治理成本外部化为内部化的工业绿色文明教育；对各级领导要加强环境保护就是保护生产力的教育，克服决策中急功近利的短期行为和盲目性。

我国从中央到地方，根据基本国情和本地实际，制定了保护地质环境的政策，并投入了大量人力、物力，积极做好防治地质灾害的基础工作。全国地质环境监测网已成为国家六大公益性监测网之一。"地质灾害预报工程"、"西北地区地下水特别计划"，以及地质生态环境调查，为地质环境保护提供了基础资料和技术支持。党中央提出，对矿产资源要坚持"在保护中开发，在开发中保护"的总原则，在全国范围实行最严格的资源管理制度。对地质灾害防治要认真贯彻执行"以防为主，防治结合"的方针，采取更加有力的措施提高抵御和防范地质灾害的能力，最大限度降低地质灾害的损失。

二、国际合作防灾减灾

环境祸患，地质灾害，不是哪一个国家、地区的局部问题，而是涉及全球的世界性问题。因此也要求世界各国的政府、科学家联合起来共同来研究、对待当前的环境与地质灾害问题。目前全球普遍存在的十大环境隐患是：

（1）土壤遭到破坏。全球 110 个国家可耕地的肥沃程度在降低，非洲、亚洲和拉丁美洲由于森林植被面积减少，耕地过分开发，牧场过度放牧，土壤剥蚀情况极其严重。

（2）空气受污染。由于亚洲、拉丁美洲经济高速发展的部分地区也受到酸雨侵害，空气污染打乱生态系统正常运转，气候反常变化，房屋加速损坏。

（3）淡水受到威胁。发展中国家 80%～90% 的疾病和 1/3 以上死亡者都与受细菌感染或受化学污染的水有关，而且淡水资源十分缺乏，许多人挣扎在缺水的艰苦环境下。

（4）气候变化与能源浪费。温室效应严重威胁整个人类，气温变暖，海平面将升高，对农业和生态系统也带来严重影响。

（5）森林面积减少。过去数百年中温带地区的国家失去了大部分森林，近几十年来热带地区的国家森林面积减少情况也较严重。

（6）生物品种减少。由于城市化农业发展，森林减少和环境污染，导致数以千计的物种灭绝。

（7）化学污染。工业带来的数百万种化合物存在于大气、土壤、水、植物、动物和人体中，甚至于北极的冰盖也受到了污染。

（8）混乱的城市化。第三世界数以百万计的农民聚集在大城市的贫民窟中，使大城市生活条件进一步恶化。

（9）海洋过度开发和沿海地带受污染。由于过度捕捞，海洋渔业资源正在不断减少。

（10）极地出现臭氧层空洞。每年春天，在地球的北极上空会形成臭氧层空洞，北极臭氧层损失20%～30%，南极的臭氧层损失达50%以上。

对于以上这些全球性的环境祸患，必须依靠国际合作，团结世界各国科学家在各国政府支持下共同努力才能获得逐步解决。

随着新世纪的到来，联合国20世纪90年代兴起的"国际减灾十年"全球统一行动已胜利结束。新世纪减灾已成为特别迫切的问题。它不仅对各国政府，更对地学科学家们提出了挑战。目前联合国已对走向新世纪的全球减灾作了全面战略部署。它要求各国认清减灾是一项中长期的工作，目的是通过用科学、技术及社会经济知识，确保政府和社会采取防御措施并付诸实践，以在未来自然和技术灾害的全员影响下，能保护人类社会。国际减灾十年经验表明，具有成效的长期防灾战略，首先要依靠具广泛基础的跨部门和多学科的合作。"国际减灾战略"1999年7月通过了"使21世纪成为一个安全的世界，减轻灾害和危险"的决议。"国际减灾战略"的四大目标是，提高公众关于自然灾害，技术灾害和环境灾害对当代社会造成危险的认识；取得政府当局对社会和经济的基础结构以及环境资源危险的承诺；在各级的实施工作中确保公众的参与；通过增加减灾网络以建立抗灾的社区。在防灾、预报、响应、减灾、重建和恢复等方面进行有效的国际合作管理，继续开展定于每年10月第二个星期三的"国际减灾日"活动！

我国21世纪的减灾工作应与联合国大会的决议及国际减灾战略任务相协调一致，以综合减灾管理为主线，抓紧做好未来减灾工作。

第十二章　"数字地球"产生的时代
背景及应用示范

第一节　信息时代与数字地球

现在人类正迈步进入信息时代，以互联网与万维网为基础的网络经济和网络化生存等信息化的浪潮正以迅猛的势态席卷全球。信息和信息技术已经成为推动社会经济发展的驱动力。1995 年 2 月西方七国集团在比利时布罗塞尔召开了信息技术部部长会，通过了建立信息社会的原则并确定了"全球信息社会"的构想和方向。1996 年 5 月联合国在南非的约翰内斯堡召开了"联合国建设信息社会和发展大会部长级国际会议"，会上讨论了建设全球化与互联网与万维网计划及其在资源与环境管理中的应用等。2000 年 7 月 22 日西方八国（七国加俄罗斯）发表了《全球信息社会冲绳宪章》。宪章强调，信息通信技术是创造 21 世纪最强劲的动力之一。宪章呼吁所有的人消除国际性信息、知识差距；在持续刺激竞争、提高生产效率、促进经济增长、创造就业方面，信息技术具有极大的潜力；消除国内和国家间的信息差距，在各种课题中具有决定性的重要意义。解决这个课题，应该考虑到发展中国家多样性的条件和需求。国际金融机构要制定和实施有关计划，为解决发展中国家的需求，要促进政策、法规的健全，改善网络接入条件，增加上网人数，降低网络使用费，培养人才，鼓励电子商务等。八国首脑一致同意成立一个信息技术工作组，研究发展信息技术的各种问题和对策，并向下一次首脑会议报告进程。

我国对于信息社会建设也是非常重视的。早在 1994 年，我国就成立了以邹家华为首、由 15 个部委参加的"国民经济信息化联席会议"，协调全国的信息化工作。1997 年，国务院在深圳召开了"全国信息工作会议"，制定全国信息化规划。从那时起，我国正式进入了工业社会到信息社会的过渡时期。

四个现代化，哪一个也离不开信息化。其中科学技术的现代化更是离不开信息化。信息化一般包含了数字化、网络化和智能化全部过程在内，而数字化是基础。若要运用计算机处理和在网上传输都要首先数字化，而数字化是网络化和智能化的基础。所以人们把数字化与信息化等同了起来。数字化已经渗入到地球科学各个领域，尤其在科学领域内，已引起广泛重视，如气象、海洋中的数值预报，环境及地学中的数值模拟等。

数字地球产生之前，在理论上、方法上及应用实践等方面，已经有了充分的准备。首先美国 Earth System Sciences Committee NASA Advisory Council 组织了 180 位科学家，于 1988 年出版了《*Earth System Science—A Closer View*》的著作。1990～1997 年间，由 30 多所大学又提出了"Geographic Information Science"，同时，由遥感技术、地理信息系统技术和全球定位系统等组成的地理观测系统日趋完善。全球研究项目遍及各个领域，全球观测数据积累丰富，而且世界性的综合与专业数据库系统也已经处于运行状态，数据共享技术也得到了很大的发展，要求利用上述条件推动社会经济发展的呼声也越来越高。

在此基础上，1998年1月，美国副总统戈尔（Al. Gore）正式提出了"数字地球——21世纪对我们星球的理解"，并很快得到了全球范围的响应。美国建设数字地球任务由NASA主持，计划在2005年完成，加拿大正在筹建之中，澳大利亚计划在2001年建成，日本从1999年下半年起，成立了多个有关数字地球的学术组织，欧洲也正在积极准备之中。

中国对于数字地球十分重视，中国发展和计划委员会、科学技术部、国土资源部、中国科学院、教育部等部委，都成立了相应组织，制订了开展数字地球的工作计划，现在正在落实和执行之中（图12-1）。

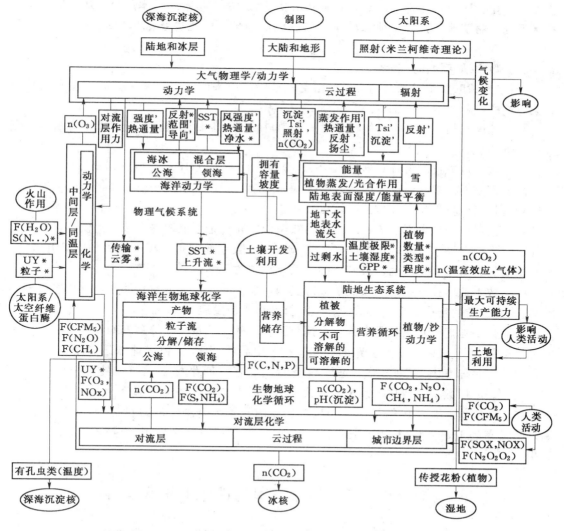

时间尺度：'=几小时到几天；*=几个月到几个季节；F＝通量（流）；n＝浓缩

图12-1　时间尺度表示的地球系统操作概念模型

第二节　数字地球的基本概念

一、数字地球的基本概念

数字地球（Digital Earth）是由美国副总统戈尔于 1998 年 1 月在加州科学会堂的 "Open GIS" 年会上的报告中正式提出来的。

数字地球是指以地理坐标（即经纬网）为依据的，具有多分辨率的、海量数据的和能多维表达（显示）的虚拟地球技术系统。详细一点地说，数字地球是指以地球整体或局部为对象，以地理坐标为依据的，多种分辨率的，多种类型的，海量的，过去和现在的，有关资源、环境、社会、经济的，可以进行多种整合的，并能用多媒体、多维进行表达的，包括数字化、网络化和智能化等全部信息化过程在内的虚拟地球技术系统，或地球信息化技术系统。简单地说，数字地球就是指信息化的地球，或指电脑虚拟地球技术系统（图 12-1）。

二、数字地球的作用和意义

"数字地球"这个学术名词虽然是由戈尔首先提出来的，但这是种"以地理坐标整合有关地球的各种数据"的思想。

数字地球既是一个技术系统，又是一个学科领域，但目前更倾向于属于技术系统。它具有以下特点。

（1）数字地球技术系统是遥感（RS）、全球定位系统（GPS）、地理信息系统（GIS）、互联网—万维网、多媒体—超媒体、多维（如五维）表达及仿真—虚拟等技术的高度综合与升华，是当代科学技术发展的制高点。

（2）数字地球技术系统为地球科学的知识创新和理论可能取得突破，提供了科学实验条件。它为信息科学技术的创新提供了试验基地。数字地球是世界上最大的、最开放的、没有围墙的实验室和最大的、最开放的和没有校园的大学。

（3）数字地球技术系统不仅能扩大产业的规模，而且还能形成新的产业（如虚拟旅游等），改变人类的生产和生活方式，促进社会经济跨越发展。

（4）数字地球技术系统是继信息高速公路之后的又一重要的信息基础设施。它不仅考虑了"路"，而且还考虑了路上跑的"车"和车中载的"货"。数字地球是"路、车、货"三位一体的地学信息高速公路。据资料表明，带有空间坐标的信息，约占总信息量的 75％以上。所以数字地球技术系统将成为信息基础设施的主要组成部分。

（5）数字地球是美国继"星球大战"之后的又一个全球性战略目标。1m 分辨率的、高时间频率的卫星遥感技术和 1m 分辨率（1∶1 万）的世界地图，对全球起到了监控作用。

第三节　高空间分辨率的遥感卫星数据

随着卫星遥感数据的应用深度和广度越来越大，对于遥感卫星数据的空间分辨率也越来越高，例如 1m 分辨率的遥感卫星数据（表 12-1），受到了广泛的关注。

表 12-1 　　　　　　　　　　　美国计划中发射的 1m 分辨率的民用卫星

卫星名称		Early Bird	Quick Bird	Orb View	CRSS（商业遥感系统）	GDE 系统
公司		Earth Watch	Earth Watch	Orb Image	Space Imaging Com	GDE 系统公司
分辨率（地面）	全色（m）	3	1	1	1	1
	多波段（m）	15	4	4	4	4
成像带宽（km）		30	10～20	4～15	11	15
轨道高度（km）		470	470	460～700	680	700
重复成像周期（周）		2	2	2～3	3	2
工作寿命（年）		5	5	3～5	5	5

关于 1m 分辨率的卫星遥感数据，在军事应用方面早已不成问题，甚至 cm 级的技术水平也已经达到，如高级锁眼—11（KH—11）及 Lacrosse 卫星等。

KH—11 光电成像侦察卫星：既能普查（地面分辨率优于 3～5m），又能详查（地面分辨率优于 2m）；既能在白天进行可见光成像，又能进行夜间红外照相。该光学系统镜头采用了自适应光学成像技术，在电脑控制下，随视场环境灵活地改变主透镜表面曲率，从而有效地补偿大气层造成的畸变影响，使地面分辨率达到 0.1m。红外成像系统能在光线不足或全黑的条件下拍摄地面目标和发现热源。它还具有极强的、机动的变轨能力，轨道高度在 280～1000km 间随时可以调整，卫星所获得的数字图像数据用"跟踪与数据中继卫星"，实时传到贝尔沃堡地面站，10min 内可将结果传给用户。

长曲棍雷达成像侦察卫星（Lacrosse）：载有极高地面分辨率的、0.3～1m 的合成孔径雷达成像仪，能克服云、雾、雨、雪和黑夜的障碍，实现全天候成像。它不仅能发现地面的任何车辆、船只、桥梁及各种设施，而且对地下有一定的穿透能力，能穿透森林的覆盖，在干沙和干土条件下穿透深度达数十米，甚至可达 100m。该卫星自重 15t，轨道高度 680km，一颗卫星每天对同一地点可成像一次。

在 1m 分辨率的卫星影像上，地面的资源、环境、社会与经济的主要内容都清晰可见，可见它的意义与用途都是很大的。

1m 分辨率的卫星影像，如果是全球覆盖，其数据量之大可能不止 1000G 字节了。如果每天重复一次，或者哪怕是若干天重复一次，它的数据亦可称为是"海量"。如果再加上要求快速处理，那难度就更大了。因此，美国正在开发超级计算机来解决这个难题。其他国家没有"超级计算机"怎么办？能否用多台普通计算机进行平行处理的方法来替代超级计算机，或开发一些其他技术来处理？这是需要攻关的难题。

第四节　遥感小卫星

对于数字地球的数据获取来说，小卫星将成为十分重要的工具之一。小卫星应该成为数字地球计划的组成部分。

在最近五年来，科学家对于发射小卫星发生了兴趣。因为发射小卫星具有以下的优点，费用低、周期短，有利于进行新的传感和新的应用实验。一个小的国家，甚至一所学校,乃至学生做的实验都可发射一颗小卫星,因此人们把当今时代称为"小卫星世纪"(the micro - satera)。小卫星将成为数字地球的数据获取的主要手段。

20 世纪 80 年代以来,以美国为主的对地观测(EOS)计划是最为综合和全面的一项全球性研究计划。计划中的一系列大型综合卫星平台,如 TERRA、AQUA、AURA 等也集中体现了当前发展的最新技术(NASA,1999),一些国际上的重要大型卫星平台,见图 12-2(a)。

在人们关注发展大型平台,实施较全面而综合的对地观测的同时,一种专业性强,目标明确的小卫星、微小卫星得以兴起和发展。这种以"好、快、省"为特征的小卫星系统受到许多国家的欢迎。美、英、法、以色列、西班牙、意大利、新加坡、马来西亚、泰国、韩国以及中国台湾等许多国家和地区都在小卫星发展方面有很好的贡献。美国的"快鸟"卫星、IKONOS 卫星、OrBView 系列卫星和 WorldView 卫星也均属小卫星之列。泰国计划于 2007 年底发射由法国研制的 THEOS 卫星,其最高空间分辨率达到 2m。一些典型小卫星如图 12-2(b)所示。

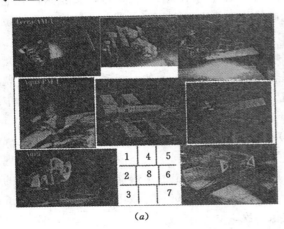

(a) (b)

图 12-2 当前运行的重要卫星平台

(a) 大卫星平台:1. TERRA(AM-1)卫星;2. AQUA(PM-1)卫星;3. AURA 卫星;4. 法国 SPOT 卫星;
5. 欧空局 ENVISAT 卫星;6. 日本 ALOS 卫星;7. 加拿大雷达卫星;8. 美国"大鸟"军事侦察卫星。
(b) 一些小卫星平台:1. GeoEye 卫星;2. IKONOS 卫星;3. QuickBird 卫星;4. WorldView 卫星;
5. WorldView 卫星在发射中;6. 以色列的 TecSat

关于小卫星,至今还没有统一的定义,但是目前大多数人同意 Prof. Swiding 关于卫星级别的划分(表 12-2)。

表 12-2　　　　　　　　　　　　　　卫 星 级 别 划 分

卫　　　星	星体重量（kg）	费　用　（美元）
大型星	＞1000	1亿
中型星	500～1000	5000 万～1 亿
小型星	100～500	500 万～2000 万
微型星	10～100	200 万～300 万
纳米星	≤10	<100 万

我国对于小卫星的研究也十分重视，早在几年前就筹备发射自己的小卫星。现在清华大学与英国 Surrey 大学协作，于 2000 年 7 月发射"清华 1 号"小卫星成功，该卫星用于卫星通信和遥感（分辨率为 50m）；清华大学还准备发射"清华 2 号"，遥感传感器的分辨率计划为 1.8m。哈尔滨工业大学、中国科学院上海冶金研究所和空间中心也都准备发射自己的小卫星。美国 JPL 计划发射 1kg 重的超微卫星，并拟发射 100 颗这样的科学实验卫星。

第五节　全球定位系统（GPS）

全球定位系统（GPS）计划，包括美国国防部的 GPS（共 18 颗工作卫星）；欧空局的 NAVSAT；俄国的 GLONASS（共 13 颗卫星）。全球定位系统（GPS）的特点是：

（1）全球无缝连续覆盖。GPS 卫星数量较多，而且分布合理，任何地点均可连续同步观测到 4 颗卫星。

（2）高精度。可以连续提供动态目标的三维位置、三维速度和时间信息。一般来说，利用 C/A 码广播星历目前单点定位精度可达 5～10m，静态相对定位精度可达 $0.1 \times 10^6 \sim 1 \times 10^6$，测速精度为 0.1m/s，测时的精度约为数十纳秒。若采用差分分析方法，精度可达 cm 级。

（3）实时定位速度快：在 1s 内便可完成海军导航系统（NNSS）约需 8～10min 完成的测位任务。

（4）抗干扰性能好，保密性强：GPS 于 1994 年就全面进入正式运行，并开始服务。

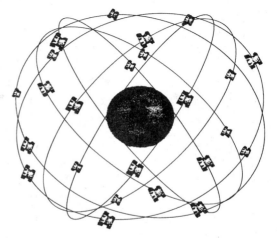

图 12-3　由 24 颗卫星构成的全球
卫星定位系统

该系统由 21 个卫星组成，分别占 6 个轨道平面运行，还有 3 个处于热备份状态，总计 24 个。GPS 卫星的核心是一个高质量的振荡器，它产生两个相关的波，即 L 频段的 L1（1.57542GHz）和 L2（1.2276GHz）。这些信息包括 C/A 码（只在 L 上）和 P 码，或复合成 Y 码（在 L1 和 L2 上都有），在播发的载于 L 上的信息，可以使用户在任何时刻获得 GPS 卫星的近似位置（广播星历）和 GPS 卫星在 GPS 时间框架中播发上述讯号的时间，GPS 用户就可以由此确定自己的位置（图 12-3）。

第六节　数字地球应用

对于地球科学来说，数字地球技术为地球科学开创了前所未有的科学实验的条件，使过去认为不可能进行的时间和空间跨度太大、结构太复杂的地球系统过程实验成为可能，为地球科学的知识创新和理论研究提供了试验基地，为地球科学的发展提供了强大的动力。

　　数字地球虽然是最近才提出来的，但数字地球的思想和技术却已酝酿了很长时间，现已经成功地进行了"龙卷风"、"海气交换"、"天体运行"、"圣安得利斯断层地震"、"恐龙生态环境"、"毛孔虫生态环境"、"洛杉矶城市改造"与"拉斯维加斯城市改造"等的计算机仿真和虚拟实验，取得了相当大的成功。另外，科幻艺术片"侏罗纪公园"和"天地大碰撞"等也有一定的科学参考价值。计算机虚拟实验技术，不仅在制造业、建筑业及培训驾驶员等方面成绩突出，而且在生物实验、人体解剖学等方面都发挥了很好的作用。

　　数字地球为地球系统开创的科学实验条件，不仅可对未来的事件或过程进行实验，而且还可以对已经发生过的系统过程进行反演实验，两者都是提供知识创新和理论研究的试验基地。对于数字地球提供的反演实验来说，也是前所未有的，见图12-4。

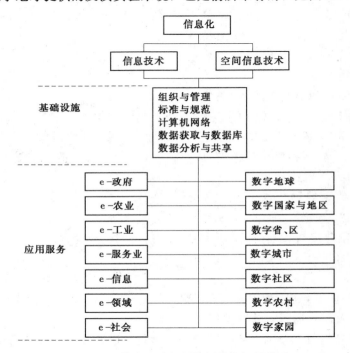

图12-4　数字地球与相关领域之间的关系

数字地球—全球及地区的环境，资源、灾害的调查、监测、评估、预测；数字国家与地区—国家、地区的资源、环境、经济社会的客观调查、监测、评估、预测；数字省—区：省，区的资源、环境、宏观经济、社会调查、监测、评估、预测；数字城市—信息带动工业化，带动e-政府、e-工业、e-服务业，e-信息，e-领域、e-社会、城市规划、城市基础设施建设与管理，城市基本功能建设与管理；数字社区—以提高市民的工作效率与效益及市民的生活质量为主要目标；数字农村—以信息化能带动农民的生产产业化和提高教育、医疗水平和生活质量为目标；数字家园—以提高市民的生活质量，方便和丰富生活内容为主要目标；政府—以信息化改造管理与服务方式提高工作效率，包括十金工程；农业（一产）—以信息化提高农业、林业、牧业、渔业、养殖业的生产水平，加速产业化；工业（二产）—以信息化提高制造业、石化业、电力工业、钢铁、轻纺业的生产效率和效益；服务业（三产）—以信息化改造金融、商业及交通运输、物流业等，提高管理水平与效益；信息（四产）—以信息化提高信息、数据、通信、计算机的硬件、软件业的水平与效益；领域—以信息化带动测绘、气象，水文、海洋、环境、地矿、土地等部门的发展和水平提高；社会—以信息化带动教育、科技、医卫、社保等事业的发展和水平提高在科学实验方面，利用数字地球技术，可以做你想要做的，虽然不能说是一切，但可能是大部分的实验，包括物理学的或生物学方面的虚拟实验，如工程实验，特别是水工实验和风洞实验等，现在都可以运用计算机进行虚拟实验。又如不同植物生长模型的计算软件的开发，使得区域或城市的生态设计、农业试验田的计算机虚拟等成为可能。

智能大楼或大厦，以及由许多智能大楼（厦）组成的智能小区，已经不是新鲜的事了，在日本和美国也都有这样的示范区。美国计划着手建设50～60个数字化城市，将全部城市基础设施、功能设施和服务设施全部数字化，为城市规划、改造及生态设计等的实验创造了科学条件。另外，新加坡也将建设成数字化的城市。

数字地球，即信息化的地球，不仅是国家信息化的重要组成部分，而且为地球科学开创了前所未有的科学实验条件，并为地球科学的知识创新和理论研究提供了科学实验基地。

数字地球的研究对象是带有地理坐标的空间信息，而空间信息约占总信息量的80％。除了资源、环境具有明显的分布坐标以外，经济和社会也应具有空间分布特征，如电子商务、电子金融、电子社会似乎可以与数字地球没有关系，其实这种观点至少是不全面的。例如，人们可以通过网络选择厂家或商场及其需购的货物，但厂家、商场给多个客户送货时，就应该充分利用数字地球技术系统。同样，电子金融、电子社会也不能离开数字地球技术。任何数据或信息必须具备三个要素，即属性、时间和空间。缺少其中的任何一个要素，都不是完善的数据或信息，如缺少空间位置的数据可能会失去它的意义。

一、数字国土

数字国土的研究包括基本理论和方法，国土数据库、数据更新、国土管理、国土模型和国土演化等。

中国的国土从陆地到海洋，从地下到空中，范围大，影响远。数据类型包括国土法规、国土规划、国土利用、区域地质、海洋地质、地球物理、地球化学、工程地质、水文地质、环境地质、矿产资源、潮汐海流、产权产籍等，尤以1：1000地籍图、1：1万土地利用图、1：4万海图和1：25万地质图、矿产图及其属性特别重要。

国土数据库包括空间数据图层、数字、影像、文档和其他多媒体数据；需要开展国土资源数据总体规划，数据库设计；建设国土资源空间数据库、元数据库、数据仓库，开展数据挖掘和知识发现。

数据更新与国土动态监测密切联系，包括斑（地）块数据更新和总量数据更新。

国土管理的职能范围包括国土规划、耕地保护、地籍管理、矿产开发管理、矿产资源管理、地质勘探管理、地质环境管理、法规监察、战略决策、政务办公、综合管理、统计分析等，研究他们的功能实现，配置系统、子系统和模块。

研究国土规划、耕地保护、矿产开发的机制和数据，开发国土规划模型、耕地保护模型、可持续发展模型、经济发展模型、社会稳定模型等；提出国家经济和社会发展重大决策的供选方案。

数字地球有时间坐标系。国土演化模型反映国土随时间的变化、虚拟国土变化及其经济发展和社会动态。

国土规划是国家规划的基础和重要组成部分。实际上，80％以上的信息具有空间属性；随着数字地球和数字国土的建设，信息系统将在经济发展和社会稳定中发挥重要作用。

数字国土是以数字地球科学与技术为主的创新体系，有许多基础研究和工作要做，尤其在数据结构、坐标系统、基础功能、总体框架、数据存储、更新、管理和网络协同等方面。

坐标系统应以地球中心为坐标原点，包括空间三维坐标、时间、属性、逻辑等多维坐标系的定义、设计、布设和控制等。数据结构设计反映上述坐标系统，又便于查询检索和数据处理。研究并开发符合上述定义的基础功能平台，支持数据录入、处理、查询检索和输出。全面开展国土资源数据总体规划，进行国土资源数据库的概要设计和详细设计。

国土资源卫星进行对地观测，卫星影像除包括中分辨率卫星影像外，还应该包括高分辨率卫星影像和连续观测的卫星影像。国土资源卫星地面站接收卫星信息；建设准实时监测系统。在此基础上，进行发布指令给卫星，控制卫星轨道和姿态，使卫星在预定时间完成预定地区的遥感任务。利用人类大脑和认知的研究成果，加速遥感影像判读智能化的进程。

二、数字海洋

海洋覆盖了地球表面的71%，是全球生命支持系统的一个基本组成部分，也是资源的宝库、环境的重要调节器。人类社会的发展，必然会越来越多地依赖海洋。因此，数字海洋是数字地球的十分重要的组成部分。

中国是一个发展中的沿海大国，即将到来的21世纪是人类开发利用海洋的新世纪。在世纪之交的特殊历史时期提出数字海洋的发展战略，对于有效维护国家海洋权益，合理开发利用海洋资源，切实保护海洋生态环境，实现海洋资源、环境的可持续利用和海洋事业的协调发展具有重要的意义。

当代海洋学在各个分支领域的迅猛发展以及它们之间的有机交叉与渗透为数字海洋的形成奠定了坚实的科学基础。这些学科包括海洋地质学、物理海洋学、海洋化学、海洋生物学、水产科学和海洋工程等。另一方面，与海洋相关的一系列热点问题，例如海洋国土的划界与权益、南极周边海域的归属、El Nino 事件的形成机制及其对全球气候的影响、非再生海洋资源的勘探与开发等，也迫切需要实现数字海洋的构想。

空间遥感技术的广泛应用是20世纪后期海洋科学取得重大进展的关键之一。这一信息获取技术方面的突破，为海洋的观测、研究与开发揭开了崭新的一页。众所周知，卫星遥感具有大面积、同步连续观测及高分辨率和可重复性等优点，微波传感器还具有全天候的特点，这些都是传统的浮标和船只观测手段所无法比拟的。除此之外，卫星数据的另一个重要特点是高精度量化，并与计算机系统完全兼容。从这个意义上讲，每一台海洋卫星传感器就像太空中的一台"数码相机"，成为数字海洋系统的一只"千里眼"。

20世纪60年代，第一部海洋遥感专著的出版标志着空间海洋学的诞生。1978年，美国连续发射了3颗用于海洋观测的卫星——Seasat—A、Tiros—N 和 Nimbus—7，形成了卫星海洋学历史上的第一次高潮。迄今为止，国际上已先后发射了10多个系列的数十颗可用于海洋观测的卫星。20世纪90年代以来，以 Sea WIFS、TOPEX/Poseidon、ERS—

1、2 和 Radarsat 等为代表的系列海洋卫星从数量到传感器的综合探测能力都有了飞速发展，卫星海洋遥感的重点明显地由实验型转向业务化，并开始进入社会生活的各个方面，从而形成其发展史上的第二次高潮。

三、数字城市

数字城市，又叫信息城市，或叫信息港、数码港，还有称为智能城市等，但数字城市更可能为大家所接受。

城市是社会经济的中心，国内总产值（GDP）的 80％以上集中在城市。在发达国家中。80％左右的人口集中在城市，我国最近也提出了农村城镇化的倡议，城市化已成为当前的大趋势。

数字城市不仅是信息社会的主要组成部分，而且也是数字地球技术系统的集中表现。数字城市可以从不同角度来理解，但城市数据库、城市信息系统则是其最主要部分。Al Gore 综合了很多教授、专家、企业家及政府管理人员的意见，于 1998 年 9 月提出了"数字化舒适社区建设"，即"数字城市"建设的倡议。实际上约在五年前，在一些发达国家中已经开始建设"智能大厦（楼）"、"智能家庭（数字家庭）"、"智能小区"和"智能城市"（数字城市）的实验。所谓的智能大厦，就是利用先进的仪器设备与计算机系统来控制和管理大厦的供热/水、空调、照明、防火、安全、多媒体、音响、通信等部分，使其协调、合理地工作。推而广之，智能小区、智能城市等是更加复杂的智能管理系统。新加坡首先提出了建设"智能城市"或"智能国家"（数字新加坡）的设想，并正在积极地进行之中。美国和日本等已经分别建成了若干个"智能化（数字化）的生活小区"的示范区，美国现在约有 50 个城市正在或打算建设"数字城市"（图 12－5，图 12－6）。

图 12－5　银川市北京路的虚拟景观　　　图 12－6　银川市北京路上待审批建筑
（根据建筑设计效果图建模）

三维数字小区是三维数码城市建设的一个特色。它的应用对象是房地产开发商和市民购房、物业管理公司。在面向房地产工发商和市民购房的应用方面，可通过三维虚拟大屏幕系统，开发具有三维虚拟现实漫游数字模型、户型属性查询、样板房、售房价格参考、楼盘位置，水电、煤气、交通状况等功能，并可提供购房者网上相关浏览咨询功能。在面向物业管理公司的应用中，可以开发具有三维管线显示、查询，小区设施管理、小区安防工程设计、小区收费等功能为一体的综合三维管理系统（图 12－7，图 12－8）。

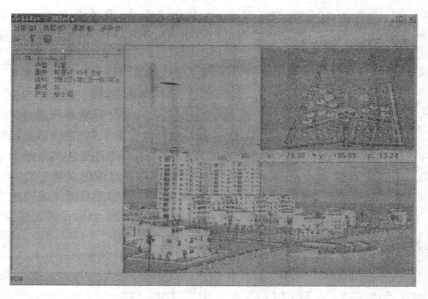

图 12-7 武汉市某数字小区三维查询系统（真实三维景观）

图 12-8 银川市某小区的虚拟景观

数字城市的关键技术除了和数字地球的相同外，还应侧重强调以下几点。

（1）真三维地理信息系统（3D-GIS）研究。

现在普遍认为 3D-GIS 是数字城市首先要解决的问题。国际上已经专门成立了 3D-GIS 研究组织，主要为城市研究服务。德国的 Rostock，Stuttgart 大学等研究机构，在 3D-GIS 方面已经做了很多工作，并建立了模拟系统，对一些城市进行了研究。

（2）仿真—虚拟技术或虚拟地理信息系统（VR-GIS）技术。

这已成为公认的数字城市的关键技术。1995 年 Liggetti 等人运用 VR-GIS 技术制成了大比例尺城市模型，1997 年 Dodge 等人运用 VR-CIS 技术对城市环境设计和规划进行了研究，同时还对土地污染、大气污染进行了深入仿真的研究。还有一些国家正在进行城市行为仿真技术研究等。

（3）数字城市的信息模型与体系结构研究。

如城市建筑设施、交通设施、能源设施、通信设施、服务设施、文化设施和行政管理设施的信息模型及体系结构（包括逻辑及运行）和信息组织与管理研究。

（4）数字城市的运行管理技术。

通信网络系统及其管理、数据组织及数据转换、决策模型管理、城市信息安全保障机制研究。

（5）数字城市的功能系统。

包括数据交换中心、公用信息平台、专业信息平台等的研究。

数字城市或信息城市，或智能城市是指将城市的部分或大部分的基础设施、功能设施数字化，建立数据库，并用计算机高速通信网络相连接，实现网络化管理和调控，并具有高度自动化、智能化的技术系统。

城市通过信息化后，能够充分和高效地利用信息，使信息快速流动，不仅提高了对城市的管理效率，而且能大幅度提高生产和贸易效益，扩大生产规模，增加财富收入，提高服务质量，促进社会经济发展。

数字城市交通网络化后，还可以节约市中心宝贵的土地资源，减少市中心或商业区的交通拥挤，"让网络去跑腿"，既节省了经费，也加快了速度，减少了雇员，降低了成本，避免交通堵塞，节约了汽油，减少了污染。

未来的数字城市，还将是一个生态城市，具有蓝天、白云、森林、鲜花、清水和分布合理的现代化的建筑群与高速公路网。它既具有高效的、信息化的工作环境，又有舒适、方便、安全的现代化的生活环境。在数字城市中，人们可以高效、有序地工作，过着舒适安宁的生活。

四、虚拟学校

虚拟学校，又称远程教育、网络空间学校、网上学校，是指运用 Internet – Web 进行交互式教育过程的多媒体计算机网络系统。它是世界上最开放的、最大的、没有校园的学校。很多国家对于远程教育非常重视，欧洲还专门成立了远程教育大学协会，除了组织一些名牌大学的教授进行讲课外，还专门成立了"开放性大学"，专门从事远程教育。法国的远程教育大学联盟是由法国高等教育和科研部创办的，其中有 27 所大学和一些其他机构参加了这项任务，约有 3.6 万名学生。如今，由于 Internet – Web 的普及，并能连接千家万户，网上授课的方式受到更大的欢迎，几乎所有的人文科学和自然科学的课程都能进行，而且是多媒体的和双向的，即交互的，师生之间即使远隔万里，也能进行讨论和质疑并能进行网上辅导。这种虚拟学校的工作，由"欧洲学习中心"负责，欧洲共有 50 个这样的中心，其中法国就有 4 个。在美国由远程教育协会负责这项工作。

目前，已有许多"远程教育/TV 教育"、"卫星教育"，与其相应的有"教育 TV 台"。在我国开设"电视大学"已经有 5 年以上的历史。但虚拟学校是与传统意义上的学校完全不同的崭新的概念。学生只需坐在家中，就可以得到全世界最好老师的授课与指导，尤其是最先进的教具和影像化的教育方法，有助于学生对课程的理解。未来的学生可以和宇航员一起畅游太空，和潜水员一起到海底探险；也可以无需通过"时间隧道"到几百年前的历史时期或数亿年前的地质历史中去领略恐龙的生态环境等。这使得学生能获得深刻而又全面的知识，不仅对地球科学，包括地质、地理、天文、海洋、气象、环境、旅游专业有帮助，而且对历史、物理、工科、信息科学专业也是有帮助的。美国 NSF 主持了 Global School House Project，在 Internet 上建成了第一所开放的 Internet 小学，并正在筹备"全球学校网"。

虚拟学校是基于以 Internet 为基础的、以 WebGIS 为核心的数字地球的教育，和已有的传统学校相比，具有如下的特色。

（1）"远程教育/TV 教育"要受"TV 教育站"的限制，而且不能"双向"。数字地球技术系统可以与家家户户相连接。只要有 PC 计算机或 TV 加上辅助装置，就可以在家接受教育，如加上话筒就可以"双向"互动，有问有答，而且费用也不高。

（2）由于数字地球技术系统能够显示多维、空间性很强的动态对象，有利于学生对教学内容的理解。

（3）可以进行远程的仿真与虚拟实验，包括对存在的对象，或虚幻的对象进行实验；可以从内向外，从外向内进行观测；可以进行操作，而且符合物理的、力学的和生物学的规则，有身临其境的感觉。

（4）可以选择最好的教师、最先进的教具与教学设备进行教学，能产生最佳的效果。

（5）普及性好，教学效果好，节省人力、物力、财力和时间，减少交通拥挤。

虚拟学校是在以因特网（万维网）为基础的赛博空间中建立的交互方式距离教育与学习系统，这改变了传统的办学、办校方式，没有现实的学校地理位置和空间。

五、数字农业 (Digital Agriculture)

这又叫信息农业（Information Agriculture）或智能农业（Intelligence Agriculture），精细农业（Precision Agriculture，Precision Farming 或 Farming in inch）和虚拟空间农业（Cyberfarm），是指运用数字地球技术，包括多种分辨率的遥感技术（NOAAAVHRR，1 米分辨率的卫星遥感），遥测技术（气温、土壤温度等遥测技术），GPS技术，计算机网络技术，地理信息系统（GIS）技术等信息技术：土壤快速分析，自动滴灌与喷灌技术及自动耕作与收获技术，保存技术；定位到中、小尺度的农田，在微观尺度上直接与农业生产活动与生产管理相结合的高新技术系统。简单地说，数字农业就是把数字地球技术与现代农业技术相结合的综合的农业生产管理技术系统。数字农业是农业现代化、集约化的必由之路。

数字农业或精细农业，除了农业以外，还包括精细园艺、精细养殖、精细加工、精细经营与管理，甚至还包括农、林、牧、种、养、加、产、供和销等全部领域在内（汪懋华院士，1999）。

数字农业既不同于日本等国在 20 世纪 50～60 年代的"农业园艺化"，也不同于发达国家在 60～70 年代提出的"生态农业"和"绿色革命"，也不同于以色列的"农业工厂化"。它是以大田耕作为基础，以先进高技术为支撑的集约化和信息化的农业技术系统。它是指从耕地、播种、灌溉、施肥、中耕、田间管理、植物保护、产量预测到收获、保存、管理的全部过程实现数字化、网络化和智能化，全部应用遥感、遥测、遥控、计算机等先进技术，以实现农业生产的信息驱动，科学经营、知识管理、合理作业、促进农业增产的高技术系统。

随着微电子技术的迅速发展和实用化，推动了农业机械装备的机电一体化、智能化控制技术、农田信息智能化采集与处理技术的迅猛发展，加上生物工程、作物栽培、种子与肥料、病虫害监测与预测、作物栽培模拟与仿真，以及虚拟技术在农业生产中的应用，形成了智能农业装备、自动监控技术与系统优化决策支持技术系统，提高了农业产量和促进了农业的进步，同时为"数字农业"或"精细农业"的发展打下扎实的基础。

数字农业主要包括以下几个方面的内容。

1. 基础数据库建设（数字化）

（1）基础地理数据：主要包括 $1:0.5$ 万～$1:1$ 万数字地形数据、自然水系、人工灌溉系统、道路、村庄、农业机械站、仓库，及土地利用与土地覆盖等状况数据。

（2）土地与土壤数据：主要包括以 $10m \times 10m$ 即 $100m^2$ 单位的土壤厚度、土壤成分与质地、土壤肥力（氮、磷、钾及有机养分的含量），以及每年施肥的种类与数量等数据。

（3）气候要素数据：历年以周为单位的平均温度、降水量、风向、风速、空间温度、冰雹、最高温度、最低温度，以及其他农业气候要素的数据。

（4）历年的农作物病、虫害资料以及防治措施与效果数据。

（5）历年（近 5 年来）种植农作物的种类、管理方法，以及其产量记录数据。

（6）历年（近 5 年来）农业管理措施及其效果评估，包括灌溉，施展中耕等。

2. 监测系统建设（遥感、遥测及网络化）

（1）遥感卫星技术，包括多种分辨率，从 NOAA 的 1km 分辨率的遥感技术，航空及其他遥感技术对土地、土壤，以及农作物的耕作与长势进行定期的监测，监测的频率根据需要和经济条件而定。

（2）运用各种传感术对土壤的温度、湿度等进行监测，传感所得数据用网络进行传输。

3. 预测和预报系统建设（智能化）

（1）天气灾害预报：根据 NOAA 资料，及当地气象台站的预报，进行分析对比，针对当地情况进行预报。

（2）病虫害监测及预测：根据农作物病、虫害的历史发生时间，进行严密监测，再根据病虫害的实际情况，结合天气趋势及其他环境条件进行预报。

（3）农作物产量预测：根据作物品种、长势及前三年内的产量与管理状况进行产量预测。一般需进行三次，第一次，出苗前及半个月；第二次，在开花前；第三次，成熟前半个月。以第三次预测为准。

4. 遥控系统建设（网络化、智能化）

（1）农业机械遥控系统：在 GIS 与 GPS 的协助下，特地为农业耕作目的服务的农业机械遥控系统，按编制好的规定程序进行操作，以完成各种农业活动，包括翻耕、播种、施肥、收割、烤干和入库的全部任务。

（2）农业自动灌溉、喷药遥控系统：农田的喷灌和滴灌系统都是自动化、智能化的。根据土壤湿度及农作物生长不同阶段的需求情况进行自动灌溉，所需水量也是自动控制的。

5. 农业调控与指挥系统（网络化、智能化）

（1）农业辅助决策补充：包括根据土地、土壤、气候状况的分析结果，提出农作物品种的选择、肥料的选择与配方、农药的选择与配方，确保土壤不污染的措施选择等。

（2）农业调控系统：根据辅助决策方案，最后由农业技术人作出决策，在自动调控系统的协助下完成各种农业操作过程。

数字农业是建立在现代农业理论与知识的基础上，运用数字地球技术系统对农业过程全面，或部分实现智能化，以达到增产和节约的目的。

数字地球概念的提出，为我们展示了地球科学光辉的未来。

第十三章 工程地质勘察

第一节 地质勘察工作的目的及任务

工程地质勘察的任务总的说来就是为工程建筑的规划、设计、施工和使用提供地质资料和依据，解决有关的地质问题，以便使建筑物与地质环境相互适应，既保证工程的稳定安全、经济合理、运行正常，又尽可能避免因工程的兴建而恶化地质环境、引起地质灾害，达到合理利用和保护地质环境的目的。

建筑物与地质环境之间存在着相互作用关系。寻找良好的地质环境以适应建筑物的需要，是工程地质勘察一直在追求的目标；而建筑物的修建与使用也成为一个新的因素，促使地质环境发生改变，预测其改变的性质与程度，是否会给人类带来灾害，也成为工程地质勘察的重要任务。

工程地质勘察工作一般可划分为规划、可行性研究、初步设计和技施设计四个勘察阶段。各勘察阶段的工作应循序渐进，逐步深入，并与各设计阶段相适应。

（一）规划勘察

规划勘察的目的，是为工程选点提供初步的工程地质资料和地质依据。该阶段的主要勘察任务为：搜集、整编区域地质、地形地貌和地震资料；了解工程建设地点的基本地质条件和主要工程地质问题；分析工程建设的可能性；了解各规划方案所需天然建筑材料概况，进行建筑材料的普查。水利水电工程在规划勘察阶段的勘察内容主要包括：河流或河段的地形地貌、地层岩性、地质构造、地震、物理地质现象和水文地质条件；库区地质条件及有关渗漏、浸没、坍岸和淤积物来源；以及坝区和引水线路的地貌、地层、岩性、构造、地震烈度、物理地质现象和水文地质条件。

（二）可行性研究勘察

可行性研究勘察，是在河流或河段规划选定方案的基础上进行的勘察。其目的是为选定坝址、基本坝型、引水线路和枢纽布置方案进行地质论证，并提供工程地质资料。该阶段勘察的主要任务是区域构造稳定性研究，并对工程场地的构造稳定性和地震危险性作出评价；调查并评价水库区主要工程地质问题，调查坝址引水线路和其他主要建筑物场地工程地质条件，并初步评价有关主要工程地质问题；以及天然建筑材料初查。勘察的主要任务是：查明区域地质概况，尤其是区域性大断裂、活动断裂和地震活动性；查明库区地质概况，重点是水库渗漏、浸没、库岸稳定和发生水库诱发地震的可能性等工程地质问题的初步评价；查明和比较坝址的工程地质条件以及软弱夹层、构造断裂、岩体风化程度分带和风化深度、边坡稳定性、岩土的工程地质性质、可溶岩地区渗漏问题等；比较引水线路和厂址的工程地质条件，选定线路工程地质分段等。

（三）初步设计勘察

初步设计勘察，是在可行性研究阶段选定的坝址和建筑场地上进行的勘察。其目的是查明水库区及建筑物地区的工程地质条件，为选定坝型、枢纽布置进行地质论证，并为建筑物设计提供地质资料。该阶段勘察的主要任务是查明水库区专门性水文地质、工程地质问题和预防蓄水后变化；查明建筑物区工程地质条件并进行评价，为选定各建筑物的轴线和地基处理方案提供地质资料与建议；查明导流工程的工程地质条件；天然建筑材料详查；地下水动态观测和岩土体位移监测。该阶段主要勘察内容包括：水库区地质条件，水库渗漏，水库浸没、库岸稳定和水库诱发地震的形成条件及预测发生情况（范围、大小）等；坝、闸址主要地质条件，与选定坝型、坝轴线、枢纽有关的工程地质条件，坝基岩体工程地质分类，工程地质问题及评价和处理建议；引水隧洞工程地质条件分段特征，围岩工程地质分类，主要工程地质问题评价及处理建议。

（四）技施设计勘察

技施设计勘察是在初步设计阶段选定的枢纽建筑物场地上进行的勘察，其目的是检验前期勘察的地质资料与结论，为优化建筑物设计提供地质资料。技施设计勘察的任务主要包括：对在进行初步设计审批中要求补充论证的和施工开挖中出现的专门性工程地质问题进行勘察；进行施工地质工作；提出施工和运行期工程地质监测内容、布置方案和技术要求的建议；分析施工期工程地质监测资料。勘察的主要内容有：专门性工程地质问题勘察；水库诱发地震监测，不稳定岸坡监测并研究失稳可能性；局部坝段、坝块坝基岩土体变形和稳定情况，可利用基岩面深度及地基加固和防渗处理措施建议；预测围岩稳定条件和漏水、涌沙情况；必要的天然建筑材料复查等。施工地质工作：检验前期勘察资料，进行建筑物基坑、地下建筑物岩壁的地质编录和测绘等。

第二节　勘察的基本手段和方法

工程地质勘察工作中，常用的勘察手段和方法有测绘、勘探、试验和长期观测等。

一、地质测绘

（一）工程地质测绘的目的和任务

工程地质测绘是工程地质勘察中最重要、最基本的勘察方法。它是运用地质学的理论和方法，通过野外调查和综合研究勘察区的地貌、地层岩性、地质构造、物理地质现象、水文地质条件等，并将它们填绘在适当比例尺的地形图上，为下一步布置勘探、试验及长期观测工作打下基础。

（二）工程地质测绘的范围和精度

工程地质测绘的范围，一方面取决于建筑物类型、规模和设计阶段；另一方面取决于区域工程地质条件的复杂程度和研究程度。通常，建筑规模大，并处在建筑物规划和设计的开始阶段，且工程地质条件复杂而研究程度又较差的地区，其工程地质测绘的范围就应大一些。

工程地质测绘的比例尺主要取决于不同的设计阶段。在同一设计阶段内，比例尺的选择又取决于建筑物的类型、规模和工程地质条件的复杂程度。工程地质测绘的比例尺可分为小比例尺（1∶10 万～1∶5 万）测绘、中比例尺（1∶2.5 万～1∶1 万）测绘和大比例尺（1∶5000～1∶1000)测绘。

工程地质测绘使用的地形图必须是符合精度要求的同等或大于工程地质测绘比例尺的地形图。图件的精度和详细程度，应与地质测绘比例尺相适应。在图上，大于 2mm 的地质现象应尽量反映，宽度不足 2mm 的重要工程地质单元，如软弱夹层、断层等，要扩大比例尺表示，并注示其实际数据。地质界线误差，一般不超过相应比例尺图上的 2mm。

工程地质测绘的精度还取决于单位面积上地质点的多少，地质点越多，精度越高。

野外工程地质测绘工作，根据工程设计要求，在搜集并分析测绘区已有的地形地质资料、确定比例尺、范围及工作内容的基础上进行。一般采用路线测绘法、地质点测绘法、野外实测地质剖面法等。此外，遥感技术在工程地质测绘中也得到了普遍的应用。

二、工程地质勘探

勘探工作是工程地质勘察的重要工作方法之一。对任何工程地质条件及工程地质问题，从地表到地下的研究，从定性到定量的评价，都离不开勘探工作。工程地质勘探包括物探、钻探、坑探等。这里重点介绍勘探工作在工程地质勘察中的特点和适用条件。

（一）物探工作

岩层有不同的物理性质，如导电性、弹性、磁性、放射性和密度等。利用专门仪器测定岩层物理参数，通过分析地球物理场的异常特征，再结合地质资料，便可了解地下深处地质体的情况。工程地质勘察中常用的是电法勘探和弹性波勘探。

电法勘探是利用仪器测定人工或天然电场中岩土导电性的差异来识别地下地质情况的一组物探方法。电法勘探以岩石的电学性质为基础，不同岩石电性差异的大小、相同岩石的孔隙大小以及富水程度的强弱等，对电法勘探结果都会产生影响。这就要求配合一定数量的试坑或钻孔进行校验，才能较准确地判别资料的可靠性。电法勘探受地形条件限制较大，要求工作范围内地形起伏差小，所以在平原和河谷区使用较普遍。

弹性波勘探包括地震勘探、声波和超声波探测。它是用人工激发震动，研究弹性波在地质体中的传播规律，以判断地下情况和岩体的特性和状态。地震勘探是用人工震源（爆破或锤击）在岩体中产生弹性波，可探测大范围内覆盖层厚度和基岩起伏，探查含水层，追索古河道位置，查寻断层破碎带，测定风化层厚度和岩土的弹性参数等。用声波法可探测小范围岩体，如对地下洞室围岩进行分类、测定围岩松动圈、检查混凝土和帷幕灌浆质量、划分岩体风化带和钻孔地层剖面等。

声波通常由声波仪（图 13-1）产生。声波仪由发射系统和接收系统两部分组成。发射系统包括发射机和发射换能器。接收系统由接收机、接收换能器和用于数据记录和处理用的微机组成。接收换能器接收岩体中传来的声波后转换成电信号送到接收机，经放大后在终端以波形和数字形式直接显示声波在岩体中的传播时间 t，据发射和接收换能器之间的距离 l，计算出岩体波速 v（$v=l/t$）；包括纵波速度 v_p 和横波 v_s。

（二）钻探工作

钻探是利用一定的设备和工具，在人力或动力的带动下旋转切割或冲击凿碎岩石，形成一个直径较小而深度较大的圆形钻孔。通过取出岩芯可直观地确定地层岩性、地质构造、岩体风化特征等。从钻孔中取出岩样、水样可进行室内试验，利用钻孔可进行工程地质、水文地质及灌浆试验、长期观测工作以及地应力测量等。

与物探相比，钻探的优点是可以在各种环境下进行，能直接观察岩芯和取样，勘探精度高。与坑探比，勘探深度大、不受地下水限制、钻进速度快。

（三）坑探

坑探是用人工或机械掘进的方式来探明地表以下浅部的工程地质条件，主要包括探坑、探槽、浅井、斜井、竖井、平洞等（图 13－2）。坑探的特点是使用工具简单，技术要求不高，运用广泛，揭露的面积较大，可直接观察地质现象，不受限制地采取原状结构式样，并可用来做现场大型试验。但勘探深度受到一定限制，且成本高、周期长。

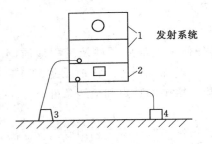

图 13－1 声波探测装置图
1—发射机；2—接收机；3—发射
换能器；4—接收换能器

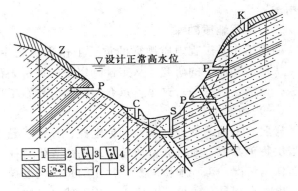

图 13－2 某坝址区勘探布置图
1—砂岩；2—页岩；3—花岗岩脉；4—断层带；5—坡
积层；6—冲积层；7—风化层界线；8—钻孔
P—平洞；S—竖井；K—斜井；Z—探槽；C—浅井

水利水电工程勘探中常用的坑探类型、特点及用途见表 13－1。

表 13－1　　　　　　　　　　工程地质勘探中的坑探类型

类型	特 点	用 途
坑探	深度小于 3m 的小坑，形状不定	局部剥除地表覆土，揭露基岩
浅井	从地表向下垂直，断面呈圆形或方形，深度 5～10m	确定覆盖层及风化层的岩性及厚度，取原状样，载荷试验，渗水试验
探槽	在地表垂直岩层或构造线挖掘成深度不大的（小于 3～5m）长条形槽子	追索构造线、断层、探查残积坡积层，风化岩石的厚度和岩性，了解坝接头处的地质情况
竖井	形状与浅井同，但深度超过 10m，一般在平缓山坡、漫滩、阶地等岩层较平缓的地方，有时需支护	了解覆盖层厚度及性质，构造线、岩石破碎情况、岩溶、滑坡等，岩层倾角较缓时效果较好
平洞	在地面有出口的水平坑道，深度较大，适用于较陡的基岩边坡	调查斜坡地质构造，对查明地层岩性、软弱夹层、破碎带、卸荷裂隙、风化岩层时效果较好，还可取样或作原位试验

三、岩土力学性质试验

（一）岩体力学性质试验

（1）岩体变形试验。

岩体变形试验可分为承压板法试验、水压洞室试验、狭缝试验以及钻孔变形试验等。它们的基本原理相同。承压板法一般是在预先挖好的平洞中进行，用千斤顶施压，通过有足够刚性的承压板将压力传递到岩体上，测量岩体变形，按弹性理论计算岩体变形。

（2）岩体抗剪试验。

岩体抗剪试验可分为三类：岩体本身的抗剪强度试验、岩体沿软弱结构面的抗剪强度试验和混凝土与岩体胶结面的抗剪强度试验。一般在平洞内用两个千斤顶平推法进行。在制备好的试件上，利用垂直千斤顶对试样施加一定的垂直荷载，然后通过另一个水平千斤顶逐级施加水平推力，根据试样面积计算出作用于剪切面上的法向应力和剪应力，绘制各法向应力下的剪应力与剪切位移关系曲线。根据绘制的曲线确定各阶段特征点剪应力。绘制各阶段的剪应力与法向应力关系曲线，确定相应的抗剪强度参数。

（3）岩体抗压试验。

岩石抗压强度通常在室内压力机上进行，将边长各为 5cm 的立方体（或更大些）或直径与高均为 5cm 的圆柱体（或更大些）岩石试件加压至破坏，破坏时的荷载与试件的面积比即是岩石的抗压强度。

（4）点荷载试验。

在现场测定不规则岩体的强度时，通常是将试件置于上下一对球端加荷器之间，施加集中荷载直至破坏，据此求得岩石点荷载强度指数。此试验方法简便，可对不规则的试样进行试验，无需岩样加工，有利于降低试验成本，加快试验进程，尤其是对于难以取样和无法进行岩样加工的软岩和严重风化的岩石，更显示出其优越性。

（二）土体载荷试验

土体载荷试验是用于确定地基土体容许承载力、测定地基土体变形模量、研究地基土体变形范围及应力分布情况的试验，是一种现场模拟试验。在较不均匀和较软弱地基的工程地质勘察中应用较多，尤其在大型工业与民用建筑的勘察中，与土的室内试验相配合，可取得评价地基稳定性比较可靠的结论。

四、长期观测

长期观测工作在工程地质水文地质勘察中是一项很重要的工作。有些动力地质现象及地质营力随时间推移将不断地明显变化，尤其在工程活动影响下的某些因素和现象将发生显著变化，影响工程的安全、稳定和正常运用。这时仅靠工程地质测绘、勘探、试验等工作，还不能准确预测和判断各种动力地质作用的规律性及其对工程使用年限内的影响，这就需要进行长期观测工作。长期观测的主要任务是检验测绘、勘探对工程地质和水文地质条件评价的正确性，查明动力地质作用及其影响因素随时间的变化规律，准确预测工程地质问题，为防止不良地质作用所采取的措施提供可靠的工程地质依据，检查为防治不良地质作用而采取的处理措施的效果。

有关水利水电工程在运转期间工程地质及水文地质需要长期观测的内容，见表 13-2。

表 13 - 2　　　　　　　　　　　长期观测项目和内容

序号	观　测　项　目	观　测　内　容
1	主要建筑物（坝、闸）地基岩（土）体变形、沉陷和稳定观测	①沉陷量；②水平位移；③坝基应力；④扬压力和渗透压力；⑤岩（土）性质变化（泥化或软化）
2	渗透和渗透变形观测	①观测钻孔（坝基及两岸地区）测压管水位；②主要入渗点、溢出点和渗漏通道；③渗透流量和流速；④水质、水温和渗出水流中携出物质的成分和含量；⑤管涌
3	溢流坝、溢洪道和泄洪洞下游岩（土）体冲刷情况观测	重复地形测量和地形分析
4	岸边稳定性观测	①位移；②边坡岩（土）体裂隙；③地下水位；④重复摄影
5	地震及现代构造活动情况观测	①地震；②地应力；③岩体变形或断层相对位移；④地形变形
6	水库分水岭地段渗漏情况观测	①地下水水位、水质；②水库入渗点、溢出点的变化和渗透流量
7	库岸及水库下游浸没观测和翌年发展情况观测	各种浸没现象，如沼泽化、盐碱化、黄土湿陷等
8	坍岸情况观测和翌年坍岸情况预测	观测断面的重复地形测量（水下和水上）
9	隧洞和地下建筑物地段工程地质、水文地质观测	①山岩压力；②地下水位及外水压力；③洞壁岩体变形
10	地下水动态	地下水水位；地下水水温；地下水化学成分；涌水量
11	其他有意义的工程水文地质作用发展情况观测	

第三节　工程地质勘察成果报告

在工程地质勘察过程中，外业的测绘、勘探和试验等成果资料应及时整理，绘制草图，以便随时指导补充、完善野外勘察工作。在勘察末期，应系统、全面地综合分析全部资料，以修改补充勘察中编绘的草图，然后编制正式的文字报告和图件等。

一、工程地质勘察报告

在工程地质勘察的基础上，根据勘测设计阶段任务书的要求，结合各工程特点和建筑区工程地质条件进行编写坝、库区等建筑物的工程地质勘察报告。报告内容应是整个勘察工作的总结，内容力求简明扼要，论证确切，清楚实用，并能正确全面地反映当地的主要地质问题。勘察报告主要内容如下。

（1）绪言。

简述工程位置、工程主要指标、主要建筑物的布置方案、完成的工作项目及工作量等。

（2）区域地质概况。

简要介绍区域地貌、地层岩性、地质构造、物理地质现象和水文地质条件等,并对区域稳定性和地震危险性作出评价。对于可溶岩区还应着重说明岩溶发育的规律及岩溶地下水的补排条件。

(3)水库区的工程地质条件。

先简述库区的工程地质条件,然后重点对水库渗漏、水库浸没,库岸稳定、淤积,以及水库诱发地震等工程地质问题作出扼要的地质说明、定量评价和结论,并提出处理意见。

(4)建筑物区的工程地质条件。

1)坝区工程地质条件。包括工程概况;主要地质条件;与选定坝型、坝轴线、枢纽布置有关的工程地质条件说明,如软弱夹层、构造断裂、岩体风化程度分带和风化深度、覆盖层厚度和物质组成,以及岩体完整性,并给出坝基岩体物理力学性质和水理性质指标参数。对坝基岩体质量作出分类,对渗漏、渗透变形和边坡稳定等问题进行详细论证,并给出定量评价的数据;对不良工程地质条件,要提出合理可行的处理措施和建议。

2)其他建筑物的工程地质条件,包括对引水隧洞、渠道、厂址、泄洪建筑物、通航建筑物和导流工程等的工程地质条件进行阐述,对不良地质因素提出处理意见。

(5)天然建筑材料情况。

说明天然建筑材料的种类、分布、质量、储量、开采和运输条件等。

(6)结论和建议。

扼要综述建筑物区的基本地质特点,各建筑物主要工程地质问题及评价,论述工程修建后应注意的地质问题和某些建设性意见。

二、工程地质图表

对在各勘察设计阶段所取得的测绘、勘探和试验资料,必须进行分析整理,编制成各种图表,成为工程地质勘察报告不可缺少的附件,其内容应与文字报告完全一致。各勘察设计阶段根据《水利水电工程地质勘察规范》的规定,应提交的图表资料见表13-3。

表13-3　　　　　　　　　　　工程地质勘察报告附图

序号	图 件 名 称	规划	可行性研究	初步设计	技施设计
1	流域或规划河段区域地质图（附综合地层柱状图和典型地质剖面）	√			
2	流域或规划河段区域构造纲要图（附地震烈度区划）	+			
3	水库区综合地质图（附综合地层柱状图和典型地质剖面）	+	√	√	
4	构造纲要图		√	√	
5	地震危险性区划图		+	+	
6	坝址及其他建筑物区工程地质图（附综合地层柱状图）	√	√	√	
7	地貌及第四纪地质图		+	+	
8	岩溶区水文地质图		+	+	
9	坝址基岩地质图（包括基岩面等高线）			√	+

续表

序号	图 件 名 称	规划	可行性研究	初步设计	技施设计
10	专门性问题地质图			+	√
11	施工地质编录图				√
12	天然建筑材料产地分布图	√	√	√	+
13	各料场综合成果图（含平面图、勘探剖面图、试验和储量计算成果资料）	+	√	√	+
14	实际材料图		+	√	+
15	各比较坝址、引水线路或其他建筑物场地工程地质剖面图	√	√		
16	选定坝址、引水线路或其他建筑物场地地质纵剖面图		√	√	+
17	坝基（防渗线）渗透剖面图			+	√
18	专门性问题地质剖面图			+	+	√
19	钻孔柱状图	△	△	△	△
20	试坑、探槽、平洞、竖井展示图	△	△	△	△
21	岩、土、水试验成果汇总表	+	√	√	√
22	地下水动态、岩土体变形和水库诱发地震等监测成果汇总表			+	+	+

注 "√"表示必须提交的图件；"＋"表示视具体需要而定的提交图件；
　　"△"表示可以提交全部图件，也可以提交其中有代表性的图件。

对几种常用的图表简要说明如下。

1. 水库工程地质图

水库工程地质图包括综合地质柱状图和地质剖面图。除一般地质内容外，还应包括坝轴线及水库回水水位线位置等。

2. 坝址工程地质图

坝址工程地质图应反映岩层界线、地质构造界线、物理地质现象、等水位线、剖面线位置、勘探坑和孔的位置、大坝轮廓线和设计正常高水位线等。图内有时还附上坝址区的断层和岩石物理力学性质一览表，以及节理裂隙统计图等。

3. 坝轴线工程地质剖面图

在这种图上应反映各种岩层界线、岩石风化分带线、地质构造界线，勘探坑和孔的位置及深度，河水位、地下水位、水库正常高水位及坝顶线等。图上还应注明剖面方向、比例尺及工程地质条件的说明等。对可溶岩地区，还应反映岩溶的发育情况。

4. 表格

报告中的表格包括岩石物理力学性质试验成果表，断层、节理裂隙统计总表，井泉及岩溶调查表等。

关于各勘察设计阶段工程地质勘察报告的编写提纲和各种图表的内容要求及具体规定，详见《水利水电工程地质勘察资料内业整理规程》。

参 考 文 献

[1] 长春地质学院．矿产地质基础（上册）．北京：地质出版社，1979.
[2] 左建．地质地貌学．北京：中国水利水电出版社，2001.
[3] 成都地质学院．动力地质学原理．北京：地质出版社，1978.
[4] 天津大学．水利工程地质．北京：水利电力出版社，1985.
[5] 戚筱俊．工程地质及水文地质．第3版．北京：中国水利水电出版社，2007.
[6] 李斌．公路工程地质．第2版．北京：人民交通出版社，1985.
[7] 左建，等．水利工程地质学原理．第2版．北京：中国水利水电出版社，2009.
[8] 宋春青．地质学基础．第4版．北京：高等教育出版社，2005.
[9] 汪时敏，译．工程地质与岩土工程．北京：中国建筑工业出版社，1990.
[10] 胡厚田．土木工程地质．北京：高等教育出版社，2001.
[11] 张咸恭，等．中国工程地质学．北京：科学技术出版社，2000.
[12] 左建．地质地貌学．第3版．北京：中国水利水电出版社，2013.
[13] 张宝政，陈奇．地质学原理．北京：地质出版社，1983.
[14] 王大纯．水文地质学基础．北京：地质出版社，1980.
[15] 李正根．水文地质学．北京：地质出版社，1980.
[16] 全达人．地下水利用．第3版．北京：中国水利水电出版社，1996.
[17] 麻效禛．地下水开发利用．北京：中国水利水电出版社，1999.
[18] 王民等．水文学与供水水文地质学．北京：中国建筑工业出版社，1996.
[19] 武汉水利电力大学．水工建筑物（上册）．北京：中国水利水电出版社，1997.
[20] 孔思丽．工程地质学．重庆：重庆大学出版社，2001.
[21] 陈希哲．土力学地基基础．北京：清华大学出版社，1990.
[22] 长江三峡大江截流编委会．长江三峡截流工程．北京：中国水利水电出版社，1999.
[23] 崔学文．小浪底国际工程建设．北京：中国水利水电出版社，1998.
[24] 王学鲁．黄河万家寨水利枢纽．北京：中国水利水电出版社，2002.
[25] 王世夏．水工设计理论和方法．北京：中国水利水电出版社，2000.
[26] 徐干成，等．地下工程支护结构．北京：中国水利水电出版社，2002.
[27] 孙文怀．工程地质与岩石力学．北京：中央广播电视大学出版社，2002.
[28] 龚晓南．高等土力学．浙江大学出版社，1996.
[29] 沈克仁．地基与基础．北京：中国建筑工业出版社，1991.
[30] GB 50007—2002建筑地基基础设计规范．北京：中国建筑工业出版社，2002.
[31] 左建，温庆博，等．工程地质及水文地质．北京：中国水利水电出版社，2004.
[32] 俞鸿年，卢华复．构造地质学原理（修订版）．南京大学出版社，1998.
[33] 吴泰然，何国琦，等．普通地质学．北京大学出版社，2003.
[34] 北京大学，等．地貌学．人民教育出版社，1978.
[35] 罗国煜，李生林．工程地质学基础．南京大学出版社，1990.
[36] 孔宪立．工程地质学．中国建筑工业出版社，1997.
[37] 杨景春．地貌学原理．北京：北京大学出版社，2005.
[38] 左建，郭成久，等．水利工程地质．北京：中国水利水电出版社，2004.
[39] 左建．地质地貌学．第2版．北京：中国水利水电出版社，2007.
[40] 左建，温庆博，等．工程地质及水文地质学．北京：中国水利水电出版社，2009.